叶 轶 编著

贯彻执行“生态文明建设排头兵”相关政策法规导读

重庆大学出版社

内容提要

云南地处我国西南边境，素有“植物王国”“动物王国”的美誉，习近平总书记视察云南时明确指示云南要努力成为“生态文明建设排头兵”。生态文明制度建设是生态文明建设的重要内容，对其他建设具有保障作用。本书以生态文明制度建设为研究对象，对2015年以来与云南生态文明建设密切相关的法律、法规，中央顶层设计文件，以及云南相关政策法规进行解读，用以指导云南基层干部群众的生态文明建设实践。本书也可为云南加快转变经济发展方式，提高发展质量和效益，筑牢国家生态安全屏障，建设中国最美省份提供些许参考。

图书在版编目（CIP）数据

云南贯彻执行“生态文明建设排头兵”相关政策法规导读／叶轶编著. -- 重庆：重庆大学出版社，2021.1
ISBN 978-7-5689-2561-7

Ⅰ.①云… Ⅱ.①叶… Ⅲ.①生态环境建设—环境政策—研究—云南②生态环境建设—环境保护法—研究—云南 Ⅳ.①X321.274②D927.740.268.4

中国版本图书馆CIP数据核字(2021)第011066号

云南贯彻执行“生态文明建设排头兵”相关政策法规导读
YUNNAN GUANCHE ZHIXING SHENGTAI WENMING JIANSHE PAITOUBING XIANGGUAN ZHENGCE FAGUI DAODU
叶 轶 编著
策划编辑：唐启秀
责任编辑：唐启秀 版式设计：唐启秀
责任校对：刘志刚 责任印制：张 策
*
重庆大学出版社出版发行
出版人：饶帮华
社址：重庆市沙坪坝区大学城西路21号
邮编：401331
电话：(023)88617190 88617185(中小学)
传真：(023)88617186 88617166
网址：http://www.cqup.com.cn
邮箱：fxk@cqup.com.cn（营销中心）
全国新华书店经销
重庆升光电力印务有限公司印刷
*
开本：720mm×1020mm 1/16 印张：17.5 字数：294千
2021年1月第1版 2021年1月第1次印刷
ISBN 978-7-5689-2561-7 定价：68.00元

希望云南主动服务和融入国家发展战略，闯出一条跨越式发展的路子来，努力成为民族团结进步示范区、生态文明建设排头兵、面向南亚东南亚辐射中心，谱写好中国梦的云南篇章。

——习近平总书记云南视察工作时的讲话(2015 年 1 月 19—21 日)

前　言

云南被誉为“植物王国”“动物王国”。全国3万种高等植物中，云南占60%以上，列入国家一、二、三级重点保护和发展的树种有150多种。全国见于名录的2.5万种昆虫类中，云南有1万余种；云南还有国家一类保护动物46种，二类保护动物154种。但由于云南地理区域的特殊性，全省有11万余平方公里（占全省总面积的30%）的辖区面积，是重要生态功能区、生态环境敏感脆弱区、国家级和省级禁止开发区域以及其他具有重要生态功能的区域等，被划入生态红线范围。这些区域保护的好坏，不仅关系云南生态安全与可持续发展，更关系全国自然生态系统安全稳定、生态环境质量改善、国土安全和中华民族的伟大复兴事业。

2015年1月19—21日，习近平总书记在云南视察时明确提出：“希望云南主动服务和融入国家发展战略，闯出一条跨越式发展的路子来，努力成为民族团结进步示范区、生态文明建设排头兵、面向南亚东南亚辐射中心，谱写好中国梦的云南篇章。”总书记对云南生态文明建设寄予了极高的期待，同时也给云南指明了发展目标。

在“生态文明建设排头兵”指示落实过程中，全省生态环境保护工作可谓“千头万绪”，但最根本、最关键的还是制度建设及其贯彻落实。五年来，云南在落实总书记关于“生态文明建设排头兵”的伟大事业中，究竟制定出台了哪些生态文明政策、法规？国家新出台的与云南生态文明建设密切的政策法规又有哪些？亟待梳理、归纳，进而整理成册，用于指导云南各族干部群众的生态文明建设实践。

基于对此类问题的长期系统思考，笔者于2018年4月向云南省社会科学界联合会社会科学普及规划课题办公室申请此课题研究，2018年7月获得省社会科学界联合会正式立项（项目名称：“云南贯彻落实‘生态文明建设排头兵’战略相关政策法规导读”，下文简称“导读”）。课题立项后，课题组始终围绕2015年以来中央关于生态文明建设顶层设计文件，新修订或通过的生态环境保护相关法律、行政法规，云南修订或新制定的关于生态文明建设的地方性法规及省委、省政府出台的关于生态文明建设的政策等展开研究梳理、编撰。课题于2020年6月正式提交结项后，云南社会科学界联合会认为，课题成果对云南生态文明建设工作具有很强的指导性，同意资助出版。为方便基层干部群众阅读，课题组对成果进行了精简、整合，并严格遵循四大原则。原则一：力戒晦涩、庞杂。“导读”重点围绕云南的山、水、林、田、湖、草等展开，第一部分是相关中央政策，仅选择两部顶层设计文件；第二、第三部分是新修改或制定的与生态文明建设密切相关的几部法律和行政法规；第四部分是云南省修改或新通过的几部与生态文明建设密切相关的地方性法规；第五部分是三部云南省委、省政府发布的关于生态文明建设的最重要的政策文件。原则二：体现鲜明时效性。“导读”编入的相关政策法规集中于2015—2020年中央出台的生态文明建设顶层设计文件，新修改的生态环境保护方面的法律、法规，以及云南省委、省政府出台的高位阶的生态文明建设政策文件，其他政策法规性文件一律不予纳入。原则三：最密切联系性。“导读”一共纳入25部政策法规文件，一些政策法规，譬如气象、草原、放射性等方面的法律、行政法规，以及云南省气候资源保护和开发利用条例、云南省澄江化石地世界自然遗产保护条例等，与生态文明建设的密切程度相对较弱，因此没有一并纳入。原则四：确保“导读”简洁、易读。“导读”编撰严格按照政策法规的原有体例展开，分成两个部分：第一部分为政策法规文本摘要，第二部分为该政策法规导读（学习重点），即简要归纳总结政策法规制定（修改）的必要性、主要调整对象、重要法条理解或亮点等。政策法规章节及条文开头都特殊处理，导读部分文字力戒繁杂冗长，坚持简明易读，便于基层干部群众学习、领会和掌握。

“导读”是关于“生态文明建设排头兵”制度建设成果的初步研究和整理，但限于研究内容、方法、时限及笔者水平等，“导读”在编撰体例、结构层次及科学性、严谨性、系统性等方面尚存缺憾，请方家、读者不吝赐教，以便笔者改进完善。

笔　者
2020年8月

目　录

第一章　云南贯彻执行“生态文明建设排头兵”战略相关中央政策导读

第一节　中共中央、国务院关于加快推进生态文明建设的意见[①]

（2015 年 4 月 25 日）

一、《意见》文本摘要

（一）总体要求

1. 指导思想。以邓小平理论、“三个代表”重要思想、科学发展观为指导，全面贯彻党的十八大和十八届二中、三中、四中全会精神，深入贯彻习近平总书记系列重要讲话精神，认真落实党中央、国务院的决策部署，坚持以人为本、依法推进，坚持节约资源和保护环境的基本国策，把生态文明建设放在突出的战略位置，融入经济建设、政治建设、文化建设、社会建设各方面和全过程，协同推进新型工业化、信息化、城镇化、农业现代化和绿色化，以健全生态文明制度体系为重点，优化国土空间开发格局，全面促进资源节约利用，加大自然生态系统和环境保护力度，大力推进绿色发展、循环发展、低碳发展，弘扬生态文化，倡导绿色生活，加快建设美丽中国，使蓝天常在、青山常在、绿水常在，实现中华民族永续发展。

2. 基本原则。坚持把节约优先、保护优先、自然恢复为主作为

① 以下简称《意见》。——编者注

基本方针。在资源开发与节约中，把节约放在优先位置，以最少的资源消耗支撑经济社会持续发展；在环境保护与发展中，把保护放在优先位置，在发展中保护、在保护中发展；在生态建设与修复中，以自然恢复为主，与人工修复相结合。

坚持把绿色发展、循环发展、低碳发展作为基本途径。经济社会发展必须建立在资源得到高效循环利用、生态环境受到严格保护的基础上，与生态文明建设相协调，形成节约资源和保护环境的空间格局、产业结构、生产方式。

坚持把深化改革和创新驱动作为基本动力。充分发挥市场配置资源的决定性作用和更好发挥政府作用，不断深化制度改革和科技创新，建立系统完整的生态文明制度体系，强化科技创新引领作用，为生态文明建设注入强大动力。

坚持把培育生态文化作为重要支撑。将生态文明纳入社会主义核心价值体系，加强生态文化的宣传教育，倡导勤俭节约、绿色低碳、文明健康的生活方式和消费模式，提高全社会生态文明意识。

坚持把重点突破和整体推进作为工作方式。既立足当前，着力解决对经济社会可持续发展制约性强、群众反映强烈的突出问题，打好生态文明建设攻坚战；又着眼长远，加强顶层设计与鼓励基层探索相结合，持之以恒全面推进生态文明建设。

3. 主要目标。到 2020 年，资源节约型和环境友好型社会建设取得重大进展，主体功能区布局基本形成，经济发展质量和效益显著提高，生态文明主流价值观在全社会得到推行，生态文明建设水平与全面建成小康社会目标相适应。

——国土空间开发格局进一步优化。经济、人口布局向均衡方向发展，陆海空间开发强度、城市空间规模得到有效控制，城乡结构和空间布局明显优化。

——资源利用更加高效。单位国内生产总值二氧化碳排放强度比 2005 年下降 40% ~45% ，能源消耗强度持续下降，资源产出率大幅提高，用水总量力争控制在 6 700 亿立方米以内，万元工业增加值用水量降低到 65 立方米以下，农田灌溉水有效利用系数提高到 0. 55 以上，非化石能源占一次能源消费比重达到 15% 左右。

——生态环境质量总体改善。主要污染物排放总量继续减少，大气环境质量、重点流域和近岸海域水环境质量得到改善，重要江河湖泊水功能区水质达标率提高到 80% 以上，饮用水安全保障水平持续提升，土壤环境质量总体保持稳定，环境风险得到有效控制。森林覆盖率达到23%以上，草原综合植被覆盖度达到56%，湿地面积不低于8亿亩，50%以上可治理沙化土地得到治理，自然岸线保有率不低于35%，生物多样性丧失速度得到基本控制，全国生态系统稳定性明显增强。

——生态文明重大制度基本确立。基本形成源头预防、过程控制、损害赔偿、责任追究的生态文明制度体系，自然资源资产产权和用途管制、生态保护红线、生态保护补偿、生态环境保护管理体制等关键制度建设取得决定性成果。

（二）强化主体功能定位，优化国土空间开发格局

1. 积极实施主体功能区战略。全面落实主体功能区规划，健全财政、投资、产业、土地、人口、环境等配套政策和各有侧重的绩效考核评价体系。推进市县落实主体功能定位，推动经济社会发展、城乡、土地利用、生态环境保护等规划“多规合一”，形成一个市县一本规划、一张蓝图。区域规划编制、重大项目布局必须符合主体功能定位。对不同主体功能区的产业项目实行差别化市场准入政策，明确禁止开发区域、限制开发区域准入事项，明确优化开发区域、重点开发区域禁止和限制发展的产业。编制实施全国国土规划纲要，加快推进国土综合整治。构建平衡适宜的城乡建设空间体系，适当增加生活空间、生态用地，保护和扩大绿地、水域、湿地等生态空间。

2. 大力推进绿色城镇化。认真落实《国家新型城镇化规划（2014—2020年）》，根据资源环境承载能力，构建科学合理的城镇化宏观布局，严格控制特大城市规模，增强中小城市承载能力，促进大中小城市和小城镇协调发展。尊重自然格局，依托现有山水脉络、气象条件等，合理布局城镇各类空间，尽量减少对自然的干扰和损害。保护自然景观，传承历史文化，提倡城镇形态多样性，保持特色风貌，防止“千城一面”。科学确定城镇开发强度，提高城镇土地利用效率、建成区人口密度，划定城镇开发边界，从严供给城市建设用地，推动城镇化发展由外延扩张式向内涵提升式转变。严格新城、新区设立条件和程序。强化城镇化过程中的节能理念，大力发展绿色建筑和低碳、便捷的交通体系，推进绿色生态城区建设，提高城镇供排水、防涝、雨水收集利用、供热、供气、环境等基础设施建设水平。所有县城和重点镇都要具备污水、垃圾处理能力，提高建设、运行、管理水平。加强城乡规划“三区四线”（禁建区、限建区和适建区，绿线、蓝线、紫线和黄线）管理，维护城乡规划的权威性、严肃性，

杜绝大拆大建。

3. 加快美丽乡村建设。完善县域村庄规划，强化规划的科学性和约束力。加强农村基础设施建设，强化山水林田路综合治理，加快农村危旧房改造，支持农村环境集中连片整治，开展农村垃圾专项治理，加大农村污水处理和改厕力度。加快转变农业发展方式，推进农业结构调整，大力发展农业循环经济，治理农业污染，提升农产品质量安全水平。依托乡村生态资源，在保护生态环境的前提下，加快发展乡村旅游休闲业。引导农民在房前屋后、道路两旁植树护绿。加强农村精神文明建设，以环境整治和民风建设为重点，扎实推进文明村镇创建。

（三）推动技术创新和结构调整，提高发展质量和效益

1. 推动科技创新。结合深化科技体制改革，建立符合生态文明建设领域科研活动特点的管理制度和运行机制。加强重大科学技术问题研究，开展能源节约、资源循环利用、新能源开发、污染治理、生态修复等领域关键技术攻关，在基础研究和前沿技术研发方面取得突破。强化企业技术创新主体地位，充分发挥市场对绿色产业发展方向和技术路线选择的决定性作用。完善技术创新体系，提高综合集成创新能力，加强工艺创新与试验。支持生态文明领域工程技术类研究中心、实验室和实验基地建设，完善科技创新成果转化机制，形成一批成果转化平台、中介服务机构，加快成熟适用技术的示范和推广。加强生态文明基础研究、试验研发、工程应用和市场服务等科技人才队伍建设。

2. 调整优化产业结构。推动战略性新兴产业和先进制造业健康发展，采用先进适用节能低碳环保技术改造提升传统产业，发展壮大服务业，合理布局建设基础设施和基础产业。积极化解产能严重过剩矛盾，加强预警调控，适时调整产能严重过剩行业名单，严禁核准产能严重过剩行业新增产能项目。加快淘汰落后产能，逐步提高淘汰标准，禁止落后产能向中西部地区转移。做好化解产能过剩和淘汰落后产能企业职工安置工作。推动要素资源全球配置，鼓励优势产业走出去，提高参与国际分工的水平。调整能源结构，推动传统能源安全绿色开发和清洁低碳利用，发展清洁能源、可再生能源，不断提高非化石能源在能源消费结构中的比重。

3. 发展绿色产业。大力发展节能环保产业，以推广节能环保产品拉动消费需求，以增强节能环保工程技术能力拉动投资增长，以完

善政策机制释放市场潜在需求，推动节能环保技术、装备和服务水平显著提升，加快培育新的经济增长点。实施节能环保产业重大技术装备产业化工程，规划建设产业化示范基地，规范节能环保市场发展，多渠道引导社会资金投入，形成新的支柱产业。加快核电、风电、太阳能光伏发电等新材料、新装备的研发和推广，推进生物质发电、生物质能源、沼气、地热、浅层地温能、海洋能等应用，发展分布式能源，建设智能电网，完善运行管理体系。大力发展节能与新能源汽车，提高创新能力和产业化水平，加强配套基础设施建设，加大推广普及力度。发展有机农业、生态农业，以及特色经济林、林下经济、森林旅游等林产业。

（四）全面促进资源节约循环高效使用，推动利用方式根本转变

1. 推进节能减排。发挥节能与减排的协同促进作用，全面推动重点领域节能减排。开展重点用能单位节能低碳行动，实施重点产业能效提升计划。严格执行建筑节能标准，加快推进既有建筑节能和供热计量改造，从标准、设计、建设等方面大力推广可再生能源在建筑上的应用，鼓励建筑工业化等建设模式。优先发展公共交通，优化运输方式，推广节能与新能源交通运输装备，发展甩挂运输。鼓励使用高效节能农业生产设备。开展节约型公共机构示范创建活动。强化结构、工程、管理减排，继续削减主要污染物排放总量。

2. 发展循环经济。按照减量化、再利用、资源化的原则，加快建立循环型工业、农业、服务业体系，提高全社会资源产出率。完善再生资源回收体系，实行垃圾分类回收，开发利用“城市矿产”，推进秸秆等农林废弃物以及建筑垃圾、餐厨废弃物资源化利用，发展再制造和再生利用产品，鼓励纺织品、汽车轮胎等废旧物品回收利用。推进煤矸石、矿渣等大宗固体废弃物综合利用。组织开展循环经济示范行动，大力推广循环经济典型模式。推进产业循环式组合，促进生产和生活系统的循环链接，构建覆盖全社会的资源循环利用体系。

3. 加强资源节约。节约集约利用水、土地、矿产等资源，加强全过程管理，大幅降低资源消耗强度。加强用水需求管理，以水定需、量水而行，抑制不合理用水需求，促进人口、经济等与水资源相均衡，建设节水型社会。推广高效节水技术和产品，发展节水农业，加强城市节水，推进企业节水改造。积极开发利用再生水、矿井水、空中云水、海水等非常规水源，严控无序调水和人造水景工程，提高水资源安全保障水平。按照严控增量、盘活存量、优化结构、提高效

率的原则，加强土地利用的规划管控、市场调节、标准控制和考核监管，严格土地用途管制，推广应用节地技术和模式。发展绿色矿业，加快推进绿色矿山建设，促进矿产资源高效利用，提高矿产资源开采回采率、选矿回收率和综合利用率。

（五）加大自然生态系统和环境保护力度，切实改善生态环境质量

1. 保护和修复自然生态系统。加快生态安全屏障建设，形成以青藏高原、黄土高原—川滇、东北森林带、北方防沙带、南方丘陵山地带、近岸近海生态区以及大江大河重要水系为骨架，以其他重点生态功能区为重要支撑，以禁止开发区域为重要组成的生态安全战略格局。实施重大生态修复工程，扩大森林、湖泊、湿地面积，提高沙区、草原植被覆盖率，有序实现休养生息。加强森林保护，将天然林资源保护范围扩大到全国；大力开展植树造林和森林经营，稳定和扩大退耕还林范围，加快重点防护林体系建设；完善国有林场和国有林区经营管理体制，深化集体林权制度改革。严格落实禁牧休牧和草畜平衡制度，加快推进基本草原划定和保护工作；加大退牧还草力度，继续实行草原生态保护补助奖励政策；稳定和完善草原承包经营制度。启动湿地生态效益补偿和退耕还湿。加强水生生物保护，开展重要水域增殖放流活动。继续推进京津风沙源治理、黄土高原地区综合治理、石漠化综合治理，开展沙化土地封禁保护试点。加强水土保持，因地制宜推进小流域综合治理。实施地下水保护和超采漏斗区综合治理，逐步实现地下水采补平衡。强化农田生态保护，实施耕地质量保护与提升行动，加大退化、污染、损毁农田改良和修复力度，加强耕地质量调查监测与评价。实施生物多样性保护重大工程，建立监测评估与预警体系，健全国门生物安全查验机制，有效防范物种资源丧失和外来物种入侵，积极参加生物多样性国际公约谈判和履约工作。加强自然保护区建设与管理，对重要生态系统和物种资源实施强制性保护，切实保护珍稀濒危野生动植物、古树名木及自然生境。建立国家公园体制，实行分级、统一管理，保护自然生态和自然文化遗产原真性、完整性。研究建立江河湖泊生态水量保障机制。加快灾害调查评价、监测预警、防治和应急等防灾减灾体系建设。

2. 全面推进污染防治。按照以人为本、防治结合、标本兼治、综合施策的原则，建立以保障人体健康为核心、以改善环境质量为目标、以防控环境风险为基线的环境管理体系，健全跨区域污染防治协调机制，加快解决人民群众反映强烈的大气、水、土壤污染等突出环

境问题。继续落实大气污染防治行动计划，逐渐消除重污染天气，切实改善大气环境质量。实施水污染防治行动计划，严格饮用水源保护，全面推进涵养区、源头区等水源地环境整治，加强供水全过程管理，确保饮用水安全；加强重点流域、区域、近岸海域水污染防治和良好湖泊生态环境保护，控制和规范淡水养殖，严格入河（湖、海）排污管理；推进地下水污染防治。制订实施土壤污染防治行动计划，优先保护耕地土壤环境，强化工业污染场地治理，开展土壤污染治理与修复试点。加强农业面源污染防治，加大种养业特别是规模化畜禽养殖污染防治力度，科学施用化肥、农药，推广节能环保型炉灶，净化农产品产地和农村居民生活环境。加大城乡环境综合整治力度。推进重金属污染治理。开展矿山地质环境恢复和综合治理，推进尾矿安全、环保存放，妥善处理处置矿渣等大宗固体废物。建立健全化学品、持久性有机污染物、危险废物等环境风险防范与应急管理工作机制。切实加强核设施运行监管，确保核安全万无一失。

（六）健全生态文明制度体系

1. 健全自然资源资产产权制度和用途管制制度。对水流、森林、山岭、草原、荒地、滩涂等自然生态空间进行统一确权登记，明确国土空间的自然资源资产所有者、监管者及其责任。完善自然资源资产用途管制制度，明确各类国土空间开发、利用、保护边界，实现能源、水资源、矿产资源按质量分级、梯级利用。严格节能评估审查、水资源论证和取水许可制度。坚持并完善最严格的耕地保护和节约用地制度，强化土地利用总体规划和年度计划管控，加强土地用途转用许可管理。完善矿产资源规划制度，强化矿产开发准入管理。有序推进国家自然资源资产管理体制改革。

2. 完善生态环境监管制度。建立严格监管所有污染物排放的环境保护管理制度。完善污染物排放许可证制度，禁止无证排污和超标准、超总量排污。违法排放污染物、造成或可能造成严重污染的，要依法查封扣押排放污染物的设施设备。对严重污染环境的工艺、设备和产品实行淘汰制度。实行企事业单位污染物排放总量控制制度，适时调整主要污染物指标种类，纳入约束性指标。健全环境影响评价、清洁生产审核、环境信息公开等制度。建立生态保护修复和污染防治区域联动机制。

3. 严守资源环境生态红线。树立底线思维，设定并严守资源消耗上限、环境质量底线、生态保护红线，将各类开发活动限制在资源环境承载能力之内。合理设定资源消耗“天花板”，加强能源、水、土地等战略性资源管控，强化能源消耗强度控制，做好能源消费总量管理。继续实施水资源开发利用控制、用水效率控制、水功能区限制纳污三条红线管理。划定永久基本农田，严格实施永久保护，对新增建设用地占用耕地规模实行总量控制，落实耕地占补平衡，确保耕地数量不下降、质量不降低。严守环境质量底线，将大气、水、土壤等环境质量“只能更好、不能变坏”作为地方各级政府环保责任红线，相应确定污染物排放总量限值和环境风险防控措施。在重点生态功能区、生态环境敏感区和脆弱区等区域划定生态红线，确保生态功能不降低、面积不减少、性质不改变；科学划定森林、草原、湿地、海洋等领域生态红线，严格自然生态空间征（占）用管理，有效遏制生态系统退化的趋势。探索建立资源环境承载能力监测预警机制，对资源消耗和环境容量接近或超过承载能力的地区，及时采取区域限批等限制性措施。

4. 完善经济政策。健全价格、财税、金融等政策，激励、引导各类主体积极投身生态文明建设。深化自然资源及其产品价格改革，凡是能由市场形成价格的都交给市场，政府定价要体现基本需求与非基本需求以及资源利用效率高低的差异，体现生态环境损害成本和修复效益。进一步深化矿产资源有偿使用制度改革，调整矿业权使用费征收标准。加大财政资金投入，统筹有关资金，对资源节约和循环利用、新能源和可再生能源开发利用、环境基础设施建设、生态修复与建设、先进适用技术研发示范等给予支持。将高耗能、高污染产品纳入消费税征收范围。推动环境保护费改税。加快资源税从价计征改革，清理取消相关收费基金，逐步将资源税征收范围扩展到占用各种自然生态空间。完善节能环保、新能源、生态建设的税收优惠政策。推广绿色信贷，支持符合条件的项目通过资本市场融资。探索排污权抵押等融资模式。深化环境污染责任保险试点，研究建立巨灾保险制度。

5. 推行市场化机制。加快推行合同能源管理、节能低碳产品和有机产品认证、能效标识管理等机制。推进节能发电调度，优先调度可再生能源发电资源，按机组能耗和污染物排放水平依次调用化石类能源发电资源。建立节能量、碳排放权交易制度，深化交易试点，推动建立全国碳排放权交易市场。加快水权交易试点，培育和规范水权市场。全面推进矿业权市场建设。扩大排污权有偿使用和交易试点范围，发展排污权交易市场。积极推进环境污染第三方治理，引入社会力量投入环境污染治理。

6. 健全生态保护补偿机制。科学界定生态保护者与受益者权利义务，加快形成生态损害者赔偿、受益者付费、保护者得到合理补偿的运行机制。结合深化财税体制改革，完善转移支付制度，归并和规范现有生态保护补偿渠道，加大对重点生态功能区的转移支付力度，逐步提高其基本公共服务水平。建立地区间横向生态保护补偿机制，引导生态受益地区与保护地区之间、流域上游与下游之间，通过资金补助、产业转移、人才培训、共建园区等方式实施补偿。建立独立公正的生态环境损害评估制度。

7. 健全政绩考核制度。建立体现生态文明要求的目标体系、考核办法、奖惩机制。把资源消耗、环境损害、生态效益等指标纳入经济社会发展综合评价体系，大幅增加考核权重，强化指标约束，不唯经济增长论英雄。完善政绩考核办法，根据区域主体功能定位，实行差别化的考核制度。对限制开发区域、禁止开发区域和生态脆弱的国家扶贫开发工作重点县，取消地区生产总值考核；对农产品主产区和重点生态功能区，分别实行农业优先和生态保护优先的绩效评价；对禁止开发的重点生态功能区，重点评价其自然文化资源的原真性、完整性。根据考核评价结果，对生态文明建设成绩突出的地区、单位和个人给予表彰奖励。探索编制自然资源资产负债表，对领导干部实行自然资源资产和环境责任离任审计。

（七）加快形成推进生态文明建设的良好社会风尚

1. 提高全民生态文明意识。积极培育生态文化、生态道德，使生态文明成为社会主流价值观，成为社会主义核心价值观的重要内容。从娃娃和青少年抓起，从家庭、学校教育抓起，引导全社会树立生态文明意识。把生态文明教育作为素质教育的重要内容，纳入国民教育体系和干部教育培训体系。将生态文化作为现代公共文化服务体系建设的重要内容，挖掘优秀传统生态文化思想和资源，创作一批文化作品，创建一批教育基地，满足广大人民群众对生态文化的需求。通过典型示范、展览展示、岗位创建等形式，广泛动员全民参与生态文明建设。组织好世界地球日、世界环境日、世界森林日、世界水日、世界海洋日和全国节能宣传周等主题宣传活动。充分发挥新闻媒体作用，树立理性、积极的舆论导向，加强资源环境国情宣传，普及生态文明法律法规、科学知识等，报道先进典型，曝光反面事例，提高公众节约意识、环保意识、生态意识，形成人人、事事、时时崇尚生态文明的社会氛围。

2. 培育绿色生活方式。倡导勤俭节约的消费观。广泛开展绿色生活行动，推动全民在衣、食、住、行、游等方面加快向勤俭节约、绿色低碳、文明健康的方式转变，坚决抵制和反对各种形式的奢侈浪费、不合理消费。积极引导消费者购买节能与新能源汽车、高能效家电、节水型器具等节能环保低碳产品，减少一次性用品的使用，限制过度包装。大力推广绿色低碳出行，倡导绿色生活和休闲模式，严格限制发展高耗能、高耗水服务业。在餐饮企业、单位食堂、家庭全方位开展反食品浪费行动。党政机关、国有企业要带头厉行勤俭节约。

二、《意见》导读

（一）《意见》出台的背景及意义

1. 《意见》出台的历史背景。党和国家历来高度重视生态文明建设。党的十八大作出了把生态文明建设放在突出地位、纳入中国特色社会主义事业“五位一体”总布局的战略决策，十八届三中全会提出加快建立系统完整的生态文明制度体系，十八届四中全会要求用严格的法律制度保护生态环境。出台《意见》，既是落实中央精神的重要举措，也是基于我国能源资源约束趋紧、环境污染严重、生态系统退化等严峻挑战作出的战略部署。

2. 《意见》出台的意义。第一，我国生态文明建设水平仍然滞后于经济社会发展，资源约束趋紧、环境污染严重、生态系统退化，发展与人口资源环境之间的矛盾日益突出。第二，《意见》是当前和今后一个时期推动我国生态文明建设的纲领性文件。第三，加快推进生态文明建设是提高发展质量和效益的内在要求，其核心是推进绿色、循环、低碳发展。节能减排是生态文明建设的重要部分，推进生态文明建设既将有利于环境改善，又利于促进节能减排产业快速发展。

（二）《意见》的主要内容

1. 主要目标。到2020年，实现如下目标：一是国土空间开发格局进一步优化。经济、人口布局向均衡方向发展，陆海空间开发强度、城市空间规模得到有效控制，城乡结构和空间布局明显优化。二是资源利用更加高效，单位国内生产总值二氧化碳排放强度比2005年下降40%～45%，能源消耗强度持续下降，资源产出率大幅提高，用水总量力争控制在6 700亿立方米以内，万元工业增加值用水量降低到65立方米以下，农田灌溉水有效利用系数提高到0.55以上，非化石能源占一次能源消费比重达到15%左右。三是生态环境质量总体改善。主要污染物排放总量继续减少，大气环境质量、重点流域和近岸海域水环境质量得到改善，重要江河湖泊水功能区水质达标率提高到80%以上，饮用水安全保障水平持续提升，土壤环境质量总体保持稳定，环境风险得到有效控制。森林覆盖率达到23%以上，草原综合植被覆盖度达到56%，湿地面积不低于8亿亩，50%以上可治理沙化土地得到治理，自然岸线保有率不低于35%，生物多样性丧失速度得到基本控制，全国生态系统稳定性明显增强。四是生态文明重大制度基本确立。基本形成源头预防、过程控制、损害赔偿、责任追究的生态文明制度体系，自然资源资产产权和用途管制、生态保护红线、生态保护补偿、生态环境保护管理体制等关键制度建设取得决定性成果。

2. 四项任务。一是强化主体功能定位，优化国土空间开发格局。二是推动技术创新和结构调整，提高发展质量和效益。三是全面促进资源节约循环高效使用，推动利用方式根本转变。四是加大自然生态系统和环境保护力度，切实改善生态环境质量。

3. 四项保障机制。一是健全生态文明制度体系。二是加强生态文明建设统计监测和执法监督。三是加快形成推进生态文明建设的良好社会风尚。四是切实加强组织领导。

（三）《意见》的主要亮点

1. 《意见》首次提出“绿色化”。将“绿色化”融入“新型工业化、城镇化、信息化、农业现代化”的“新四化体系”之中，形成“新五化体系”，这是我国经济社会发展全方位绿色转型的最新概括和集中体现。具体包括以下4个方面：一是生产方式的绿色化。提出要构建科技含量高、资源消耗低、环境污染少的产业结构，加快推动生产方式绿色化，大幅提高经济绿色化程度，有效降低发展的资源环境代价。二是生活方式的绿色化。提出广泛开展绿色生活行动，推动全民在衣、食、住、行、游等方面加快向勤俭节约、绿色低碳、文明健康的方式转变。三是推进绿色城镇化。要求要认真落实《国家新型城镇化规划（2014—2020年）》，根据资源环境承载能力，构建科学合理的城镇化宏观布局。大力发展绿色建筑和低碳、便捷的交通体系，推进绿色生态城区建设。四是注重国际竞合中的绿色理念。提出以全球视野加快推进生态文明建设，树立负责任大国形象，把绿色发展转化为新的综合国力、综合影响力和国际竞争新优势。

2. 重视生态文明的制度体系建设。《意见》按照源头预防、过程控制、损害赔偿、责任追究的“16 字”整体思路，提出了严守资源环境生态红线、健全自然资源资产产权和用途管制制度、健全生态保护补偿机制、完善政绩考核和责任追究制度等10 个方面的重大制度。重点如下：一是红线管控制度。从资源、环境、生态三个方面提出了红线管控的要求，将各类开发活动限制在资源环境承载能力之内。二是产权和用途管制制度。在产权制度上，要求对自然生态空间进行统一确权登记；在用途管制上，确定各类国土空间开发、利用、保护边界，实现能源、水资源、矿产资源按质量分级、梯级利用。三是生态补偿制度。要求加快建立让生态损害者赔偿、受益者付费、保护者得到合理补偿的机制，具体有纵向和横向补偿两个维度。纵向，就是要加大对重点生态功能区的转移支付力度，逐步提高其基本公共服务水平；横向，就是引导生态受益地区与保护地区之间、流域上游与下游之间，通过多种方式实施补偿，规范补偿运行机制。通过完善生态补偿制度，使生态保护者肯出力、愿意干、守得住“绿水青山”。四是政绩考核和责任追究制度。《意见》明确，各级党委、政府对本地区生态文明建设负总责，实行差别化的考核机制，要大幅增加资源、环境、生态等指标的考核权重，发挥好“指挥棒”的作用。对于造成资源环境生态严重破坏的领导干部，还要终身追责。

（四）推进生态文明建设的主要途径

1. 优化国土空间开发格局。优化国土空间开发格局，也就是要实施主体功能区战略，健全空间规划体系，科学合理布局和整治生产空间、生活空间和生态空间。具体讲就是要实行“多规合一”，对不同主体功能区的产业项目实行差别化市场准入政策，大力推进绿色城镇化、美丽乡村建设，加强海洋资源科学开发和生态环境保护。

2. 加快生产方式的绿色化。加快推动生产方式绿色化，就是要通过生态文明建设，构建起科技含量高、资源消耗低、环境污染少的产业结构，大力发展绿色产业，培育新的经济增长点，从根本上缓解经济发展和资源环境之间的矛盾。主要包括以下三个方面：

其一，推动科技创新。一是建立符合生态文明建设领域科研活动特点的管理制度和运行机制。二是加强重大科学技术问题研究，开展能源节约、资源循环利用、新能源开发、污染治理、生态修复等领域关键技术攻关，在基础研究和前沿技术研发方面取得突破。三是强化企业技术创新主体地位，充分发挥市场对绿色产业发展方向和技术路线选择的决定性作用。四是完善技术创新体系，提高综合集成创新能力，加强工艺创新与试验。五是支持生态文明领域工程技术类研究中心、实验室和实验基地建设，完善科技创新成果转化机制，形成一批成果转化平台、中介服务机构，加快成熟适用技术的示范和推广。六是加强生态文明基础研究、试验研发、工程应用和市场服务等科技人才队伍建设。

其二，调整优化产业结构。一是推动战略性新兴产业和先进制造业健康发展，采用先进适用节能低碳环保技术改造提升传统产业，发展壮大服务业，合理布局建设基础设施和基础产业。二是积极化解产能严重过剩矛盾，加强预警调控，适时调整产能严重过剩行业名单，严禁核准产能严重过剩行业新增产能项目。三是加快淘汰落后产能，逐步提高淘汰标准，禁止落后产能向中西部地区转移。四是做好化解产能过剩和淘汰落后产能企业职工安置工作。五是推动要素资源全球配置，鼓励优势产业走出去，提高参与国际分工的水平。六是调整能源结构，推动传统能源安全绿色开发和清洁低碳利用，发展清洁能源、可再生能源，不断提高非化石能源在能源消费结构中的比重。

其三，发展绿色产业。一是大力发展节能环保产业，推广节能环保产品，增强节能环保工程技术能力，完善政策机制，推动节能环保技术、装备和服务水平显著提升，加快培育新的经济增长点。二是实施节能环保产业重大技术装备产业化工程，规划建设产业化示范基地，规范节能环保市场发展，多渠道引导社会资金投入，形成新的支柱产业。三是加快核电、风电、太阳能光伏发电等新材料、新装备的研发和推广，推进生物质发电、生物质能源、沼气、地热、浅层地温能、海洋能等应用，发展分布式能源，建设智能电网，完善运行管理体系。四是大力发展节能与新能源汽车，提高创新能力和产业化水平，加强配套基础设施建设，加大推广普及力度。五是发展有机农业、生态农业，以及特色经济林、林下经济、森林旅游等林产业。

3. 推进利用方式根本转变。其核心是全面促进资源节约循环高效利用，这也是推进生态文明建设的首要之策。推进节能减排、发展循环经济、加强资源节约是推进利用方式根本转变的主要途径。

其一，推进节能减排。一是发挥节能与减排的协同促进作用，全面推动重点领域节能减排。二是开展重点用能单位节能低碳行动，实施重点产业能效提升计划。三是严格执行建筑节能标准，加快推进既有建筑节能和供热计量改造，从标准、设计、建设等方面大力推广可再生能源在建筑上的应用，鼓励建筑工业化等建设模式。四是优先发展公共交通，优化运输方式，推广节能与新能源交通运输装备，发展甩挂运输。五是鼓励使用高效节能农业生产设备。六是开展节约型公共机构示范创建活动。七是强化结构、工程、管理减排，继续削减主要污染物排放总量。

其二，发展循环经济。一是加快建立循环型工业、农业、服务业体系，提高全社会资源产出率。二是完善再生资源回收体系，实行垃圾分类回收，开发利用“城市矿产”，推进秸秆等农林废弃物以及建筑垃圾、餐厨废弃物资源化利用，发展再制造和再生利用产品，鼓励纺织品、汽车轮胎等废旧物品回收利用。三是推进对煤矸石、矿渣等大宗固体废弃物的综合利用。四是组织开展循环经济示范行动，大力推广循环经济典型模式。五是推进产业循环式组合，促进生产和生活系统的循环链接，构建覆盖全社会的资源循环利用体系。

其三，加强资源节约。一是节约集约利用水、土地、矿产等资源，加强全过程管理，大幅降低资源消耗强度。二是加强用水需求管理，以水定需、量水而行，抑制不合理用水需求，促进人口、经济等与水资源相均衡，建设节水型社会。三是推广高效节水技术和产品，发展节水农业，加强城市节水，推进企业节水改造。四是积极开发利用再生水、矿井水、空中云水、海水等非常规水源，严控无序调水和人造水景工程，提高水资源安全保障水平。五是按照严控增量、盘活存量、优化结构、提高效率的原则，加强土地利用的规划管控、市场调节、标准控制和考核监管，严格土地用途管制，推广应用节地技术和模式。六是发展绿色矿业，加快推进绿色矿山建设，促进矿产资源高效利用，提高矿产资源开采回采率、选矿回收率和综合利用率。

4. 健全系统完整的制度体系。具体包括以下十个方面：

其一，健全法律法规。一是全面清理现行法律法规中与其不相适应的内容。二是研究制定节能评估审查、节水、应对气候变化等方面的法律法规，修订土地管理法、大气污染防治法、水污染防治法、节约能源法、循环经济促进法、矿产资源法等。

其二，完善标准体系。一是加快制修订一批能耗、水耗、地耗、污染物排放、环境质量等方面的标准，实施能效和排污强度“领跑者”制度。二是提高建筑物、道路、桥梁等建设标准。三是环境容量较小、生态环境脆弱、环境风险高的地区要执行污染物特别排放限值。四是鼓励各地区依法制定更加严格的地方标准。五是建立与国际接轨、适应我国国情的能效和环保标识认证制度。

其三，健全自然资源资产产权制度和用途管制制度。一是对自然生态空间进行统一确权登记。二是完善自然资源资产用途管制制度。三是严格节能评估审查、水资源论证和取水许可制度。四是坚持并完善最严格的耕地保护和节约用地制度。五是完善矿产资源规划制度，强化矿产开发准入管理。六是有序推进国家自然资源资产管理体制改革。

其四，完善生态环境监管制度。一是建立严格监管所有污染物排放的环境保护管理制度。二是完善污染物排放许可证制度，对违法排放污染物、造成或可能造成严重污染的，要依法查封扣押排放污染物的设施设备，对严重污染环境的工艺、设备和产品实行淘汰制度。三是实行企事业单位污染物排放总量控制制度，适时调整主要污染物指标种类，纳入约束性指标。四是健全环境影响评价、清洁生产审核、环境信息公开等制度。五是建立生态保护修复和污染防治区域联动机制。

其五，严守资源环境生态红线。一是树立底线思维，设定并严守资源消耗上限、环境质量底线、生态保护红线，将各类开发活动限制在资源环境承载能力之内。二是加强能源、水、土地等战略性资源管控，强化能源消耗强度控制，做好能源消费总量管理。三是继续实施水资源开发利用控制、用水效率控制、水功能区限制纳污三条红线管理。四是严守环境质量底线，将大气、水、土壤等环境质量作为地方各级政府环保责任红线，相应确定污染物排放总量限值和环境风险防控措施。五是在重点生态功能区、生态环境敏感区和脆弱区等区域划定生态红线，并科学划定森林、草原、湿地、海洋等领域生态红线，严格自然生态空间征（占）用管理。六是探索建立资源环境承载能力监测预警机制，对资源消耗和环境容量接近或超过承载能力的地区，及时采取区域限批等限制性措施。

其六，完善经济政策。一是健全价格、财税、金融等政策。二是深化自然资源及其产品价格改革。三是进一步深化矿产资源有偿使用制度改革，调整矿业权使用费征收标准。四是加大财政资金投入，统筹有关资金，对资源节约和循环利用、新能源和可再生能源开发利用、环境基础设施建设、生态修复与建设、先进适用技术研发示范等给予支持。四是将高耗能、高污染产品纳入消费税征收范围。五是推动环境保护费改税。六是加快资源税从价计征改革，清理取消相关收费基金，逐步将资源税征收范围扩展到占用各种自然生态空间。七是完善节能环保、新能源、生态建设的税收优惠政策。八是推广绿色信贷，支持符合条件的项目通过资本市场融资。九是探索排污权抵押等融资模式。十是深化环境污染责任保险试点，研究建立巨灾保险制度。

其七，推行市场化机制。一是加快推行合同能源管理、节能低碳产品和有机产品认证、能效标识管理等机制。二是推进节能发电调度，优先调度可再生能源发电资源，按机组能耗和污染物排放水平依次调用化石类能源发电资源。三是建立节能量、碳排放权交易制度，深化交易试点，推动建立全国碳排放权交易市场。四是加快水权交易试点，培育和规范水权市场。五是全面推进矿业权市场建设。六是扩大排污权有偿使用和交易试点范围，发展排污权交易市场。七是积极推进环境污染第三方治理，引入社会力量投入环境污染治理。

其八，健全生态保护补偿机制。一是加快形成生态补偿的运行机制。二是完善转移支付制度，归并和规范现有生态保护补偿渠道，加大对重点生态功能区的转移支付力度，逐步提高其基本公共服务水平。三是建立地区间横向生态保护补偿机制，通过资金补助、产业转移、人才培训、共建园区等方式实施补偿。四是建立独立公正的生态环境损害评估制度。

其九，健全政绩考核制度。一是建立体现生态文明要求的目标体系、考核办法、奖惩机制。二是把资源消耗、环境损害、生态效益等指标纳入经济社会发展综合评价体系，大幅增加考核权重，强化指标约束。三是完善政绩考核办法，根据区域主体功能定位，实行差别化的考核制度。四是对限制开发区域、禁止开发区域和生态脆弱的国家扶贫开发工作重点县，取消地区生产总值考核，并对农产品主产区和重点生态功能区，分别实行农业优先和生态保护优先的绩效评价，还要对禁止开发的重点生态功能区，重点评价其自然文化资源的原真性、完整性。五是探索编制自然资源资产负债表，对领导干部实行自然资源资产和环境责任离任审计。

其十，加强责任监督和执法考核体系建设（略）。

第二节 生态文明体制改革总体方案

（2015 年 9 月 21 日）

一、《生态文明体制改革总体方案》文本摘要

（一）生态文明体制改革的总体要求

1. 生态文明体制改革的指导思想。全面贯彻党的十八大和十八届二中、三中、四中全会精神，以邓小平理论、"三个代表"重要思想、科学发展观为指导，深入贯彻落实习近平总书记系列重要讲话精神，按照党中央、国务院决策部署，坚持节约资源和保护环境基本国策，坚持节约优先、保护优先、自然恢复为主方针，立足我国社会主义初级阶段的基本国情和新的阶段性特征，以建设美丽中国为目标，以正确处理人与自然关系为核心，以解决生态环境领域突出问题为导向，保障国家生态安全，改善环境质量，提高资源利用效率，推动形成人与自然和谐发展的现代化建设新格局。

2. 生态文明体制改革的理念。树立尊重自然、顺应自然、保护自然的理念，生态文明建设不仅影响经济持续健康发展，也关系政治和社会建设，必须放在突出地位，融入经济建设、政治建设、文化建设、社会建设各方面和全过程。

树立发展和保护相统一的理念，坚持发展是硬道理的战略思想，发展必须是绿色发展、循环发展、低碳发展，平衡好发展和保护的关系，按照主体功能定位控制开发强度，调整空间结构，给子孙后代留下天蓝、地绿、水净的美好家园，实现发展与保护的内在统一、相互促进。

树立绿水青山就是金山银山的理念，清新空气、清洁水源、美丽山川、肥沃土地、生物多样性是人类生存必需的生态环境，坚持发展是第一要务，必须保护森林、草原、河流、湖泊、湿地、海洋等自然生态。

树立自然价值和自然资本的理念，自然生态是有价值的，保护自然就是增值自然价值和自然资本的过程，就是保护和发展生产力，就

应得到合理回报和经济补偿。

树立空间均衡的理念，把握人口、经济、资源环境的平衡点推动发展，人口规模、产业结构、增长速度不能超出当地水土资源承载能力和环境容量。

树立山水林田湖是一个生命共同体的理念，按照生态系统的整体性、系统性及其内在规律，统筹考虑自然生态各要素、山上山下、地上地下、陆地海洋以及流域上下游，进行整体保护、系统修复、综合治理，增强生态系统循环能力，维护生态平衡。

3. 生态文明体制改革的原则。坚持正确改革方向，健全市场机制，更好发挥政府的主导和监管作用，发挥企业的积极性和自我约束作用，发挥社会组织和公众的参与和监督作用。

坚持自然资源资产的公有性质，创新产权制度，落实所有权，区分自然资源资产所有者权利和管理者权力，合理划分中央地方事权和监管职责，保障全体人民分享全民所有自然资源资产收益。

坚持城乡环境治理体系统一，继续加强城市环境保护和工业污染防治，加大生态环境保护工作对农村地区的覆盖，建立健全农村环境治理体制机制，加大对农村污染防治设施建设和资金投入力度。

坚持激励和约束并举，既要形成支持绿色发展、循环发展、低碳发展的利益导向机制，又要坚持源头严防、过程严管、损害严惩、责任追究，形成对各类市场主体的有效约束，逐步实现市场化、法治化、制度化。

坚持主动作为和国际合作相结合，加强生态环境保护是我们的自觉行为，同时要深化国际交流和务实合作，充分借鉴国际上的先进技术和体制机制建设有益经验，积极参与全球环境治理，承担并履行好同发展中大国相适应的国际责任。

坚持鼓励试点先行和整体协调推进相结合，在党中央、国务院统一部署下，先易后难、分步推进，成熟一项推出一项。支持各地区根据本方案确定的基本方向，因地制宜，大胆探索、大胆试验。

4. 生态文明体制改革的目标。到2020年，构建起由自然资源资产产权制度、国土空间开发保护制度、空间规划体系、资源总量管理和全面节约制度、资源有偿使用和生态补偿制度、环境治理体系、环境治理和生态保护市场体系、生态文明绩效评价考核和责任追究制度等八项制度构成的产权清晰、多元参与、激励约束并重、系统完整的生态文明制度体系，推进生态文明领域国家治理体系和治理能力现代化，努力走向社会主义生态文明新时代。

构建归属清晰、权责明确、监管有效的自然资源资产产权制度，着力解决自然资源所有者不到位、所有权边界模糊等问题。

构建以空间规划为基础、以用途管制为主要手段的国土空间开发保护制度，着力解决因无序开发、过度开发、分散开发导致的优质耕地和生态空间占用过多、生态破坏、环境污染等问题。

构建以空间治理和空间结构优化为主要内容，全国统一、相互衔接、分级管理的空间规划体系，着力解决空间性规划重叠冲突、部门职责交叉重复、地方规划朝令夕改等问题。

构建覆盖全面、科学规范、管理严格的资源总量管理和全面节约制度，着力解决资源使用浪费严重、利用效率不高等问题。

构建反映市场供求和资源稀缺程度、体现自然价值和代际补偿的资源有偿使用和生态补偿制度，着力解决自然资源及其产品价格偏低、生产开发成本低于社会成本、保护生态得不到合理回报等问题。

构建以改善环境质量为导向，监管统一、执法严明、多方参与的环境治理体系，着力解决污染防治能力弱、监管职能交叉、权责不一致、违法成本过低等问题。

构建更多运用经济杠杆进行环境治理和生态保护的市场体系，着力解决市场主体和市场体系发育滞后、社会参与度不高等问题。

构建充分反映资源消耗、环境损害和生态效益的生态文明绩效评价考核和责任追究制度，着力解决发展绩效评价不全面、责任落实不到位、损害责任追究缺失等问题。

（二）健全自然资源资产产权制度

1. 建立统一的确权登记系统。坚持资源公有、物权法定，清晰界定全部国土空间各类自然资源资产的产权主体。对水流、森林、山岭、草原、荒地、滩涂等所有自然生态空间统一进行确权登记，逐步划清全民所有和集体所有之间的边界，划清全民所有、不同层级政府行使所有权的边界，划清不同集体所有者的边界。推进确权登记法治化。

2. 建立权责明确的自然资源产权体系。制定权利清单，明确各类自然资源产权主体权利。处理好所有权与使用权的关系，创新自然资源全民所有权和集体所有权的实现形式，除生态功能重要的外，可推动所有权和使用权相分离，明确占有、使用、收益、处分等权利归属关系和权责，适度扩大使用权的出让、转让、出租、抵押、担保、入股等权能。明确国有农场、林场和牧场土地所有者与使用者权能。全面建立覆盖各类全民所有自然资源资产的有偿出让制度，严禁无偿或低价出让。统筹规划，加强自然资源资产交易平台建设。

3. 健全国家自然资源资产管理体制。按照所有者和监管者分开和一件事情由一个部门负责的原则，整合分散的全民所有自然资源资产所有者职责，组建对全民所有的矿藏、水流、森林、山岭、草原、荒地、海域、滩涂等各类自然资源统一行使所有权的机构，负责全民所有自然资源的出让等。

4. 探索建立分级行使所有权的体制。对全民所有的自然资源资产，按照不同资源种类和在生态、经济、国防等方面的重要程度，研究实行中央和地方政府分级代理行使所有权职责的体制，实现效率和公平相统一。分清全民所有中央政府直接行使所有权、全民所有地方政府行使所有权的资源清单和空间范围。中央政府主要对石油天然气、贵重稀有矿产资源、重点国有林区、大江大河大湖和跨境河流、生态功能重要的湿地草原、海域滩涂、珍稀野生动植物种和部分国家公园等直接行使所有权。

5. 开展水流和湿地产权确权试点。探索建立水权制度，开展水域、岸线等水生态空间确权试点，遵循水生态系统性、整体性原则，分清水资源所有权、使用权及使用量。在甘肃、宁夏等地开展湿地产权确权试点。

（三）建立国土空间开发保护制度

1. 完善主体功能区制度。统筹国家和省级主体功能区规划，健全基于主体功能区的区域政策，根据城市化地区、农产品主产区、重点生态功能区的不同定位，加快调整完善财政、产业、投资、人口流动、建设用地、资源开发、环境保护等政策。

2. 健全国土空间用途管制制度。简化自上而下的用地指标控制体系，调整按行政区和用地基数分配指标的做法。将开发强度指标分解到各县级行政区，作为约束性指标，控制建设用地总量。将用途管制扩大到所有自然生态空间，划定并严守生态红线，严禁任意改变用途，防止不合理开发建设活动对生态红线的破坏。完善覆盖全部国土空间的监测系统，动态监测国土空间变化。

3. 建立国家公园体制。加强对重要生态系统的保护和永续利用，改革各部门分头设置自然保护区、风景名胜区、文化自然遗产、地质公园、森林公园等的体制，对上述保护地进行功能重组，合理界定国家公园范围。国家公园实行更严格保护，除不损害生态系统的原住民生活生产设施改造和自然观光科研教育旅游外，禁止其他开发建设，保护自然生态和自然文化遗产原真性、完整性。加强对国家公园试点的指导，在试点基础上研究制定建立国家公园体制总体方案。构建保护珍稀野生动植物的长效机制。

4. 完善自然资源监管体制。将分散在各部门的有关用途管制职责，逐步统一到一个部门，统一行使所有国土空间的用途管制职责。

（四）建立空间规划体系

1. 编制空间规划。整合目前各部门分头编制的各类空间性规划，编制统一的空间规划，实现规划全覆盖。空间规划是国家空间发展的指南、可持续发展的空间蓝图，是各类开发建设活动的基本依据。空间规划分为国家、省、市县（设区的市空间规划范围为市辖区）三级。研究建立统一规范的空间规划编制机制。鼓励开展省级空间规划试点。编制京津冀空间规划。

2. 推进市县“多规合一”。支持市县推进“多规合一”，统一编制市县空间规划，逐步形成一个市县一个规划、一张蓝图。市县空间规划要统一土地分类标准，根据主体功能定位和省级空间规划要求，划定生产空间、生活空间、生态空间，明确城镇建设区、工业区、农村居民点等的开发边界，以及耕地、林地、草原、河流、湖泊、湿地等的保护边界，加强对城市地下空间的统筹规划。加强对市县“多规合一”试点的指导，研究制定市县空间规划编制指引和技术规范，形成可复制、能推广的经验。

3. 创新市县空间规划编制方法。探索规范化的市县空间规划编制程序，扩大社会参与，增强规划的科学性和透明度。鼓励试点地区进行规划编制部门整合，由一个部门负责市县空间规划的编制，可成立由专业人员和有关方面代表组成的规划评议委员会。规划编制前应当进行资源环境承载能力评价，以评价结果作为规划的基本依据。规划编制过程中应当广泛征求各方面意见，全文公布规划草案，充分听取当地居民意见。规划经评议委员会论证通过后，由当地人民代表大会审议通过，并报上级政府部门备案。规划成果应当包括规划文本和较高精度的规划图，并在网络和其他本地媒体公布。鼓励当地居民对规划执行进行监督，对违反规划的开发建设行为进行举报。当地人民代表大会及其常务委员会定期听取空间规划执行情况报告，对当地政府违反规划行为进行问责。

（五）完善资源总量管理和全面节约制度

1. 完善最严格的耕地保护制度和土地节约集约利用制度。完善基本农田保护制度，划定永久基本农田红线，按照面积不减少、质量不下降、用途不改变的要求，将基本农田落地到户、上图入库，实行严格保护，除法律规定的国家重点建设项目选址确实无法避让外，其他任何建设不得占用。加强耕地质量等级评定与监测，强化耕地质量保护与提升建设。完善耕地占补平衡制度，对新增建设用地占用耕地规模实行总量控制，严格实行耕地占一补一、先补后占、占优补优。实施建设用地总量控制和减量化管理，建立节约集约用地激励和约束机制，调整结构，盘活存量，合理安排土地利用年度计划。

2. 完善最严格的水资源管理制度。按照节水优先、空间均衡、系统治理、两手发力的方针，健全用水总量控制制度，保障水安全。加快制定主要江河流域水量分配方案，加强省级统筹，完善省市县三级取用水总量控制指标体系。建立健全节约集约用水机制，促进水资源使用结构调整和优化配置。完善规划和建设项目水资源论证制度。主要运用价格和税收手段，逐步建立农业灌溉用水量控制和定额管理、高耗水工业企业计划用水和定额管理制度。在严重缺水地区建立用水定额准入门槛，严格控制高耗水项目建设。加强水产品产地保护和环境修复，控制水产养殖，构建水生动植物保护机制。完善水功能区监督管理，建立促进非常规水源利用制度。

3. 建立能源消费总量管理和节约制度。坚持节约优先，强化能耗强度控制，健全节能目标责任制和奖励制。进一步完善能源统计制度。健全重点用能单位节能管理制度，探索实行节能自愿承诺机制。完善节能标准体系，及时更新用能产品能效、高耗能行业能耗限额、建筑物能效等标准。合理确定全国能源消费总量目标，并分解落实到省级行政区和重点用能单位。健全节能低碳产品和技术装备推广机制，定期发布技术目录。强化节能评估审查和节能监察。加强对可再生能源发展的扶持，逐步取消对化石能源的普遍性补贴。逐步建立全国碳排放总量控制制度和分解落实机制，建立增加森林、草原、湿地、海洋碳汇的有效机制，加强应对气候变化国际合作。

4. 建立天然林保护制度。将所有天然林纳入保护范围。建立国家用材林储备制度。逐步推进国有林区政企分开，完善以购买服务为主的国有林场公益林管护机制。完善集体林权制度，稳定承包权，拓展经营权能，健全林权抵押贷款和流转制度。

5. 建立草原保护制度。稳定和完善草原承包经营制度，实现草原承包地块、面积、合同、证书“四到户”，规范草原经营权流转。实行基本草原保护制度，确保基本草原面积不减少、质量不下降、用途不改变。健全草原生态保护补奖机制，实施禁牧休牧、划区轮牧和草畜平衡等制度。加强对草原征用使用审核审批的监管，严格控制草原非牧使用。

6. 建立湿地保护制度。将所有湿地纳入保护范围，禁止擅自征用占用国际重要湿地、国家重要湿地和湿地自然保护区。确定各类湿地功能，规范保护利用行为，建立湿地生态修复机制。

7. 建立沙化土地封禁保护制度。将暂不具备治理条件的连片沙化土地划为沙化土地封禁保护区。建立严格保护制度，加强封禁和管护基础设施建设，加强沙化土地治理，增加植被，合理发展沙产业，完善以购买服务为主的管护机制，探索开发与治理结合新机制。

8. 健全矿产资源开发利用管理制度。建立矿产资源开发利用水平调查评估制度，加强矿产资源查明登记和有偿计时占用登记管理。建立矿产资源集约开发机制，提高矿区企业集中度，鼓励规模化开发。完善重要矿产资源开采回采率、选矿回收率、综合利用率等国家标准。健全鼓励提高矿产资源利用水平的经济政策。建立矿山企业高效和综合利用信息公示制度，建立矿业权人“黑名单”制度。完善重要矿产资源回收利用的产业化扶持机制。完善矿山地质环境保护和土地复垦制度。

9. 完善资源循环利用制度。建立健全资源产出率统计体系。实行生产者责任延伸制度，推动生产者落实废弃产品回收处理等责任。建立种养业废弃物资源化利用制度，实现种养业有机结合、循环发展。加快建立垃圾强制分类制度。制定再生资源回收目录，对复合包装物、电池、农膜等低值废弃物实行强制回收。加快制定资源分类回收利用标准。建立资源再生产品和原料推广使用制度，相关原材料消耗企业要使用一定比例的资源再生产品。完善限制一次性用品使用制度。落实并完善资源综合利用和促进循环经济发展的税收政策。制定循环经济技术目录，实行政府优先采购、贷款贴息等政策。

（六）健全资源有偿使用和生态补偿制度

1. 加快自然资源及其产品价格改革。按照成本、收益相统一的原则，充分考虑社会可承受能力，建立自然资源开发使用成本评估机制，将资源所有者权益和生态环境损害等纳入自然资源及其产品价格形成机制。加强对自然垄断环节的价格监管，建立定价成本监审制度和价格调整机制，完善价格决策程序和信息公开制度。推进农业水价综合改革，全面实行非居民用水超计划、超定额累进加价制度，全面推行城镇居民用水阶梯价格制度。

2. 完善土地有偿使用制度。扩大国有土地有偿使用范围，扩大招拍挂出让比例，减少非公益性用地划拨，国有土地出让收支纳入预算管理。改革完善工业用地供应方式，探索实行弹性出让年限以及长期租赁、先租后让、租让结合供应。完善地价形成机制和评估制度，健全土地等级价体系，理顺与土地相关的出让金、租金和税费关系。建立有效调节工业用地和居住用地合理比价机制，提高工业用地出让地价水平，降低工业用地比例。探索通过土地承包经营、出租等方式，健全国有农用地有偿使用制度。

3. 完善矿产资源有偿使用制度。完善矿业权出让制度，建立符合市场经济要求和矿业规律的探矿权采矿权出让方式，原则上实行市场化出让，国有矿产资源出让收支纳入预算管理。理清有偿取得、占用和开采中所有者、投资者、使用者的产权关系，研究建立矿产资源国家权益金制度。调整探矿权采矿权使用费标准、矿产资源最低勘查投入标准。推进实现全国统一的矿业权交易平台建设，加大矿业权出让转让信息公开力度。

4. 完善生态补偿机制。探索建立多元化补偿机制，逐步增加对重点生态功能区转移支付，完善生态保护成效与资金分配挂钩的激励约束机制。制定横向生态补偿机制办法，以地方补偿为主，中央财政给予支持。鼓励各地区开展生态补偿试点，继续推进新安江水环境补偿试点，推动在京津冀水源涵养区、广西广东九洲江、福建广东汀江—韩江等开展跨地区生态补偿试点，在长江流域水环境敏感地区探索开展流域生态补偿试点。

5. 完善生态保护修复资金使用机制。按照山水林田湖系统治理的要求，完善相关资金使用管理办法，整合现有政策和渠道，在深入推进国土江河综合整治的同时，更多用于青藏高原生态屏障、黄土高原—川滇生态屏障、东北森林带、北方防沙带、南方丘陵山地带等国家生态安全屏障的保护修复。

6. 建立耕地草原河湖休养生息制度。编制耕地、草原、河湖休养生息规划，调整严重污染和地下水严重超采地区的耕地用途，逐步将25度以上不适宜耕种且有损生态的陡坡地退出基本农田。建立巩固退耕还林还草、退牧还草成果长效机制。开展退田还湖还湿试点，推进长株潭地区土壤重金属污染修复试点、华北地区地下水超采综合治理试点。

（七）建立健全环境治理体系

1. 完善污染物排放许可制。尽快在全国范围建立统一公平、覆盖所有固定污染源的企业排放许可制，依法核发排污许可证，排污者必须持证排污，禁止无证排污或不按许可证规定排污。

2. 建立污染防治区域联动机制。完善京津冀、长三角、珠三角等重点区域大气污染防治联防联控协作机制，其他地方要结合地理特征、污染程度、城市空间分布以及污染物输送规律，建立区域协作机制。在部分地区开展环境保护管理体制创新试点，统一规划、统一标准、统一环评、统一监测、统一执法。开展按流域设置环境监管和行政执法机构试点，构建各流域内相关省级涉水部门参加、多形式的流域水环境保护协作机制和风险预警防控体系。建立陆海统筹的污染防治机制和重点海域污染物排海总量控制制度。完善突发环境事件应急机制，提高与环境风险程度、污染物种类等相匹配的突发环境事件应急处置能力。

3. 建立农村环境治理体制机制。建立以绿色生态为导向的农业补贴制度，加快制定和完善相关技术标准和规范，加快推进化肥、农药、农膜减量化以及畜禽养殖废弃物资源化和无害化，鼓励生产使用可降解农膜。完善农作物秸秆综合利用制度。健全化肥农药包装物、农膜回收贮运加工网络。采取财政和村集体补贴、住户付费、社会资本参与的投入运营机制，加强农村污水和垃圾处理等环保设施建设。采取政府购买服务等多种扶持措施，培育发展各种形式的农业面源污染治理、农村污水垃圾处理市场主体。强化县乡两级政府的环境保护职责，加强环境监管能力建设。财政支农资金的使用要统筹考虑增强农业综合生产能力和防治农村污染。

4. 健全环境信息公开制度。全面推进大气和水等环境信息公开、排污单位环境信息公开、监管部门环境信息公开，健全建设项目环境影响评价信息公开机制。健全环境新闻发言人制度。引导人民群众树立环保意识，完善公众参与制度，保障人民群众依法有序行使环境监督权。建立环境保护网络举报平台和举报制度，健全举报、听证、舆论监督等制度。

5. 严格实行生态环境损害赔偿制度。强化生产者环境保护法律责任，大幅度提高违法成本。健全环境损害赔偿方面的法律制度、评估方法和实施机制，对违反环保法律法规的，依法严惩重罚；对造成生态环境损害的，以损害程度等因素依法确定赔偿额度；对造成严重后果的，依法追究刑事责任。

（八）健全环境治理和生态保护市场体系

1. 培育环境治理和生态保护市场主体。采取鼓励发展节能环保产业的体制机制和政策措施。废止妨碍形成全国统一市场和公平竞争的规定和做法，鼓励各类投资进入环保市场。能由政府和社会资本合作开展的环境治理和生态保护事务，都可以吸引社会资本参与建设和运营。通过政府购买服务等方式，加大对环境污染第三方治理的支持力度。加快推进污水垃圾处理设施运营管理单位向独立核算、自主经营的企业转变。组建或改组设立国有资本投资运营公司，推动国有资本加大对环境治理和生态保护等方面的投入。支持生态环境保护领域国有企业实行混合所有制改革。

2. 推行用能权和碳排放权交易制度。结合重点用能单位节能行动和新建项目能评审查，开展项目节能量交易，并逐步改为基于能源消费总量管理下的用能权交易。建立用能权交易系统、测量与核准体系。推广合同能源管理。深化碳排放权交易试点，逐步建立全国碳排放权交易市场，研究制定全国碳排放权交易总量设定与配额分配方案。完善碳交易注册登记系统，建立碳排放权交易市场监管体系。

3. 推行排污权交易制度。在企业排污总量控制制度基础上，尽快完善初始排污权核定，扩大涵盖的污染物覆盖面。在现行以行政区为单元层层分解机制基础上，根据行业先进排污水平，逐步强化以企业为单元进行总量控制、通过排污权交易获得减排收益的机制。在重点流域和大气污染重点区域，合理推进跨行政区排污权交易。扩大排污权有偿使用和交易试点，将更多条件成熟地区纳入试点。加强排污权交易平台建设。制定排污权核定、使用费收取使用和交易价格等规定。

4. 推行水权交易制度。结合水生态补偿机制的建立健全，合理界定和分配水权，探索地区间、流域间、流域上下游、行业间、用水户间等水权交易方式。研究制定水权交易管理办法，明确可交易水权的范围和类型、交易主体和期限、交易价格形成机制、交易平台运作规则等。开展水权交易平台建设。

5. 建立绿色金融体系。推广绿色信贷，研究采取财政贴息等方式加大扶持力度，鼓励各类金融机构加大绿色信贷的发放力度，明确贷款人的尽职免责要求和环境保护法律责任。加强资本市场相关制度建设，研究设立绿色股票指数和发展相关投资产品，研究银行和企业发行绿色债券，鼓励对绿色信贷资产实行证券化。支持设立各类绿色发展基金，实行市场化运作。建立上市公司环保信息强制性披露机制。完善对节能低碳、生态环保项目的各类担保机制，加大风险补偿力度。在环境高风险领域建立环境污染强制责任保险制度。建立绿色评级体系以及公益性的环境成本核算和影响评估体系。积极推动绿色金融领域各类国际合作。

6. 建立统一的绿色产品体系。将目前分头设立的环保、节能、节水、循环、低碳、再生、有机等产品统一整合为绿色产品，建立统一的绿色产品标准、认证、标识等体系。完善对绿色产品研发生产、运输配送、购买使用的财税金融支持和政府采购等政策。

（九）完善生态文明绩效评价考核和责任追究制度

1. 建立资源环境承载能力监测预警机制。研究制定资源环境承载能力监测预警指标体系和技术方法，建立资源环境监测预警数据库和信息技术平台，定期编制资源环境承载能力监测预警报告，对资源消耗和环境容量超过或接近承载能力的地区，实行预警提醒和限制性措施。

2. 探索编制自然资源资产负债表。制定自然资源资产负债表编制指南，构建水资源、土地资源、森林资源等的资产和负债核算方法，建立实物量核算账户，明确分类标准和统计规范，定期评估自然资源资产变化状况。在市县层面开展自然资源资产负债表编制试点，核算主要自然资源实物量账户并公布核算结果。

3. 对领导干部实行自然资源资产离任审计。在编制自然资源资产负债表和合理考虑客观自然因素基础上，积极探索领导干部自然资源资产离任审计的目标、内容、方法和评价指标体系。以领导干部任期内辖区自然资源资产变化状况为基础，通过审计，客观评价领导干部履行自然资源资产管理责任情况，依法界定领导干部应当承担的责任，加强审计结果运用。在内蒙古呼伦贝尔市、浙江湖州市、湖南娄底市、贵州赤水市、陕西延安市开展自然资源资产负债表编制试点和领导干部自然资源资产离任审计试点。

4. 建立生态环境损害责任终身追究制。实行地方党委和政府领导成员生态文明建设一岗双责制。以自然资源资产离任审计结果和生态环境损害情况为依据，明确对地方党委和政府领导班子主要负责人、有关领导人员、部门负责人的追责情形和认定程序。区分情节轻重，对造成生态环境损害的，予以诫勉、责令公开道歉、组织处理或党纪政纪处分，对构成犯罪的依法追究刑事责任。对领导干部离任后出现重大生态环境损害并认定其需要承担责任的，实行终身追责。建立国家环境保护督察制度。

二、《生态文明体制改革总体方案》导读

（一）《生态文明体制改革总体方案》主要内容

《生态文明体制改革总体方案》（以下简称《总体方案》）于2015年9月21日公布实施。学习《总体方案》需把握“六六八”，即六大理念、六个原则、八项制度。六大理念分别是：尊重自然、顺应自然、保护自然，发展和保护统一，绿水青山就是金山银山，自然价值和自然资本，空间均衡，山水林田湖是生命共同体。六个原则是：坚持正确方向、自然资源公有、城乡环境治理体系统一、激励和约束并举、主动作为和国际合作结合、试点先行与整体推进结合。八项制度是：自然资源资产产权、国土开发保护、空间规划体系、资源总量管理和节约、资源有偿使用和补偿、环境治理体系、市场体系、绩效考核和责任追究。需要重点把握如下内容：

1. 生态文明体制概念。对生态文明体制可以有广义和狭义两种理解。广义上，生态文明体制又称生态文明治理体系，是指推进生态文明建设所需的各种基础性、常态化的支撑条件和保障体系的总和，是国家治理体系的一部分。它由生态文明建设制度体系、组织体系和实施机制构成，分别解决生态文明建设中的动力、主体和途径问题，即生态文明体制要为生态文明建设提供动力来源（通过法治和伦理要求等形式明确目标和任务），确保有人员和机构来担当工作（机构改革），并为这些人员和机构的执行行动授予合法可行的权威和权利（有责、有权、有钱）。狭义上，生态文明体制是指推进生态文明建设所需的各种组织机构的设置及其职能划分和权力配置等，它相当于上述广义理解中的组织体系部分，即人们常说的机构问题。

如果仅从狭义的机构改革层面来理解生态文明体制改革，可能有些狭窄。生态文明体制应该是与经济体制、政治体制、社会体制、文化体制等相并列的“大”概念，生态文明体制应该从上述广义层面理解，即生态文明体制应该包括制度体系、组织体系和实施机制，而不仅仅是组织体系。

2. 生态文明体制的来源。生态文明体制的实质是建设生态文明中各有关主体（政府、社会、市场）的责任、权力、利益的配置结构，它是由多种因素共同决定的：一是来自生态文明建设目标和任务的要求。生态文明建设的形象目标是美丽中国，具体目标是先进伦理、发达经济、完善制度、优美环境等。生态文明建设的主要任务是搞好国土空间规划、推进资源节约利用、加强生态环境保护和加快制度建设。这些目标和任务都来自中央的政治要求，都需要有生态文明体制提供支撑和保障。例如，国土空间规划需要确立国家对国土资源的用途管制职责，资源节约利用需要确立自然资源产权制度，生态环境保护需要强化统一监管制度等，这都是生态文明体制改革的方向。二是来自生态文明建设实践中面临的体制问题。主要是生态文明建设制度体系不完善（如法律缺失、政策缺位、责任追究不到位等），生态文明建设组织体系不健全（如各方纷争、群龙无首、职能交叉等），生态文明建设实施机制不落实（如执法不严、司法不足、管理薄弱、缺乏监督、道德滑坡、公众缺位、创新不足等）。这些问题表明，现有的生态文明体制不能应对生态文明建设中出现的问题，应针对如何解决这些问题而改革和发展新的生态文明体制。三是来自生态文明制度建设的基本理论。主要有以下内容：可持续发展理论，即强调环境问题的解决要依靠发展进程的改进，也就是应该建设“五位一体”的总体布局。同时，可持续发展强调代际公平，要求我们建立一个为子孙后代着想、体现社会公平正义的生态文明体制。国家治理体系现代化理论，即强调效率与公平的平衡性，要求生态文明体制满足社会的主流诉求，保障大多数人的利益。同时，治理现代化包含着经济有效的原则，要求生态文明体制做到成本低廉、持续运行。生态系统方式理论，即强调系统的统一性，要求生态文明体制突破单纯的行政区域束缚，按照自然规律设计管理制度和组织体系。四是来自国内外生态文明体制建设的经验。国际可持续发展的建设经验可为我国所借鉴使用。

3. 生态文明体制目标模式。生态文明体制改革的目标模式是按照国家治理体系和治理能力现代化的总目标制定的，实现生态文明治理体系的现代化，即建设一个制度完善、组织有效、实施有力的生态文明体制。其中，制度完善的要求是：生态文明建设的目标和任务比较明确，相关法律法规和政策规定比较齐全，各参与主体的权力、责任、义务和权利规定比较合理。组织有效的要求是：在国家治理体系中配备从顶层到基层的组织机构，这些机构承担着生态文明建设的主要职能，具有较强的决策、统筹、指挥、协调和奖惩权力，具备较高的权威性，是生态文明建设的主体力量。同时，各种社会组织等也具有重要的职责和参与渠道。实施有力的要求是：具有强大的执行生态文明建设制度的资金和人力保障能力，建立完善的执法监督体系等。

4. 自然资源资产产权制度。环境除了满足人们的生活需要（如呼吸洁净空气、喝上干净水）外，还具有容纳和净化污染物的能力（环境承载力）。这种能力是一种自然资源，工厂需要环境来承纳污染物，如同需要土地来放置原材料一样。日益稀缺的环境承载力如何产出最大的经济效益？这就是环境承载力作为稀缺资源的最优配置问题。事实证明，市场是配置资源效率最高的制度形式，而市场发挥作用的前提是资源产权必须清晰和有效。因此，在环境保护领域建立环境承载力的产权制度，既体现这种资产的公有性质，又能够使这种产权在具体法人身上得到体现，是我们在贯彻落实生态文明体制改革要求时应该着重研究的内容。

（二）《生态文明体制改革总体方案》的亮点

第一，“健全自然资源资产产权”制度，体现了“确权—分权—责权”的各个环节，如能顺利落实，将为我国市场经济建设的深化改革打下坚实的基础，为后续各项市场功能的完善和补充提供基本保障。第二，“国土空间开发保护”制度，划定主体功能区和生态红线，为自然系统的生态服务功能预留空间，保障了发展的可持续性。第三，“空间规划体系”建设，首次明确了“多规合一”“一张蓝图干到底”的工作方式，为“政出多门”的体制顽疾找到了攻坚克难的方向。第四，“资源总量管理和节约”制度的建设将土地、水、能源、森林、草原、湿地、沙地、海洋、矿产等资源的利用效率提升放在了发展的首位，并明确指出要增加资源循环利用的鼓励政策，为经济集约、高效发展提供了制度保障。第五，“资源有偿使用和生态补偿”制度，是切实的资源市场建立过程，是为资源和生态产品定价的关键制度。第六，“环境治理体系建设”是为污染定价，建立治污市场的基础，对排污许可、污染防治区域联动、农村环境治理、环境信息公开、环保执法等环节的进一步明确是为环境治理市场建设提供的保障性措施。第七，“环境治理和生态保护的市场机制”明确了节能量交易、碳排放权交易、排污权交易、水权交易等市场工具的重要作用，对绿色金融和绿色产品体系的规范为环境治理和生态保护市场建设提供了资金保障。第八，“生态文明绩效考核和追责机制”将之前提出过的“党政同责”“终身追责”等管理办法进一步予以明确，并将生态文明绩效考核正式计入政绩考核，为生态文明建设加上了“保护锁”。

第二章　云南贯彻执行“生态文明建设排头兵”战略相关法律导读

第一节　中华人民共和国环境保护法

【说明】1989年12月26日第七届全国人民代表大会常务委员会第十一次会议通过，2014年4月24日第十二届全国人民代表大会常务委员会第八次会议修订。

一、《中华人民共和国环境保护法》文本摘要

第一章　总　则

第二条　本法所称环境，是指影响人类生存和发展的各种天然的和经过人工改造的自然因素的总体，包括大气、水、海洋、土地、矿藏、森林、草原、湿地、野生生物、自然遗迹、人文遗迹、自然保护区、风景名胜区、城市和乡村等。

第五条　环境保护坚持保护优先、预防为主、综合治理、公众参与、损害担责的原则。

第九条　各级人民政府应当加强环境保护宣传和普及工作，鼓励基层群众性自治组织、社会组织、环境保护志愿者开展环境保护法律法规和环境保护知识的宣传，营造保护环境的良好风气。

教育行政部门、学校应当将环境保护知识纳入学校教育内容，培养学生的环境保护意识。

新闻媒体应当开展环境保护法律法规和环境保护知识的宣传，

对环境违法行为进行舆论监督。

第二章 监督管理

第十四条 国务院有关部门和省、自治区、直辖市人民政府组织制定经济、技术政策，应当充分考虑对环境的影响，听取有关方面和专家的意见。

第十五条 国务院环境保护主管部门制定国家环境质量标准。

省、自治区、直辖市人民政府对国家环境质量标准中未作规定的项目，可以制定地方环境质量标准；对国家环境质量标准中已作规定的项目，可以制定严于国家环境质量标准的地方环境质量标准。地方环境质量标准应当报国务院环境保护主管部门备案。

国家鼓励开展环境基准研究。

第十六条 国务院环境保护主管部门根据国家环境质量标准和国家经济、技术条件，制定国家污染物排放标准。

省、自治区、直辖市人民政府对国家污染物排放标准中未作规定的项目，可以制定地方污染物排放标准；对国家污染物排放标准中已作规定的项目，可以制定严于国家污染物排放标准的地方污染物排放标准。地方污染物排放标准应当报国务院环境保护主管部门备案。

第十七条 国家建立、健全环境监测制度。国务院环境保护主管部门制定监测规范，会同有关部门组织监测网络，统一规划国家环境质量监测站（点）的设置，建立监测数据共享机制，加强对环境监测的管理。

有关行业、专业等各类环境质量监测站（点）的设置应当符合法律法规规定和监测规范的要求。

监测机构应当使用符合国家标准的监测设备，遵守监测规范。监测机构及其负责人对监测数据的真实性和准确性负责。

第十八条 省级以上人民政府应当组织有关部门或者委托专业机构，对环境状况进行调查、评价，建立环境资源承载能力监测预警机制。

第十九条 编制有关开发利用规划，建设对环境有影响的项目，应当依法进行环境影响评价。

未依法进行环境影响评价的开发利用规划，不得组织实施；未依法进行环境影响评价的建设项目，不得开工建设。

第二十条 国家建立跨行政区域的重点区域、流域环境污染和生态破坏联合防治协调机制，实行统一规划、统一标准、统一监测、统一的防治措施。

前款规定以外的跨行政区域的环境污染和生态破坏的防治，由上级人民政府协调解决，或者由有关地方人民政府协商解决。

第二十一条 国家采取财政、税收、价格、政府采购等方面的政策和措施，鼓励和支持环境保护技术装备、资源综合利用和环境服务等环境保护产业的发展。

第二十二条 企业事业单位和其他生产经营者，在污染物排放符合法定要求的基础上，进一步减少污染物排放的，人民政府应当依法采取财政、税收、价格、政府采购等方面的政策和措施予以鼓励和支持。

第二十三条 企业事业单位和其他生产经营者，为改善环境，依照有关规定转产、搬迁、关闭的，人民政府应当予以支持。

第二十四条 县级以上人民政府环境保护主管部门及其委托的环境监察机构和其他负有环境保护监督管理职责的部门，有权对排放污染物的企业事业单位和其他生产经营者进行现场检查。被检查者应当如实反映情况，提供必要的资料。实施现场检查的部门、机构及其工作人员应当为被检查者保守商业秘密。

第二十五条 企业事业单位和其他生产经营者违反法律法规规定排放污染物，造成或者可能造成严重污染的，县级以上人民政府环境保护主管部门和其他负有环境保护监督管理职责的部门，可以查封、扣押造成污染物排放的设施、设备。

第二十六条 国家实行环境保护目标责任制和考核评价制度。县级以上人民政府应当将环境保护目标完成情况纳入对本级人民政府负有环境保护监督管理职责的部门及其负责人和下级人民政府及其负责人的考核内容，作为对其考核评价的重要依据。考核结果应当向社会公开。

第二十七条 县级以上人民政府应当每年向本级人民代表大会或者人民代表大会常务委员会报告环境状况和环境保护目标完成情况，对发生的重大环境事件应当及时向本级人民代表大会常务委员会报告，依法接受监督。

第三章 保护和改善环境

第二十八条 地方各级人民政府应当根据环境保护目标和治理任务，采取有效措施，改善环境质量。

未达到国家环境质量标准的重点区域、流域的有关地方人民政府，应当制定限期达标规划，并采取措施按期达标。

第二十九条　国家在重点生态功能区、生态环境敏感区和脆弱区等区域划定生态保护红线，实行严格保护。

各级人民政府对具有代表性的各种类型的自然生态系统区域，珍稀、濒危的野生动植物自然分布区域，重要的水源涵养区域，具有重大科学文化价值的地质构造、著名溶洞和化石分布区、冰川、火山、温泉等自然遗迹，以及人文遗迹、古树名木，应当采取措施予以保护，严禁破坏。

第三十条　开发利用自然资源，应当合理开发，保护生物多样性，保障生态安全，依法制定有关生态保护和恢复治理方案并予以实施。

引进外来物种以及研究、开发和利用生物技术，应当采取措施，防止对生物多样性的破坏。

第三十一条　国家建立、健全生态保护补偿制度。

国家加大对生态保护地区的财政转移支付力度。有关地方人民政府应当落实生态保护补偿资金，确保其用于生态保护补偿。

国家指导受益地区和生态保护地区人民政府通过协商或者按照市场规则进行生态保护补偿。

第三十二条　国家加强对大气、水、土壤等的保护，建立和完善相应的调查、监测、评估和修复制度。

第三十三条　各级人民政府应当加强对农业环境的保护，促进农业环境保护新技术的使用，加强对农业污染源的监测预警，统筹有关部门采取措施，防治土壤污染和土地沙化、盐渍化、贫瘠化、石漠化、地面沉降以及防治植被破坏、水土流失、水体富营养化、水源枯竭、种源灭绝等生态失调现象，推广植物病虫害的综合防治。

县级、乡级人民政府应当提高农村环境保护公共服务水平，推动农村环境综合整治。

第三十四条　国务院和沿海地方各级人民政府应当加强对海洋环境的保护。向海洋排放污染物、倾倒废弃物，进行海岸工程和海洋工程建设，应当符合法律法规规定和有关标准，防止和减少对海洋环境的污染损害。

第三十七条　地方各级人民政府应当采取措施，组织对生活废弃物的分类处置、回收利用。

第三十八条　公民应当遵守环境保护法律法规，配合实施环境保护措施，按照规定对生活废弃物进行分类放置，减少日常生活对环境造成的损害。

第三十九条 国家建立、健全环境与健康监测、调查和风险评估制度；鼓励和组织开展环境质量对公众健康影响的研究，采取措施预防和控制与环境污染有关的疾病。

第四章 防治污染和其他公害

第四十条 国家促进清洁生产和资源循环利用。

国务院有关部门和地方各级人民政府应当采取措施，推广清洁能源的生产和使用。

企业应当优先使用清洁能源，采用资源利用率高、污染物排放量少的工艺、设备以及废弃物综合利用技术和污染物无害化处理技术，减少污染物的产生。

第四十二条 排放污染物的企业事业单位和其他生产经营者，应当采取措施，防治在生产建设或者其他活动中产生的废气、废水、废渣、医疗废物、粉尘、恶臭气体、放射性物质以及噪声、振动、光辐射、电磁辐射等对环境的污染和危害。

排放污染物的企业事业单位，应当建立环境保护责任制度，明确单位负责人和相关人员的责任。

重点排污单位应当按照国家有关规定和监测规范安装使用监测设备，保证监测设备正常运行，保存原始监测记录。

严禁通过暗管、渗井、渗坑、灌注或者篡改、伪造监测数据，或者不正常运行防治污染设施等逃避监管的方式违法排放污染物。

第四十四条 国家实行重点污染物排放总量控制制度。重点污染物排放总量控制指标由国务院下达，省、自治区、直辖市人民政府分解落实。企业事业单位在执行国家和地方污染物排放标准的同时，应当遵守分解落实到本单位的重点污染物排放总量控制指标。

对超过国家重点污染物排放总量控制指标或者未完成国家确定的环境质量目标的地区，省级以上人民政府环境保护主管部门应当暂停审批其新增重点污染物排放总量的建设项目环境影响评价文件。

第四十五条 国家依照法律规定实行排污许可管理制度。

实行排污许可管理的企业事业单位和其他生产经营者应当按照排污许可证的要求排放污染物；未取得排污许可证的，不得排放污染物。

第四十六条 国家对严重污染环境的工艺、设备和产品实行淘汰制度。任何单位和个人不得生产、销售或者转移、使用严重污染环境的工艺、设备和产品。

禁止引进不符合我国环境保护规定的技术、设备、材料和产品。

第四十八条 生产、储存、运输、销售、使用、处置化学物品和含有放射性物质的物品，应当遵守国家有关规定，防止污染环境。

第四十九条 各级人民政府及其农业等有关部门和机构应当指导农业生产经营者科学种植和养殖，科学合理施用农药、化肥等农业投入品，科学处置农用薄膜、农作物秸秆等农业废弃物，防止农业面源污染。

禁止将不符合农用标准和环境保护标准的固体废物、废水施入农田。施用农药、化肥等农业投入品及进行灌溉，应当采取措施，防止重金属和其他有毒有害物质污染环境。

畜禽养殖场、养殖小区、定点屠宰企业等的选址、建设和管理应当符合有关法律法规规定。从事畜禽养殖和屠宰的单位和个人应当采取措施，对畜禽粪便、尸体和污水等废弃物进行科学处置，防止污染环境。

县级人民政府负责组织农村生活废弃物的处置工作。

第五十条 各级人民政府应当在财政预算中安排资金，支持农村饮用水水源地保护、生活污水和其他废弃物处理、畜禽养殖和屠宰污染防治、土壤污染防治和农村工矿污染治理等环境保护工作。

第五十一条 各级人民政府应当统筹城乡建设污水处理设施及配套管网，固体废物的收集、运输和处置等环境卫生设施，危险废物集中处置设施、场所以及其他环境保护公共设施，并保障其正常运行。

第五十二条 国家鼓励投保环境污染责任保险。

第五章 信息公开和公众参与

第五十四条 国务院环境保护主管部门统一发布国家环境质量、重点污染源监测信息及其他重大环境信息。省级以上人民政府环境保护主管部门定期发布环境状况公报。

县级以上人民政府环境保护主管部门和其他负有环境保护监督管理职责的部门，应当依法公开环境质量、环境监测、突发环境事件以及环境行政许可、行政处罚、排污费的征收和使用情况等信息。

县级以上地方人民政府环境保护主管部门和其他负有环境保护监督管理职责的部门，应当将企业事业单位和其他生产经营者的环境违法信息记入社会诚信档案，及时向社会公布违法者名单。

第五十五条 重点排污单位应当如实向社会公开其主要污染物的名称、排放方式、排放浓度和总量、超标排放情况，以及防治污染设施的建设和运行情况，接受社会监督。

第五十八条 对污染环境、破坏生态，损害社会公共利益的行为，符合下列条件的社会组织可以向人民法院提起诉讼：

（一）依法在设区的市级以上人民政府民政部门登记；

（二）专门从事环境保护公益活动连续五年以上且无违法记录。

符合前款规定的社会组织向人民法院提起诉讼，人民法院应当依法受理。

提起诉讼的社会组织不得通过诉讼牟取经济利益。

第六章 法律责任

第五十九条 企业事业单位和其他生产经营者违法排放污染物，受到罚款处罚，被责令改正，拒不改正的，依法作出处罚决定的行政机关可以自责令改正之日的次日起，按照原处罚数额按日连续处罚。

前款规定的罚款处罚，依照有关法律法规按照防治污染设施的运行成本、违法行为造成的直接损失或者违法所得等因素确定的规定执行。

地方性法规可以根据环境保护的实际需要，增加第一款规定的按日连续处罚的违法行为的种类。

第六十三条 企业事业单位和其他生产经营者有下列行为之一，尚不构成犯罪的，除依照有关法律法规规定予以处罚外，由县级以上人民政府环境保护主管部门或者其他有关部门将案件移送公安机关，对其直接负责的主管人员和其他直接责任人员，处十日以上十五日以下拘留；情节较轻的，处五日以上十日以下拘留：

（一）建设项目未依法进行环境影响评价，被责令停止建设，拒不执行的；

（二）违反法律规定，未取得排污许可证排放污染物，被责令停止排污，拒不执行的；

（三）通过暗管、渗井、渗坑、灌注或者篡改、伪造监测数据，或者不正常运行防治污染设施等逃避监管的方式违法排放污染物的；

（四）生产、使用国家明令禁止生产、使用的农药，被责令改正，拒不改正的。

第六十五条 环境影响评价机构、环境监测机构以及从事环境监测设备和防治污染设施维护、运营的机构，在有关环境服务活动中弄虚作假，对造成的环境污染和生态破坏负有责任的，除依照有关法律法规规定予以处罚外，还应当与造成环境污染和生态破坏的其他责任者承担连带责任。

第六十八条　地方各级人民政府、县级以上人民政府环境保护主管部门和其他负有环境保护监督管理职责的部门有下列行为之一的，对直接负责的主管人员和其他直接责任人员给予记过、记大过或者降级处分；造成严重后果的，给予撤职或者开除处分，其主要负责人应当引咎辞职：

（一）不符合行政许可条件准予行政许可的；

（二）对环境违法行为进行包庇的；

（三）依法应当作出责令停业、关闭的决定而未作出的；

（四）对超标排放污染物、采用逃避监管的方式排放污染物、造成环境事故以及不落实生态保护措施造成生态破坏等行为，发现或者接到举报未及时查处的；

（五）违反本法规定，查封、扣押企业事业单位和其他生产经营者的设施、设备的；

（六）篡改、伪造或者指使篡改、伪造监测数据的；

（七）应当依法公开环境信息而未公开的；

（八）将征收的排污费截留、挤占或者挪作他用的；

（九）法律法规规定的其他违法行为。

二、《中华人民共和国环境保护法》导读

（一）《中华人民共和国环境保护法》修改过程

从1979年试行到1989年正式实施的《中华人民共和国环境保护法》（以下简称《环境保护法》）明确了立法目标“为保护和改善生活环境与生态环境，防治污染和其他公害，保障人体健康，促进社会主义现代化建设的发展”，同时定义“环境是指影响人类生存和发展的各种天然的和经过人工改造的自然因素的总体”，确立了环境标准、环境影响评价、排污收费、限期治理等一系列基本制度。从20世纪80年代开始，全国人大常委会根据污染防治和生态保护各领域特点，相继制定了《中华人民共和国海洋环境保护法》《中华人民共和国水法》《中华人民共和国草原法》《中华人民共和国大气污染防治法》《中华人民共和国固体废物污染环境防治法》《中华人民共和

国水污染防治法》《中华人民共和国环境噪声污染防治法》《中华人民共和国环境影响评价法》《中华人民共和国清洁生产促进法》《中华人民共和国循环经济促进法》和《中华人民共和国节约能源法》等二十余部法律，以法律制度和科技促进产业结构调整、促进经济增长方式转变、保护和改善环境，为推动建设资源节约型、环境友好型社会，不断改进和完善了我国环境和资源保护法律。从1995年第八届全国人大三次会议到2011年第十一届全国人大五次会议，全国人大代表提出修改《环境保护法》的议案共78件，反映现行环境保护法是经济体制改革初期制定的，已经不适应经济社会发展要求，社会各方面修改呼声很高。第十一届全国人大常委会将修改《环境保护法》列入了五年立法规划的论证项目。

根据全国人大常委会立法规划，法律委员会梳理了历年来有关修改《环境保护法》的全国人大代表议案和建议内容，收集了国务院有关部门和有关专家的意见，从2008年到2010年开展了《环境保护法》及其相关法律的后评估工作，根据各项后评估成果，形成了一系列论证报告，认为修改现行《环境保护法》以推动法律的实施和行政责任的落实是当务之急。十一届全国人大常委会第十八次会议审议同意了环资委的意见，将环境保护法修改列入全国人大常委会2011年立法工作计划。

2011年1月，全国人大环资委启动了环境保护法条文修改工作，成立了修改小组，多次听取环境保护部等国务院有关部门和有关专家的意见，并于4月至9月分别赴湖南、湖北、重庆、福建、江苏、陕西等地进行调研，并在江苏省徐州市召集各省、自治区、直辖市人大环资委、提出议案的部分全国人大代表及全国人大常委会法工委对环境保护法修改进行研讨。法律委员会还专门就环境保护规划、环境监测、排污收费和限期治理等召开了专家和部门的座谈会。在草案起草过程中，书面征求全国人大常委会法工委、最高人民法院、中编办等18个中央机构与国务院部门和31个省、自治区、直辖市人大的意见后进一步研究和修改，2014年3月又在上海听取全国人大五次会议四件代表议案领衔人和地方意见。《环境保护法》由第十二届全国人民代表大会常务委员会第八次会议于2014年4月24日修订通过，2015年1月1日起施行。

（二）《环境保护法》的主要修改内容

1. 修改总则，充分体现新时期特征。在改革开放和现代化建设的新时期，全面贯彻落实科学发展观，重点是处理好经济和社会发展与资源利用和环境保护的关系。因此,《环境保护法》顺应时代要求，在总则中进一步强化环境保护的战略地位，依照《国务院关于落实科学发展观加强环境保护决定》以及《国务院关于加强环境保护重点工作的意见》确定的总体要求，将环境保护融入经济社会发展。《环境保护法》规定环境保护工作应当依靠科技进步、发展循环经济、倡导生态文明、强化环境法治、完善监管体制、建立长效机制；制定环境保护规划，应当坚持“保护优先、预防为主、综合治理、突出重点、全面推进的原则”；明确国家采取相应的经济、技术政策和措施，健全生态补偿机制，使经济建设和社会发展与环境保护相协调。

2. 调整篇章结构，突出强调政府责任、监督和法律责任。

（1）落实政府和排污单位责任，是历年代表议案突出关注的问题，也是修改时增加的重要内容。近些年，涉及环境与资源保护的行政人员违法案件呈上升趋势。对政府及其有关部门滥用行政权力和不作为的监督缺乏法律规定是现行相关法律的共性问题。《环境保护法》将其扩展增加为“监督检查”一章，强化监督检查措施，落实政府责任。针对当前环境设施不依法正常运行、监测记录不准确等比较突出的问题,《环境保护法》增加了现场检查的具体内容。

（2）公众对政府和排污单位的监督。环境信息公开是保障公众环境知情权的基本手段和公众监督机制的重要内容。《环境保护法》新增了一条关于环境信息公开的内容，规定国务院环境保护行政主管部门统一发布国家环境综合性报告和重大环境信息，政府及其环境保护行政主管部门应当依法公开环境信息的责任以及公民、法人或者其他组织可以依法申请获取环境信息。

（3）上级政府机关对下级政府机关的监督。加强地方政府对环境质量的责任,《环境保护法》增加规定了环境保护目标责任制和考核评价制度，并规定上级政府及主管部门对下级部门或工作人员工作监督的责任。

（4）发挥人大监督作用，政府定期向人大报告环保工作是实践中促进和加强环保工作的一项行之有效的工作经验。《环境保护法》增加了政府应当定期向本级人大常委会报告本行政区域环境状况和环境保护目标的完成情况的规定，对发生重大突发污染事件的，还应当专项报告，突出了人大常委会监督落实政府环境保护的责任。

3. 完善环境管理基本制度，保护改善我国环境质量和生态环境。

增强针对性和可操作性。

（1）完善环境质量标准制度。环境基准是指环境要素中污染物等对生态系统和人群健康不产生不良或有害效应的最大限值，是国家进行环境质量评价、制定环境保护目标与方向的科学基础。目前，符合我国国情的环境基准缺失，现行我国环境标准主要是在借鉴发达国家环境基准和标准制度上制定的。构建符合我国区域特点和社会经济发展条件的国家环境基准体系，支撑我国环境标准的制定工作，是"十一五"和"十二五"环境保护科技规划的重要内容。国家现已建立了重点工程试验中心，建立国家环境基准已具备基本框架。为此，增加了要求科学确定符合我国国情的环境基准的规定，这也是我们国家自主自立的体现。

（2）完善环境监测制度。环境监测制度是生态环境评价和保护的重要制度。现行《环境保护法》及其相关法律对环境监测提出了原则要求。较长时间以来，我国同一地区、同一流域不同部门公布的环境质量数据不同，环境质量评价不一，对社会有负面影响。环境评价监测点的设置和监测数据是环境质量评价的依据，监测数据依法公开是实现公众参与的基础。《环境保护法》通过规范制度来保障监测数据和环境质量评价的统一，规定国家建立监测网络和监测数据信息体系，统一规划设置监测网络；环境质量和污染物排放监测数据应当纳入监测数据信息体系，作为评价环境质量的依据；从事环境监测工作应当遵守国家监测规范，监测机构负责人对监测数据的真实性和准确性负责，监测数据依法公开。

（3）规范环境保护规划制度。长期以来将环境保护规划分成两部分，分别制定以污染防治为主的环境保护规划和生态保护规划。现行环境保护法规定了环境保护规划的原则要求，污染防治和生态保护的脱节已难以实现环境保护法保护人居环境和生态环境的立法宗旨。《环境保护法》按照现行环境保护法关于环境的法律定义，规定国家环境保护规划的内容应当包括自然生态保护和环境污染防治的目标、主要任务、保障措施等。

（4）衔接环境影响评价制度。2002 年全国人大常委会通过了环境影响评价法。《环境保护法》与现行的环境影响评价法作了衔接性规定，并将现行环境影响评价制度与环境保护的其他制度和相关工作进行了衔接。

（5）完善跨行政区污染防治制度。这是现实迫切需要法律规范完善的制度。近十年，国务院已经批准了一批跨地区或跨流域规划，处理跨行政区域的协力合作问题，包括建立目标、建立相关地方政府间的保护和改善环境的义务和责任。因此，《环境保护法》明确规定跨行政区重点区域、流域污染防治和生态保护工作，应当依据国务院批准的重点区域、流域污染防治和生态保护规划和相应责任作出决定，并规定了规划的具体内容。

（6）补充总量控制制度。总量控制制度是环境保护工作从控制污染物排放浓度到保护和改善环境质量的重要措施。我国从20世纪末开始实行总量控制制度，在“十一五”和“十二五”国民经济和社会发展规划中，重点污染物减排指标还被列为约束性指标。水污染防治法和大气污染防治法修改时都已对总量控制制度作了规定，根据生态环境保护的要求，总量控制将涉及更多方面。因此，《环境保护法》一是规定国家对重点污染物实行排放总量控制制度。二是建立对地方政府的监督机制。对尚未达到环境质量标准的重点区域、流域，以及超过国家重点污染物排放总量控制约束性指标的地区，国务院和省、自治区、直辖市人民政府环境保护行政主管部门可以暂停审批新增重点污染物排放总量的建设项目环境影响评价文件。地方政府应当确定该重点区域、流域总量控制的污染物种类及控制指标，在规定期限内达到环境质量标准，以促进地方政府调整产业结构，推动地方开展清洁生产审核工作。三是明确规定企业事业单位应当遵守国家或者地方政府确定的重点污染物总量控制约束性指标。

（7）完善保护环境的具体措施。为了推动解决资源开发利用中的环境破坏、农村环境污染、城市环境保护基础设施建设不足等问题，在现行环境保护法有关条款规定基础上，《环境保护法》一是规定在资源开发利用中应当依法制定并实施有关保护生态环境和恢复治理的方案。二是规定加强农业生产环境保护监管，明确通过财政预算支持农村环境治理。三是规定重点加强城市环境保护公共设施建设。

4. 进一步明确企业责任，完善防治污染和其他公害的制度。《环境保护法》从明确企业污染防治责任和突发事件应对的责任出发，相应完善了防治污染和其他公害的制度。进一步完善企业污染防治责任制度。着重解决违法成本低、守法成本高的问题，同时明确企业不仅要对减少排放污染物负责，也要对排放污染物对公共环境质量造成的影响承担责任。《环境保护法》一是规定了环境保护责任制度，进一步明确排污单位的环境保护责任，包括企业负责人的环保责任制度和向职工代表大会报告环保工作并接受监督机制的规定。二是规定了企业事业单位应当依法开展监测，并依法公开监测数据的规定。三是规范了关于限期治理的规定，补充了企业应当制订并组织实施限期治理计划，接受政府监督的内容。四是完善排放污染物申报和收费制度，将现行环境保护法超标排放收费修改为申报和收费制度。规定按照排放污染物的种类和对环境的危害程度征缴费用，征缴费用的具体办法由国务院根据有关法律制定，对排污费的缴纳和使用做出原则性规定，并为今后国家设立环境税留有空间。

（三）《中华人民共和国环境保护法》的亮点

1. 突出以人为本。《环境保护法》将“保障公众健康”写入第一条。此外还要建立环境与健康监测、开展环境质量对公众健康影响的研究、采取措施预防和控制与环境有关的疾病。公众健康与防控疾病写入新修订的《环境保护法》是立法以人为本理念的体现，弥补了环境污染对公众健康影响相关法律的滞后性。

2. 立法理念有创新。《环境保护法》第六条规定：“一切单位和个人都有保护环境的义务”“公民应当增强环保意识，自觉履行环境保护的义务”。这就使每个人都成为主体，都对环境污染有责任，环保问题要先从自身做起，同时也有与责任相适应的知情权、参与权和监督的权利。

3. 强调信息公开和公众参与。《环境保护法》第五章“信息公开和公众参与”，明确公民依法享有获取环境信息、参与和监督环境保护的权利。过去公众对环境信息的获取困难重重，公众参与的途径少、门槛高。《环境保护法》规定，重点排污单位应当如实向社会公开其主要污染物的名称、排放方式、排放浓度和总量、超标排放情况，以及防治污染设施的建设和运行情况，接受社会监督。《环境保护法》还扩大了环境公益诉讼的主体，凡依法在设区的市级以上人民政府民政部门登记，专门从事环境保护公益活动连续 5 年以上且信誉良好的社会组织，都能向人民法院提起诉讼。为进一步提升公民环保意识，鼓励公众参与环境保护，监督环境保护工作，规定每年 6 月 5 日为环境日。在实践中增强公众保护环境的意识，树立环境保护的公众参与理念，及时发现和制止环境违法行为，具有十分重要的意义和作用。

4. 将环境保护作为国策写入法律。对国家经济建设、社会发展和人民生活具有全局性、长期性和决定性影响的谋划和策略才被称为是国策。从 1983 年开始，我国几代国家领导人都在不同场合宣布环境保护是中国基本国策，但从未通过全国人大立法来明确。《环境保护法》第四条规定：保护环境是国家的基本国策。各级政府为人民创造清洁、舒适、安静、优美的环境，是应尽的责任。

5. 法律责任严厉。一是违法企业方面。过去由于违法成本低，对违规企业的经济处罚并未取得应有的震慑效果，修订后的环保法明确规定，违法排放污染物，受到罚款处罚，被责令改正，拒不改正的，将按照处罚数额按日连续处罚，就是按照违法的天数计算罚款，上不封顶。《环境保护法》第六十条规定，超标排放污染物，环境保护主管部门可以责令其采取限制生产、停产整治等措施。这在过去是没有的。二是环境机构方面。《环境保护法》第六十五条规定，环境影响评估机构、环境监测机构弄虚作假，除依照有关法律法规规定给予处罚外，还应当与造成环境污染和生态破坏的其他责任者承担连带责任。三是政府方面。对地方政府来说，对于不重视、不认真履行法律职责的官员，对于履职缺位和不到位的官员，领导干部虚报、谎报、瞒报污染情况，可以采取引咎辞职的制度，造成严重后果的，地方政府分管领导、环保部门主要负责人，要承担相应的刑事责任。此外，在4种情况下可以实施拘留：没有环境影响评价开工要拘留，没有取得排污许可证却排污的要拘留，偷排、伪造监测数据要拘留，生产、使用国家明令禁止生产、使用的农药要拘留。

6. 明确政府职责。《环境保护法》进一步明确了政府对环境保护的监督管理职责。第六条规定，地方各级人民政府应当对本行政区域的环境质量负责。在制定政策、开发利用自然资源时，应当保护生物多样性，保障生态安全。要加强对农业环境的保护，提高农村环境保护公共服务水平，推动农村环境综合整治。将环境保护目标完成情况纳入考核内容，作为对政府和部门负责人考核评价的重要依据，考核结果应当向社会公开。政府要进一步完善环境保护制度建设，如制定生态保护红线、污染物总量控制、环境监测和环境影响评价、跨行政区域联合防治等环境保护方面的基本制度。

7. 监管机制创新。《环境保护法》确立了多重的监督机制，除明确了政府的保护监督管理职责外，还规定了社会监督，包括公众参与、公益诉讼，舆论监督、民主监督，法律监督等方式，集全社会之力，共同保护环境。《环境保护法》第四十七条规定，政府建立环境污染监测预警机制，组织制定预警方案；环境受到污染，可能影响公众健康和环境安全时，依法及时公布预警信息，启动应急措施，减缓污染危险。第五十四条规定，将环境违法信息记入社会诚信档案，并将向社会公布违法者名单。建立“黑名单”制度，监管手段更加强硬。《环境保护法》第二十五条规定，对违法排污设备，可以查封、扣押，这些措施有利于查封违法行为。还有对于那些环境违法的企业，可以采取综合性调控手段，国土部门、经信部门、商务部门联合采取行动，措施是非常强的，这样既有利于企业守法经营，也有利于开展绿色生产和清洁生产。

8. 划定生态红线。生态保护红线这一概念，一直受到社会各界的广泛关注。《环境保护法》首次将生态保护红线写入法律，规定国家在重点生态保护区、生态环境敏感区和脆弱区等区域，划定生态保护红线，实行严格保护。

9. 对规划进行环境监管。《环境保护法》规定，环境保护主管部门要编制本行政区域的环境保护规划，并与主体功能区规划、土地利用总体规划和城乡规划等相衔接。没有依法进行环境影响评价的开发利用规划不得组织实施；没有依法进行环境影响评价的建设项目，不得开工建设。这就要求对规划进行监管，规划是控制污染的源头，在新型工业化、信息化、城镇化、农牧业现代化建设过程中，要把握好规划的监管。

10. 加强人大监督。政府不仅要接受社会组织和公众的监督，还要接受人大的监督，人大监督是法律监督。《环境保护法》第二十七条规定，县级以上人民政府应当每年向本级人民代表大会或者人民代表大会常务委员会报告环境状况和环境保护目标完成情况，对发生的重大环境事件应当及时向本级人民代表大会常务委员会报告，依法接受监督。

第二节　中华人民共和国水污染防治法

【说明】1984年5月11日第六届全国人民代表大会常务委员会第五次会议通过，根据1996年5月15日第八届全国人民代表大会常务委员会《关于修改〈中华人民共和国水污染防治法〉的决定》第一次修正，2008年2月28日第十届全国人民代表大会常务委员会第三十二次会议修订，根据2017年6月27日第十二届全国人民代表大会常务委员会第二十八次会议《关于修改〈中华人民共和国水污染防治法〉的决定》第二次修正。

一、《中华人民共和国水污染防治法》文本摘要

第一章　总　则

第二条　本法适用于中华人民共和国领域内的江河、湖泊、运河、渠道、水库等地表水体以及地下水体的污染防治。

海洋污染防治适用《中华人民共和国海洋环境保护法》。

第三条　水污染防治应当坚持预防为主、防治结合、综合治理的原则，优先保护饮用水水源，严格控制工业污染、城镇生活污染，防治农业面源污染，积极推进生态治理工程建设，预防、控制和减少水环境污染和生态破坏。

第九条　县级以上人民政府环境保护主管部门对水污染防治实施统一监督管理。

交通主管部门的海事管理机构对船舶污染水域的防治实施监督管理。

县级以上人民政府水行政、国土资源、卫生、建设、农业、渔业等部门以及重要江河、湖泊的流域水资源保护机构，在各自的职责范围内，对有关水污染防治实施监督管理。

第十条　排放水污染物，不得超过国家或者地方规定的水污染物排放标准和重点水污染物排放总量控制指标。

第二章　水污染防治的标准和规划

第十二条　国务院环境保护主管部门制定国家水环境质量标准。

省、自治区、直辖市人民政府可以对国家水环境质量标准中未作规定的项目，制定地方标准，并报国务院环境保护主管部门备案。

第十三条　国务院环境保护主管部门会同国务院水行政主管部门和有关省、自治区、直辖市人民政府，可以根据国家确定的重要江河、湖泊流域水体的使用功能以及有关地区的经济、技术条件，确定该重要江河、湖泊流域的省界水体适用的水环境质量标准，报国务院批准后施行。

第十四条　国务院环境保护主管部门根据国家水环境质量标准和国家经济、技术条件，制定国家水污染物排放标准。

省、自治区、直辖市人民政府对国家水污染物排放标准中未作规定的项目，可以制定地方水污染物排放标准；对国家水污染物排放标准中已作规定的项目，可以制定严于国家水污染物排放标准的地方水污染物排放标准。地方水污染物排放标准须报国务院环境保护主管部门备案。

向已有地方水污染物排放标准的水体排放污染物的，应当执行地方水污染物排放标准。

第十七条 有关市、县级人民政府应当按照水污染防治规划确定的水环境质量改善目标的要求，制定限期达标规划，采取措施按期达标。

有关市、县级人民政府应当将限期达标规划报上一级人民政府备案，并向社会公开。

第十八条 市、县级人民政府每年在向本级人民代表大会或者其常务委员会报告环境状况和环境保护目标完成情况时，应当报告水环境质量限期达标规划执行情况，并向社会公开。

第三章 水污染防治的监督管理

第十九条 新建、改建、扩建直接或者间接向水体排放污染物的建设项目和其他水上设施，应当依法进行环境影响评价。

建设单位在江河、湖泊新建、改建、扩建排污口的，应当取得水行政主管部门或者流域管理机构同意；涉及通航、渔业水域的，环境保护主管部门在审批环境影响评价文件时，应当征求交通、渔业主管部门的意见。

建设项目的水污染防治设施，应当与主体工程同时设计、同时施工、同时投入使用。水污染防治设施应当符合经批准或者备案的环境影响评价文件的要求。

第二十条 国家对重点水污染物排放实施总量控制制度。

重点水污染物排放总量控制指标，由国务院环境保护主管部门在征求国务院有关部门和各省、自治区、直辖市人民政府意见后，会同国务院经济综合宏观调控部门报国务院批准并下达实施。

省、自治区、直辖市人民政府应当按照国务院的规定削减和控制本行政区域的重点水污染物排放总量。具体办法由国务院环境保护主管部门会同国务院有关部门规定。

省、自治区、直辖市人民政府可以根据本行政区域水环境质量状况和水污染防治工作的需要，对国家重点水污染物之外的其他水污染物排放实行总量控制。

对超过重点水污染物排放总量控制指标或者未完成水环境质量改善目标的地区，省级以上人民政府环境保护主管部门应当会同有关部门约谈该地区人民政府的主要负责人，并暂停审批新增重点水污染物排放总量的建设项目的环境影响评价文件。约谈情况应当向社会公开。

第二十一条 直接或者间接向水体排放工业废水和医疗污水以及其他按照规定应当取得排污许可证方可排放的废水、污水的企业事业单位和其他生产经营者，应当取得排污许可证；城镇污水集中处理设施的运营单位，也应当取得排污许可证。排污许可证应当明确排放水污染物的种类、浓度、总量和排放去向等要求。排污许可的具体办法由国务院规定。

禁止企业事业单位和其他生产经营者无排污许可证或者违反排污许可证的规定向水体排放前款规定的废水、污水。

第二十三条 实行排污许可管理的企业事业单位和其他生产经营者应当按照国家有关规定和监测规范，对所排放的水污染物自行监测，并保存原始监测记录。重点排污单位还应当安装水污染物排放自动监测设备，与环境保护主管部门的监控设备联网，并保证监测设备正常运行。具体办法由国务院环境保护主管部门规定。

应当安装水污染物排放自动监测设备的重点排污单位名录，由设区的市级以上地方人民政府环境保护主管部门根据本行政区域的环境容量、重点水污染物排放总量控制指标的要求以及排污单位排放水污染物的种类、数量和浓度等因素，商同级有关部门确定。

第二十四条 实行排污许可管理的企业事业单位和其他生产经营者应当对监测数据的真实性和准确性负责。

环境保护主管部门发现重点排污单位的水污染物排放自动监测设备传输数据异常，应当及时进行调查。

第二十八条 国务院环境保护主管部门应当会同国务院水行政等部门和有关省、自治区、直辖市人民政府，建立重要江河、湖泊的流域水环境保护联合协调机制，实行统一规划、统一标准、统一监测、统一的防治措施。

第二十九条 国务院环境保护主管部门和省、自治区、直辖市人民政府环境保护主管部门应当会同同级有关部门根据流域生态环境功能需要，明确流域生态环境保护要求，组织开展流域环境资源承载能力监测、评价，实施流域环境资源承载能力预警。

县级以上地方人民政府应当根据流域生态环境功能需要，组织开展江河、湖泊、湿地保护与修复，因地制宜建设人工湿地、水源涵养林、沿河沿湖植被缓冲带和隔离带等生态环境治理与保护工程，整治黑臭水体，提高流域环境资源承载能力。

从事开发建设活动，应当采取有效措施，维护流域生态环境功能，严守生态保护红线。

第四章　水污染防治措施

第一节　一般规定

第三十二条　国务院环境保护主管部门应当会同国务院卫生主管部门，根据对公众健康和生态环境的危害和影响程度，公布有毒有害水污染物名录，实行风险管理。

排放前款规定名录中所列有毒有害水污染物的企业事业单位和其他生产经营者，应当对排污口和周边环境进行监测，评估环境风险，排查环境安全隐患，并公开有毒有害水污染物信息，采取有效措施防范环境风险。

第三十三条　禁止向水体排放油类、酸液、碱液或者剧毒废液。

禁止在水体清洗装贮过油类或者有毒污染物的车辆和容器。

第三十七条　禁止向水体排放、倾倒工业废渣、城镇垃圾和其他废弃物。

禁止将含有汞、镉、砷、铬、铅、氰化物、黄磷等的可溶性剧毒废渣向水体排放、倾倒或者直接埋入地下。

存放可溶性剧毒废渣的场所，应当采取防水、防渗漏、防流失的措施。

第三十八条　禁止在江河、湖泊、运河、渠道、水库最高水位线以下的滩地和岸坡堆放、存贮固体废弃物和其他污染物。

第三十九条　禁止利用渗井、渗坑、裂隙、溶洞，私设暗管，篡改、伪造监测数据，或者不正常运行水污染防治设施等逃避监管的方式排放水污染物。

第四十条　化学品生产企业以及工业集聚区、矿山开采区、尾矿库、危险废物处置场、垃圾填埋场等的运营、管理单位，应当采取防渗漏等措施，并建设地下水水质监测井进行监测，防止地下水污染。

加油站等的地下油罐应当使用双层罐或者采取建造防渗池等其他有效措施，并进行防渗漏监测，防止地下水污染。

禁止利用无防渗漏措施的沟渠、坑塘等输送或者存贮含有毒污染物的废水、含病原体的污水和其他废弃物。

第四十一条　多层地下水的含水层水质差异大的，应当分层开采；对已受污染的潜水和承压水，不得混合开采。

第四十二条　兴建地下工程设施或者进行地下勘探、采矿等活动，应当采取防护性措施，防止地下水污染。

报废矿井、钻井或者取水井等，应当实施封井或者回填。

第四十三条　人工回灌补给地下水，不得恶化地下水质。

第二节　工业水污染防治

第四十五条　排放工业废水的企业应当采取有效措施，收集和处理产生的全部废水，防止污染环境。含有毒有害水污染物的工业废水应当分类收集和处理，不得稀释排放。

工业集聚区应当配套建设相应的污水集中处理设施，安装自动监测设备，与环境保护主管部门的监控设备联网，并保证监测设备正常运行。

向污水集中处理设施排放工业废水的，应当按照国家有关规定进行预处理，达到集中处理设施处理工艺要求后方可排放。

第四十六条　国家对严重污染水环境的落后工艺和设备实行淘汰制度。

国务院经济综合宏观调控部门会同国务院有关部门，公布限期禁止采用的严重污染水环境的工艺名录和限期禁止生产、销售、进口、使用的严重污染水环境的设备名录。

生产者、销售者、进口者或者使用者应当在规定的期限内停止生产、销售、进口或者使用列入前款规定的设备名录中的设备。工艺的采用者应当在规定的期限内停止采用列入前款规定的工艺名录中的工艺。

依照本条第二款、第三款规定被淘汰的设备，不得转让给他人使用。

第四十七条　国家禁止新建不符合国家产业政策的小型造纸、制革、印染、染料、炼焦、炼硫、炼砷、炼汞、炼油、电镀、农药、石棉、水泥、玻璃、钢铁、火电以及其他严重污染水环境的生产项目。

第三节　城镇水污染防治

第四十九条　城镇污水应当集中处理。

县级以上地方人民政府应当通过财政预算和其他渠道筹集资金，

统筹安排建设城镇污水集中处理设施及配套管网，提高本行政区域城镇污水的收集率和处理率。

国务院建设主管部门应当会同国务院经济综合宏观调控、环境保护主管部门，根据城乡规划和水污染防治规划，组织编制全国城镇污水处理设施建设规划。县级以上地方人民政府组织建设、经济综合宏观调控、环境保护、水行政等部门编制本行政区域的城镇污水处理设施建设规划。县级以上地方人民政府建设主管部门应当按照城镇污水处理设施建设规划，组织建设城镇污水集中处理设施及配套管网，并加强对城镇污水集中处理设施运营的监督管理。

城镇污水集中处理设施的运营单位按照国家规定向排污者提供污水处理的有偿服务，收取污水处理费用，保证污水集中处理设施的正常运行。收取的污水处理费用应当用于城镇污水集中处理设施的建设运行和污泥处理处置，不得挪作他用。

城镇污水集中处理设施的污水处理收费、管理以及使用的具体办法，由国务院规定。

第五十条 向城镇污水集中处理设施排放水污染物，应当符合国家或者地方规定的水污染物排放标准。

城镇污水集中处理设施的运营单位，应当对城镇污水集中处理设施的出水水质负责。

环境保护主管部门应当对城镇污水集中处理设施的出水水质和水量进行监督检查。

第五十一条 城镇污水集中处理设施的运营单位或者污泥处理处置单位应当安全处理处置污泥，保证处理处置后的污泥符合国家标准，并对污泥的去向等进行记录。

第四节 农业和农村水污染防治

第五十六条 国家支持畜禽养殖场、养殖小区建设畜禽粪便、废水的综合利用或者无害化处理设施。

畜禽养殖场、养殖小区应当保证其畜禽粪便、废水的综合利用或者无害化处理设施正常运转，保证污水达标排放，防止污染水环境。

畜禽散养密集区所在地县、乡级人民政府应当组织对畜禽粪便污水进行分户收集、集中处理利用。

第五十八条 农田灌溉用水应当符合相应的水质标准，防止污染土壤、地下水和农产品。

禁止向农田灌溉渠道排放工业废水或者医疗污水。向农田灌溉渠道排放城镇污水以及未综合利用的畜禽养殖废水、农产品加工废水的，应当保证其下游最近的灌溉取水点的水质符合农田灌溉水质标准。

第五节 船舶水污染防治

第五十九条 船舶排放含油污水、生活污水，应当符合船舶污染物排放标准。从事海洋航运的船舶进入内河和港口的，应当遵守内河的船舶污染物排放标准。

船舶的残油、废油应当回收，禁止排入水体。

禁止向水体倾倒船舶垃圾。

船舶装载运输油类或者有毒货物，应当采取防止溢流和渗漏的措施，防止货物落水造成水污染。

进入中华人民共和国内河的国际航线船舶排放压载水的，应当采用压载水处理装置或者采取其他等效措施，对压载水进行灭活等处理。禁止排放不符合规定的船舶压载水。

第六十条 船舶应当按照国家有关规定配置相应的防污设备和器材，并持有合法有效的防止水域环境污染的证书与文书。

船舶进行涉及污染物排放的作业，应当严格遵守操作规程，并在相应的记录簿上如实记载。

第六十一条 港口、码头、装卸站和船舶修造厂所在地市、县级人民政府应当统筹规划建设船舶污染物、废弃物的接收、转运及处理处置设施。

港口、码头、装卸站和船舶修造厂应当备有足够的船舶污染物、废弃物的接收设施。从事船舶污染物、废弃物接收作业，或者从事装载油类、污染危害性货物船舱清洗作业的单位，应当具备与其运营规模相适应的接收处理能力。

第六十二条 船舶及有关作业单位从事有污染风险的作业活动，应当按照有关法律法规和标准，采取有效措施，防止造成水污染。海事管理机构、渔业主管部门应当加强对船舶及有关作业活动的监督管理。

船舶进行散装液体污染危害性货物的过驳作业，应当编制作业方案，采取有效的安全和污染防治措施，并报作业地海事管理机构批准。

禁止采取冲滩方式进行船舶拆解作业。

第五章　饮用水水源和其他特殊水体保护

第六十三条　国家建立饮用水水源保护区制度。饮用水水源保护区分为一级保护区和二级保护区；必要时，可以在饮用水水源保护区外围划定一定的区域作为准保护区。

饮用水水源保护区的划定，由有关市、县人民政府提出划定方案，报省、自治区、直辖市人民政府批准；跨市、县饮用水水源保护区的划定，由有关市、县人民政府协商提出划定方案，报省、自治区、直辖市人民政府批准；协商不成的，由省、自治区、直辖市人民政府环境保护主管部门会同同级水行政、国土资源、卫生、建设等部门提出划定方案，征求同级有关部门的意见后，报省、自治区、直辖市人民政府批准。

跨省、自治区、直辖市的饮用水水源保护区，由有关省、自治区、直辖市人民政府商有关流域管理机构划定；协商不成的，由国务院环境保护主管部门会同同级水行政、国土资源、卫生、建设等部门提出划定方案，征求国务院有关部门的意见后，报国务院批准。

国务院和省、自治区、直辖市人民政府可以根据保护饮用水水源的实际需要，调整饮用水水源保护区的范围，确保饮用水安全。有关地方人民政府应当在饮用水水源保护区的边界设立明确的地理界标和明显的警示标志。

第六十四条　在饮用水水源保护区内，禁止设置排污口。

第六十五条　禁止在饮用水水源一级保护区内新建、改建、扩建与供水设施和保护水源无关的建设项目；已建成的与供水设施和保护水源无关的建设项目，由县级以上人民政府责令拆除或者关闭。

禁止在饮用水水源一级保护区内从事网箱养殖、旅游、游泳、垂钓或者其他可能污染饮用水水体的活动。

第六十六条　禁止在饮用水水源二级保护区内新建、改建、扩建排放污染物的建设项目；已建成的排放污染物的建设项目，由县级以上人民政府责令拆除或者关闭。

在饮用水水源二级保护区内从事网箱养殖、旅游等活动的，应当按照规定采取措施，防止污染饮用水水体。

第六十七条　禁止在饮用水水源准保护区内新建、扩建对水体污染严重的建设项目；改建建设项目，不得增加排污量。

第六十八条　县级以上地方人民政府应当根据保护饮用水水源的实际需要，在准保护区内采取工程措施或者建造湿地、水源涵养林等生态保护措施，防止水污染物直接排入饮用水水体，确保饮用水安全。

第七十三条　国务院和省、自治区、直辖市人民政府根据水环境保护的需要，可以规定在饮用水水源保护区内，采取禁止或者限制使用含磷洗涤剂、化肥、农药以及限制种植养殖等措施。

第七十五条　在风景名胜区水体、重要渔业水体和其他具有特殊经济文化价值的水体的保护区内，不得新建排污口。在保护区附近新建排污口，应当保证保护区水体不受污染。

第六章　水污染事故处置（略）

第七章　法律责任

第八十三条　违反本法规定，有下列行为之一的，由县级以上人民政府环境保护主管部门责令改正或者责令限制生产、停产整治，并处十万元以上一百万元以下的罚款；情节严重的，报经有批准权的人民政府批准，责令停业、关闭：

（一）未依法取得排污许可证排放水污染物的；

（二）超过水污染物排放标准或者超过重点水污染物排放总量控制指标排放水污染物的；

（三）利用渗井、渗坑、裂隙、溶洞，私设暗管，篡改、伪造监测数据，或者不正常运行水污染防治设施等逃避监管的方式排放水污染物的；

（四）未按照规定进行预处理，向污水集中处理设施排放不符合处理工艺要求的工业废水的。

第八十四条　在饮用水水源保护区内设置排污口的，由县级以上地方人民政府责令限期拆除，处十万元以上五十万元以下的罚款；逾期不拆除的，强制拆除，所需费用由违法者承担，处五十万元以上一百万元以下的罚款，并可以责令停产整治。

除前款规定外，违反法律、行政法规和国务院环境保护主管部门的规定设置排污口的，由县级以上地方人民政府环境保护主管部门责令限期拆除，处二万元以上十万元以下的罚款；逾期不拆除的，强制拆除，所需费用由违法者承担，处十万元以上五十万元以下的罚款；情节严重的，可以责令停产整治。

未经水行政主管部门或者流域管理机构同意，在江河、湖泊新建、改建、扩建排污口的，由县级以上人民政府水行政主管部门或者流域管理机构依据职权，依照前款规定采取措施、给予处罚。

第八十五条 有下列行为之一的，由县级以上地方人民政府环境保护主管部门责令停止违法行为，限期采取治理措施，消除污染，处以罚款；逾期不采取治理措施的，环境保护主管部门可以指定有治理能力的单位代为治理，所需费用由违法者承担：

（一）向水体排放油类、酸液、碱液的；

（二）向水体排放剧毒废液，或者将含有汞、镉、砷、铬、铅、氰化物、黄磷等的可溶性剧毒废渣向水体排放、倾倒或者直接埋入地下的；

（三）在水体清洗装贮过油类、有毒污染物的车辆或者容器的；

（四）向水体排放、倾倒工业废渣、城镇垃圾或者其他废弃物，或者在江河、湖泊、运河、渠道、水库最高水位线以下的滩地、岸坡堆放、存贮固体废弃物或者其他污染物的；

（五）向水体排放、倾倒放射性固体废物或者含有高放射性、中放射性物质的废水的；

（六）违反国家有关规定或者标准，向水体排放含低放射性物质的废水、热废水或者含病原体的污水的；

（七）未采取防渗漏等措施，或者未建设地下水水质监测井进行监测的；

（八）加油站等的地下油罐未使用双层罐或者采取建造防渗池等其他有效措施，或者未进行防渗漏监测的；

（九）未按照规定采取防护性措施，或者利用无防渗漏措施的沟渠、坑塘等输送或者存贮含有毒污染物的废水、含病原体的污水或者其他废弃物的。

有前款第三项、第四项、第六项、第七项、第八项行为之一的，处二万元以上二十万元以下的罚款。有前款第一项、第二项、第五项、第九项行为之一的，处十万元以上一百万元以下的罚款；情节严重的，报经有批准权的人民政府批准，责令停业、关闭。

第九十一条 有下列行为之一的，由县级以上地方人民政府环境保护主管部门责令停止违法行为，处十万元以上五十万元以下的罚款；并报经有批准权的人民政府批准，责令拆除或者关闭：

（一）在饮用水水源一级保护区内新建、改建、扩建与供水设施和保护水源无关的建设项目的；

（二）在饮用水水源二级保护区内新建、改建、扩建排放污染物的建设项目的；

（三）在饮用水水源准保护区内新建、扩建对水体污染严重的建设项目，或者改建建设项目增加排污量的。

在饮用水水源一级保护区内从事网箱养殖或者组织进行旅游、垂钓或者其他可能污染饮用水水体的活动的，由县级以上地方人民政府环境保护主管部门责令停止违法行为，处二万元以上十万元以下的罚款。个人在饮用水水源一级保护区内游泳、垂钓或者从事其他可能污染饮用水水体的活动的，由县级以上地方人民政府环境保护主管部门责令停止违法行为，可以处五百元以下的罚款。

第九十四条 企业事业单位违反本法规定，造成水污染事故的，除依法承担赔偿责任外，由县级以上人民政府环境保护主管部门依照本条第二款的规定处以罚款，责令限期采取治理措施，消除污染；未按照要求采取治理措施或者不具备治理能力的，由环境保护主管部门指定有治理能力的单位代为治理，所需费用由违法者承担；对造成重大或者特大水污染事故的，还可以报经有批准权的人民政府批准，责令关闭；对直接负责的主管人员和其他直接责任人员可以处上一年度从本单位取得的收入百分之五十以下的罚款；有《中华人民共和国环境保护法》第六十三条规定的违法排放水污染物等行为之一，尚不构成犯罪的，由公安机关对直接负责的主管人员和其他直接责任人员处十日以上十五日以下的拘留；情节较轻的，处五日以上十日以下的拘留。

对造成一般或者较大水污染事故的，按照水污染事故造成的直接损失的百分之二十计算罚款；对造成重大或者特大水污染事故的，按照水污染事故造成的直接损失的百分之三十计算罚款。

造成渔业污染事故或者渔业船舶造成水污染事故的，由渔业主管部门进行处罚；其他船舶造成水污染事故的，由海事管理机构进行处罚。

第九十五条 企业事业单位和其他生产经营者违法排放水污染物，受到罚款处罚，被责令改正的，依法作出处罚决定的行政机关应当组织复查，发现其继续违法排放水污染物或者拒绝、阻挠复查的，依照《中华人民共和国环境保护法》的规定按日连续处罚。

第九十九条 因水污染受到损害的当事人人数众多的，可以依法由当事人推选代表人进行共同诉讼。

环境保护主管部门和有关社会团体可以依法支持因水污染受到损害的当事人向人民法院提起诉讼。

国家鼓励法律服务机构和律师为水污染损害诉讼中的受害人提供法律援助。

第八章　附　则

第一百零二条　本法中下列用语的含义：

（一）水污染，是指水体因某种物质的介入，而导致其化学、物理、生物或者放射性等方面特性的改变，从而影响水的有效利用，危害人体健康或者破坏生态环境，造成水质恶化的现象。

（二）水污染物，是指直接或者间接向水体排放的，能导致水体污染的物质。

（三）有毒污染物，是指那些直接或者间接被生物摄入体内后，可能导致该生物或者其后代发病、行为反常、遗传异变、生理机能失常、机体变形或者死亡的污染物。

（四）污泥，是指污水处理过程中产生的半固态或者固态物质。

（五）渔业水体，是指划定的鱼虾类的产卵场、索饵场、越冬场、洄游通道和鱼虾贝藻类的养殖场的水体。

二、《中华人民共和国水污染防治法》导读

（一）《中华人民共和国水污染防治法》修改的必要性

现行《中华人民共和国水污染防治法》（以下简称《水污染防治法》）是1984年制定的，先后于1996年和2008年两次修订，对防治水污染发挥了重要作用。2015年，全国人大常委会对《水污染防治法》实施情况开展执法检查，认为水污染防治工作取得阶段性成果，水环境质量有所改善；同时，指出我国水环境质量仍不容乐观，水污染形势依然严峻，水污染防治任务艰巨。同年4月，国务院印发《水污染防治行动计划》，对水污染防治工作作出全面部署，确立了一系列新制度新措施。因此，有必要修改《水污染防治法》，进一步强化地方政府责任，明确企业主体责任，完善总量控制与排污许可、饮用水安全保障、地下水污染防治、水生态保护、区域流域水污染联合防治等制度，加大处罚力度，将《水污染防治行动计划》确立的各项制度措施规范化、法制化。《水污染防治法》于2017年6月27日由第十二届全国人民代表大会常务委员会第二十八次会议修正，自2018年1月1日起施行。

（二）《水污染防治法》主要突破

1. 全面保障饮用水安全。

（1）开展流域环境资源承载能力监测评价和预警。新法增加的

第二十九条明确：组织开展流域环境资源承载能力监测评价并实施预警，组织开展生态环境治理、修复和保护，提升流域环境资源承载能力。从事开发建设活动，应当采取有效措施，维护流域生态环境功能，严守生态保护红线。

（2）开展饮用水水源区调查评估。新法第六十九条第一款规定：“县级以上地方人民政府应当组织环境保护等部门，对饮用水水源保护区、地下水型饮用水源的补给区及供水单位周边区域的环境状况和污染风险进行调查评估，筛查可能存在的污染风险因素，并采取相应的风险防范措施。”

（3）建设应急或备用水源，完善供水模式。新法第七十条规定：“单一水源供水城市的人民政府应当建设应急水源或者备用水源，有条件的地区可以开展区域联网供水。县级以上地方人民政府应当合理安排、布局农村饮用水水源，有条件的地区可以采取城镇供水管网延伸或者建设跨村、跨乡镇联片集中供水工程等方式，发展规模集中供水。”

（4）进一步明确饮用水供水单位对供水水质负责。新法第七十一条明确：饮用水供水单位应当做好取水口和出水口的水质检测工作。饮用水供水单位应当对供水质量负责，确保供水设施安全可靠运行，保证供水水质符合国家有关标准。新法第九十二条规定：“饮用水供水单位供水水质不符合国家规定标准的，由所在地市、县级人民政府供水主管部门责令改正，处二万元以上二十万元以下的罚款；情节严重的，报经有批准权的人民政府批准，可以责令停业整顿；对直接负责的主管人员和其他直接责任人员依法给予处分。”另外，新法第七十二条规定：“县级以上地方人民政府应当组织有关部门监测、评估本行政区域内饮用水水源、供水单位供水和用户水龙头出水的水质等饮用水安全状况。县级以上地方人民政府有关部门应当每季度向社会公开饮用水安全状况信息。”

（5）编制饮用水安全突发事件应急预案和应急方案。新法第七十九条规定：“市、县级人民政府应当组织编制饮用水安全突发事件应急预案。饮用水供水单位应当根据所在地饮用水安全突发事件应急预案，制定相应的突发事件应急方案，报所在地市、县级人民政府备案，并定期进行演练。饮用水水源发生水污染事故，或者发生其他可能影响饮用水安全的突发性事件，饮用水供水单位应当采取应急处理措施，向所在地市、县级人民政府报告，并向社会公开。有关人民政府应当根据情况及时启动应急预案，采取有效措施，保障供水安全。”

2. 加大政府责任：要求地方政府对水环境承担实实在在的责任。一是政府应当将水环境保护工作纳入国民经济与社会发展规划，而这个规划是有项目和资金作保证的。二是县级以上地方政府要对本行政区域的水环境质量负责。三是国家实行水环境保护目标责任制和考核评价制度，将水环境保护目标完成情况作为对地方人民政府及其负责人考核评价的内容。

3. 明确超标、超总量构成违法。《水污染防治法》第十条规定：“排放水污染物，不得超过国家或者地方规定的水污染物排放标准和重点水污染物排放总量控制指标。”本条规定明确了违法行为的界限，是对1996年《水污染防治法》的重大突破。1984年通过的《水污染防治法》及1996年修正的《水污染防治法》，仅仅把超标准排放水污染物作为征收超标排污费的一条界线，符合当时的历史条件。鉴于我国水污染形势依然严峻，同时也考虑到我国企业达标排放能力日益增强，全国人大常委会决定收紧环境政策，明确将企业超标排污作为构成违法行为的界限。其次，排放水污染物还应当符合国家和地方规定的重点水污染物排放总量控制指标，违反这些标准也是违法行为，要承担相应的法律责任。

4. 重点水污染物排放总量控制制度得到进一步强化。《水污染防治法》第十六条规定，防治水污染应当按流域或者按区域进行统一规划。第二十条规定，国家对重点水污染物排放实施总量控制制度。同时规定，对超过重点水污染物排放总量控制指标的地区，有关人民政府环境保护主管部门应当暂停审批新增重点水污染物排放总量的建设项目的环境影响评价文件。

5. 全面推行排污许可证制度，规范企业排污行为。《水污染防治法》在排污许可证制度和规范排污行为方面也有不少创新。一是对于排污许可证制度，《水污染防治法》第二十一条规定，直接或者间接向水体排放工业废水和医疗污水以及其他按照规定应当取得排污许可证方可排放的废水、污水的企业、事业单位，应当取得排污许可证；二是城镇污水集中处理设施的运营单位也应当取得排污许可证；三是禁止企业、事业单位无排污许可证或者违反排污许可证的规定向水体排放法律规定的废水、污水。此外，关于规范排污行为，《水污染防治法》第二十二条规定，向水体排放污染物的企业、事业单位和个体工商户，应当按照法律、行政法规和国务院环境保护主管部门的规定设置排污口；在江河、湖泊设置排污口的，还应当遵守国务院水行政主管部门的规定。禁止私设暗管或者采取其他规避监管的方式排放水污染物。排污许可证制度是落实水污染物排放总量控制制度、加强环境监管的重要手段。规范排污口的设置，有利于加强对重点排污单位和有关主体排放水污染物的监测，有利于及时制止和惩处违法排污行为。

6. 完善水环境监测网络，建立水环境信息统一发布制度。《水污染防治法》第二十三条规定，重点排污单位应当安装水污染物排放自动监测设备，与环境保护主管部门的监控设备联网，并保证监测设备正常运行。排放工业废水的企业，应当对其所排放的工业废水进行监测，并保存原始监测记录。第二十五条规定：“国家建立水环境质量监测和水污染物排放监测制度。国务院环境保护主管部门负责制定水环境监测规范，统一发布国家水环境状况信息，会同国务院水行政等部门组织监测网络。”水环境监测是严格执法的基础，没有完善的水环境监测网络，就无法贯彻落实好《水污染防治法》。建立水环境监测制度的前提，就是对单位的排污行为进行连续自动在线监测，并要与当地环保部门的监控设备联网。在这个基础上，完善水环境质量监测网络，规范水环境监测制度，建立统一的水环境状况的信息发布制度。

7. 完善饮用水水源保护区管理制度。为确保城乡居民饮用水安全，《水污染防治法》专门增设了“饮用水水源和其他特殊水体保护”一章，进一步完善饮用水水源保护区的管理制度。一是完善饮用水水源保护区分级管理制度。规定国家建立饮用水水源保护区制度，并将其划分为一级和二级保护区，必要时可在饮用水水源保护区外围划定一定的区域作为准保护区。二是对饮用水水源保护区实行严格管理。规定禁止在饮用水水源保护区内设置排污口。禁止在饮用水水源一级保护区内新建、改建、扩建与供水设施和保护水源无关的建设项目；禁止在饮用水水源二级保护区内新建、改建、扩建排放污染物的建设项目；已建成的，要责令拆除或者关闭。三是在准保护区内实行积极的保护措施。规定县级以上地方政府应当根据保护饮用水水源的实际需要，在准保护区内采取工程措施或者建造湿地、水源涵养林等生态保护措施，防止水污染物直接排入饮用水水体。四是明确了饮用水水源保护区划定机关和争议解决机制。对城乡居民的饮用水安全进行特殊保护，体现了“以人为本”的理念。

8. 强化城镇污水防治。《水污染防治法》第四十九条规定，城镇污水应当集中处理。县级以上地方人民政府应当通过财政预算和其他渠道筹集资金，统筹安排建设城镇污水集中处理设施及配套管网，提高本行政区域城镇污水的收集率和处理率。第五十条规定，向城镇污水集中处理设施排放水污染物，应当符合国家或者地方规定的水污染物排放标准。城镇污水集中处理设施的运营单位，应当对城镇污水集中处理设施的出水水质负责。环境保护主管部门应当对城镇污水集中处理设施的出水水质和水量进行监督检查。

9. 关注农业和农村水污染防治。《水污染防治法》对农业和农村水污染防治给予了高度关注，增加了一些防治农业和农村水污染的规定。第五十六条规定：“国家支持畜禽养殖场、养殖小区建设畜禽粪便、废水的综合利用或者无害化处理设施。畜禽养殖场、养殖小区应当保证其畜禽粪便、废水的综合利用或者无害化处理设施正常运转，保证污水达标排放，防止污染水环境。”第五十七条规定：“从事水产养殖应当保护水域生态环境，科学确定养殖密度，合理投饵和使用药物，防止污染水环境。”第七十三条规定：“国务院和省、自治区、直辖市人民政府根据水环境保护的需要，可以规定在饮用水水源保护区内，采取禁止或者限制使用含磷洗涤剂、化肥、农药以及限制种植、养殖等措施。”

10. 做好水污染事故应急处置。《水污染防治法》对增强水污染应急反应能力做出了规定，以减少水污染事故对环境造成的危害。一是规定各级人民政府及其有关部门、可能发生水污染事故的企业、事业单位，应做好突发水污染事故的应急准备、应急处置和事后恢复等工作。二是规定可能发生水污染事故的企业、事业单位，应当制定有关水污染事故的应急方案，做好应急准备，并定期进行演练。生产、储存危险化学品的企业、事业单位，应当采取措施，防止在处理安全生产事故中产生的可能严重污染水体的消防废水、废液直接排入水体。三是规定企业、事业单位发生事故或者其他突发性事件，造成或者可能造成水污染事故的，应当立即启动本单位的应急方案，采取应急措施，并向事故发生地的县级以上地方人民政府或者环境保护主管部门报告。环境保护主管部门接到报告后，应当及时向本级人民政府报告，并抄送有关部门。

11. 加大违法排污行为处罚力度。《水污染防治法》加大了水污染违法的成本，增强了对违法行为的震慑力。

（1）对未完成重点水污染物排放总量控制指标的地方政府、违反本法规定严重污染水环境的企业，予以公布。

（2）综合运用各种行政处罚手段，加大行政处罚力度，根据违法行为的不同，规定了责令改正、责令停止违法行为、罚款、责令停业、责令关闭等措施，同时要求对直接负责的主管人员和其他直接责任人员依法给予处分。

（3）完善行政措施，强化环境保护主管部门的执法手段。将责令限期治理、停产整治等行政强制权赋予环境保护主管部门。

（4）新法尤其加大了对私设暗管等规避监管行为的处罚力度。一是对于违反法律、行政法规和国务院环境保护主管部门的规定设置排污口或者私设暗管的，由县级以上地方人民政府环境保护主管部门责令限期拆除，处两万元以上十万元以下的罚款；逾期不拆除的，强制拆除，所需费用由违法者承担，处十万元以上五十万元以下的罚款；私设暗管或者有其他严重情节的，县级以上地方人民政府环境保护主管部门可以提请县级以上地方人民政府责令停产整顿。二是如果私设暗管，还具有超标排污行为的，依据第七十四条的规定处罚。即排放水污染物超过国家或者地方规定的水污染物排放标准，或者超过重点水污染物排放总量控制指标的，由县级以上人民政府环境保护主管部门按照权限责令限期治理，处应缴纳排污费数额两倍以上五倍以下的罚款。限期治理期间，由环境保护主管部门责令限制生产、限制排放或者停产整治。限期治理的期限最长不超过一年；逾期未完成治理任务的，报经有批准权的人民政府批准，责令关闭。三是如果企业私设暗管的行为违反了《中华人民共和国治安管理处罚法》的规定，可以给予人身拘留，如果私设暗管构成犯罪的，还可以根据《中华人民共和国刑法》追究刑事责任。

（5）让排污者承担必要的民事责任。一是因水污染受到损害的当事人，有权要求排污方排除危害和赔偿损失。二是建立举证责任倒置制度。第九十八条规定，因此引起的损害赔偿诉讼，由排污方就法律规定的免责事由及其行为与损害结果之间不存在因果关系承担举证责任。三是规定了共同诉讼制度。第九十九条规定，因水污染受到损害的当事人人数众多的，可以依法由当事人推选代表人进行共同诉讼；环境保护主管部门和有关社会团体可以依法支持因水污染受到损害的当事人向人民法院提起诉讼。四是建立对污染受害者的法律援助制度，第九十九条做出了具体规定。五是为了有利于解决水污染民事纠纷，为民事纠纷提供有效的证据，第一百条还规定，因水污染引起的损害赔偿责任和赔偿金额的纠纷，当事人可以委托环境监测机构提供监测数据。环境监测机构应当接受委托，如实提供有关监测数据。

12. 引入河长制分级分段组织领导水环保工作，并明确流域水环境保护联合协调机制。河长制是河湖管理工作的一项制度创新，也是我国水环境治理体系和保障国家水安全的制度创新。2016 年 12 月，中共中央办公厅、国务院办公厅印发了《关于全面推行河长制的意见》，要求全面建立省、市、县、乡四级河长体系。各省（自治区、直辖市）设立总河长，由党委或政府主要负责同志担任，提出到 2018 年年底前全面建立河长制。《水污染防治法》第五条规定：“省、市、县、乡建立河长制，分级分段组织领导本行政区域内江河、湖泊的水资源保护、水域岸线管理、水污染防治、水环境治理等工作。”另外《水污染防治法》第二十八条明确：“国务院环境保护主管部门应当会同国务院水行政主管部门等有关部门和有关省、自治区、直辖市人民政府，建立重要江河、湖泊的流域水环境保护联合协调机制，施行统一规划、统一标准、统一监测、统一的防治措施。”

13. 取消水污染防治设施环保验收行政许可。《水污染防治法》第三款修改为：“建设项目的水污染防治设施，应当与主体工程同时设计、同时施工、同时投入使用。水污染防治设施应当符合经批准的环境影响评价文件的要求。”原“水污染防治设施应当经过环境保护主管部门验收，验收不合格的，该建设项目不得投入生产或者使用”的规定被删除。新修订的《环境保护法》《中华人民共和国大气污染防治法》调整了竣工环保验收制度，删除了竣工环保验收内容。2017 年 6 月 21 日国务院通过的《关于修改〈建设项目环境保护管理条例〉的决定（草案）》中取消竣工环保验收行政许可，强化“三同时”和事中事后环境监管。

14. 删除排污申报登记规定，纳入排污许可证制度管理。

（1）删除水污染物排污申报登记规定。《水污染防治法》删除水污染物排污申报登记规定，并非取消排污申报登记制度，而是纳入排污许可证制度综合管理，无须单独申报水污染情况。《控制污染物排放许可制实施方案》（国办发〔2016〕81 号）规定，企事业单位应按相关法规标准和技术规定提交申请资料，申报污染物排放种类、排放浓度等，测算并申报污染物排放量。依据《排污许可证管理暂行规定》（环水体〔2016〕186 号），排污许可证申请、受理、审核、发放、变更、延续、注销、撤销、遗失补办应当在国家排污许可证管理信息平台上进行。

（2）进一步明确排污许可证申请的主体范围。《水污染防治法》删除了原第二十一条关于排污申报登记的规定。原第二十条修改为

第二十一条，明确规定：“直接或者间接向水体排放工业废水和医疗污水以及其他按照规定应当取得排污许可证方可排放的废水、污水的企业事业单位和其他生产经营者，应当取得排污许可证；城镇污水集中处理设施的运营单位，也应当取得排污许可证。”

（3）明确了排污许可证书中应当载明的内容。《水污染防治法》第二十一条中规定：“排污许可证应当明确排放水污染物的种类、浓度、总量和排放去向等要求。排污许可的具体办法由国务院规定。”

（4）对持证单位的基本义务做了明确要求。《水污染防治法》第二十一条第二款规定：“禁止企业事业单位和其他生产经营者无排污许可证或者违反排污许可证的规定向水体排放前款规定的废水、污水。”排污单位必须持证排污，并必须按照许可证的要求排污，也就是禁止违证排污。同时，《水污染防治法》还规定了持证单位的自行监测任务，持证单位要自行监测，重点排污单位还要安装污染物排放自动监测设备，与环保部门监控的平台联网，这些信息要实时向社会公开。

（5）重罚无证排污。《水污染防治法》第八十三条明确：未依法取得排污许可证排放水污染物的，由县级以上人民政府环境保护主管部门责令改正或者责令限制生产、停产整治，并处十万元以上一百万元以下的罚款；情节严重的，报经有批准权的人民政府批准，责令停业、关闭。

15. 调整自行监测企业范围，排污单位应对监测数据负责。《水污染防治法》删除了原“排放工业废水的企业，应当对其所排放的工业废水进行监测，并保存原始监测记录”的规定，将原第二十三条第一款修改为“实行排污许可管理的企业事业单位和其他生产经营者，应当按照国家有关规定和监测规范，对所排放的水污染物自行监测，并保存原始监测记录。重点排污单位还应当安装水污染物排放自动监测设备，与环境保护主管部门的监控设备联网，并保证监测设备正常运行。具体办法由国务院环境保护主管部门规定”。增加一条作为《水污染防治法》第二十四条：“实行排污许可管理的企业事业单位和其他生产经营者应当对监测数据的真实性和准确性负责。环境保护主管部门发现重点排污单位的水污染物排放自动监测设备传输数据异常，应当及时进行调查。”依据《水污染防治法》第八十二条的规定：（一）未按照规定对所排放的水污染物自行监测，或者未保存原始监测记录的；（二）未按照规定安装水污染物排放自动监测设备，未按照规定与环境保护主管部门的监控设备联网，或者未保证监测设备正常运行的，由县级以上人民政府环境保护主管部门责令限期改正，处二万元以上二十万元以下的罚款；逾期不改正的，责令停产整治。

16. 公布有毒有害水污染物名录，排污单位应当对排污口和周边环境进行监测。增加一条作为《水污染防治法》第三十二条：“国务院环境保护主管部门应当会同国务院卫生主管部门，根据对公众健康和生态环境的危害和影响程度，公布有毒有害水污染物名录，实行风险管理。排放前款规定名录由所列有毒有害水污染物的企业事业单位和其他生产经营者，应当对排污口和周边环境进行监测，评估环境风险，排查环境安全隐患，并采取有效措施防范环境风险。”同时，依据第八十二条的规定：未按照规定对有毒有害水污染物的排污口和周边环境进行监测，或者未公开有毒有害水污染物信息的，由县级以上人民政府环境保护主管部门责令限期改正，处二万元以上二十万元以下的罚款；逾期不改正的，责令停产整治。

17. 明确化学品生产等企业应当采取防渗漏措施并进行地下水水质监测。原第三十六条仅仅规定：“禁止利用无防渗漏措施的沟渠、坑塘等输送或者存贮含有毒污染物的废水、含病原体的污水和其他废弃物。”第四十条将原第三十六条作为第三款，增加第一款“化学品生产企业以及工业集聚区、矿山开采区、尾矿库、危险废物处置场、垃圾填埋场等的运营、管理单位，应当采取防渗漏等措施，并建设地下水水质监测井进行监测，防止地下水污染”和第二款“加油站等的地下油罐应当使用双层罐或者采取建造防渗池等其他有效措施，进行防渗漏监测，防止地下水污染”。依据第八十五条的规定：“（七）未采取防渗漏等措施，或者未建设地下水水质监测井进行监测的；（八）加油站等的地下油罐未使用双层罐或者采取建造防渗池等其他有效措施，或者未进行防渗漏监测的；（九）未按照规定采取防渗漏或者防护性措施，或者利用无防渗漏措施的沟渠、坑塘等输送或者存贮含有毒污染物的废水、含病原体的污水或者其他废弃物的”，由县级以上地方人民政府环境保护主管部门责令停止违法行为，限期采取整治措施，消除污染，处以罚款；逾期不采取治理措施的，环境保护主管部门可以指定有治理能力的单位代为治理，所需费用由违法者承担。其中，第（七）项或第（八）项，处二万元以上二十万元以下的罚款；第（九）项处十万元以上一百万元以下的罚款；这些情节严重的，报经有批准权的人民政府批准，责令停业、关闭。另《环境保护法》第四十二条第二款明确：报废矿井、钻井或者取水井等，应当实施封井或者回填。

18. 明确污泥处置要求，完善船舶水污染防治。随着城镇污水集中处理率的不断提高，污水处理后产生的污泥日益增多，有的污泥含有毒有害物质，如果处理不当，会造成新的污染，应当对污泥处理处置作出规定。《水污染防治法》第五十一条规定：“城镇污水集中处理设施的运营单位或者污泥处理处置单位应当安全处理处置污泥，保证处理处置后的污泥符合国家标准，并对污泥的去向等进行记录。”第八十八条规定：“城镇污水集中处理设施的运营单位或者污泥处理处置单位，处理处置后的污泥不符合国家标准，或者对污泥去向等未进行记录的，由城镇排水主管部门责令限期采取治理措施，给予警告；造成严重后果的，处十万元以上二十万元以下的罚款；逾期不采取治理措施的，城镇排水主管部门可以指定有治理能力的单位代为治理，所需费用由违法者承担。”第五十九条第五款规定：“禁止排放不符合规定的船舶压载水。”第六十一条中要求：“港口、码头、装卸站和船舶修造厂所在地市、县级人民政府应当统筹规划建设船舶污染物、废弃物的接收、转运及处理处置设施。”第六十二条规定：“船舶及有关作业单位从事有污染风险的作业活动，应当按照有关法律法规和标准，采取有效措施，防止造成水污染。海事管理机构、渔业主管部门应当加强对船舶及有关作业活动的监督管理。船舶进行散装液体污染危害性货物的过驳作业，应当编制作业方案，采取有效的安全和污染防治措施，并报作业地海事管理机构批准。禁止采取冲滩方式进行船舶拆解作业。”

第三节　中华人民共和国大气污染防治法

【说明】 1987 年 9 月 5 日第六届全国人民代表大会常务委员会第二十二次会议通过，根据 1995 年 8 月 29 日第八届全国人民代表大会常务委员会第十五次会议《关于修改〈中华人民共和国大气污染防治法〉的决定》第一次修正，2000 年 4 月 29 日第九届全国人民代表大会第十五次会议第一次修订，2015 年 8 月 29 日第十二届全国人民代表大会常务委员会第十六次会议第二次修订，根据 2018

年10月26日第十三届全国人民代表大会常务委员会第六次会议《关于修改〈中华人民共和国野生动物保护法〉等十五部法律的决定》第二次修正。

一、《中华人民共和国大气污染防治法》文本摘要

第一章 总 则

第二条 防治大气污染，应当以改善大气环境质量为目标，坚持源头治理，规划先行，转变经济发展方式，优化产业结构和布局，调整能源结构。

防治大气污染，应当加强对燃煤、工业、机动车船、扬尘、农业等大气污染的综合防治，推行区域大气污染联合防治，对颗粒物、二氧化硫、氮氧化物、挥发性有机物、氨等大气污染物和温室气体实施协同控制。

第四条 国务院生态环境主管部门会同国务院有关部门，按照国务院的规定，对省、自治区、直辖市大气环境质量改善目标、大气污染防治重点任务完成情况进行考核。省、自治区、直辖市人民政府制定考核办法，对本行政区域内地方大气环境质量改善目标、大气污染防治重点任务完成情况实施考核。考核结果应当向社会公开。

第二章 大气污染防治标准和限期达标规划

第八条 国务院生态环境主管部门或者省、自治区、直辖市人民政府制定大气环境质量标准，应当以保障公众健康和保护生态环境为宗旨，与经济社会发展相适应，做到科学合理。

第九条 国务院生态环境主管部门或者省、自治区、直辖市人民政府制定大气污染物排放标准，应当以大气环境质量标准和国家经济、技术条件为依据。

第十三条 制定燃煤、石油焦、生物质燃料、涂料等含挥发性有机物的产品、烟花爆竹以及锅炉等产品的质量标准，应当明确大气环境保护要求。

制定燃油质量标准，应当符合国家大气污染物控制要求，并与国家机动车船、非道路移动机械大气污染物排放标准相互衔接，同步实施。

前款所称非道路移动机械，是指装配有发动机的移动机械和可

运输工业设备。

第十四条　未达到国家大气环境质量标准城市的人民政府应当及时编制大气环境质量限期达标规划，采取措施，按照国务院或者省级人民政府规定的期限达到大气环境质量标准。

编制城市大气环境质量限期达标规划，应当征求有关行业协会、企业事业单位、专家和公众等方面的意见。

第十五条　城市大气环境质量限期达标规划应当向社会公开。直辖市和设区的市的大气环境质量限期达标规划应当报国务院生态环境主管部门备案。

第十六条　城市人民政府每年在向本级人民代表大会或者其常务委员会报告环境状况和环境保护目标完成情况时，应当报告大气环境质量限期达标规划执行情况，并向社会公开。

第三章　大气污染防治的监督管理

第二十一条　国家对重点大气污染物排放实行总量控制。

重点大气污染物排放总量控制目标，由国务院生态环境主管部门在征求国务院有关部门和各省、自治区、直辖市人民政府意见后，会同国务院经济综合主管部门报国务院批准并下达实施。

省、自治区、直辖市人民政府应当按照国务院下达的总量控制目标，控制或者削减本行政区域的重点大气污染物排放总量。

确定总量控制目标和分解总量控制指标的具体办法，由国务院生态环境主管部门会同国务院有关部门规定。省、自治区、直辖市人民政府可以根据本行政区域大气污染防治的需要，对国家重点大气污染物之外的其他大气污染物排放实行总量控制。

国家逐步推行重点大气污染物排污权交易。

第二十二条　对超过国家重点大气污染物排放总量控制指标或者未完成国家下达的大气环境质量改善目标的地区，省级以上人民政府环境保护主管部门应当会同有关部门约谈该地区人民政府的主要负责人，并暂停审批该地区新增重点大气污染物排放总量的建设项目环境影响评价文件。约谈情况应当向社会公开。

第二十三条　国务院生态环境主管部门负责制定大气环境质量和大气污染源的监测和评价规范，组织建设与管理全国大气环境质量和大气污染源监测网，组织开展大气环境质量和大气污染源监测，统一发布全国大气环境质量状况信息。

县级以上地方人民政府生态环境主管部门负责组织建设与管理

本行政区域大气环境质量和大气污染源监测网，开展大气环境质量和大气污染源监测，统一发布本行政区域大气环境质量状况信息。

第二十四条　企业事业单位和其他生产经营者应当按照国家有关规定和监测规范，对其排放的工业废气和本法第七十八条规定名录中所列有毒有害大气污染物进行监测，并保存原始监测记录。其中，重点排污单位应当安装、使用大气污染物排放自动监测设备，与生态环境主管部门的监控设备联网，保证监测设备正常运行并依法公开排放信息。监测的具体办法和重点排污单位的条件由国务院生态环境主管部门规定。

重点排污单位名录由设区的市级以上地方人民政府生态环境主管部门按照国务院生态环境主管部门的规定，根据本行政区域的大气环境承载力、重点大气污染物排放总量控制指标的要求以及排污单位排放大气污染物的种类、数量和浓度等因素，由有关部门确定，并向社会公布。

第二十五条　重点排污单位应当对自动监测数据的真实性和准确性负责。生态环境主管部门发现重点排污单位的大气污染物排放自动监测设备传输数据异常，应当及时进行调查。

第二十六条　禁止侵占、损毁或者擅自移动、改变大气环境质量监测设施和大气污染物排放自动监测设备。

第二十七条　国家对严重污染大气环境的工艺、设备和产品实行淘汰制度。

国务院经济综合主管部门会同国务院有关部门确定严重污染大气环境的工艺、设备和产品淘汰期限，并纳入国家综合性产业政策目录。

生产者、进口者、销售者或者使用者应当在规定期限内停止生产、进口、销售或者使用列入前款规定目录中的设备和产品。工艺的采用者应当在规定期限内停止采用列入前款规定目录中的工艺。

被淘汰的设备和产品，不得转让给他人使用。

第四章　大气污染防治措施

第一节　燃煤和其他能源污染防治

第三十五条　国家禁止进口、销售和燃用不符合质量标准的煤炭，鼓励燃用优质煤炭。

单位存放煤炭、煤矸石、煤渣、煤灰等物料，应当采取防燃措施，防止大气污染。

第三十六条 地方各级人民政府应当采取措施，加强民用散煤的管理，禁止销售不符合民用散煤质量标准的煤炭，鼓励居民燃用优质煤炭和洁净型煤，推广节能环保型炉灶。

第三十七条 石油炼制企业应当按照燃油质量标准生产燃油。

禁止进口、销售和燃用不符合质量标准的石油焦。

第三十八条 城市人民政府可以划定并公布高污染燃料禁燃区，并根据大气环境质量改善要求，逐步扩大高污染燃料禁燃区范围。高污染燃料的目录由国务院生态环境主管部门确定。

在禁燃区内，禁止销售、燃用高污染燃料；禁止新建、扩建燃用高污染燃料的设施，已建成的，应当在城市人民政府规定的期限内改用天然气、页岩气、液化石油气、电或者其他清洁能源。

第三十九条 城市建设应当统筹规划，在燃煤供热地区，推进热电联产和集中供热。在集中供热管网覆盖地区，禁止新建、扩建分散燃煤供热锅炉；已建成的不能达标排放的燃煤供热锅炉，应当在城市人民政府规定的期限内拆除。

第四十条 县级以上人民政府市场监督管理部门应当会同生态环境主管部门对锅炉生产、进口、销售和使用环节执行环境保护标准或者要求的情况进行监督检查；不符合环境保护标准或者要求的，不得生产、进口、销售和使用。

第四十一条 燃煤电厂和其他燃煤单位应当采用清洁生产工艺，配套建设除尘、脱硫、脱硝等装置，或者采取技术改造等其他控制大气污染物排放的措施。

国家鼓励燃煤单位采用先进的除尘、脱硫、脱硝、脱汞等大气污染物协同控制的技术和装置，减少大气污染物的排放。

第二节 工业污染防治

第四十三条 钢铁、建材、有色金属、石油、化工等企业生产过程中排放粉尘、硫化物和氮氧化物的，应当采用清洁生产工艺，配套建设除尘、脱硫、脱硝等装置，或者采取技术改造等其他控制大气污染物排放的措施。

第四十四条 生产、进口、销售和使用含挥发性有机物的原材料和产品的，其挥发性有机物含量应当符合质量标准或者要求。

国家鼓励生产、进口、销售和使用低毒、低挥发性有机溶剂。

第四十五条 产生含挥发性有机物废气的生产和服务活动，应当在密闭空间或者设备中进行，并按照规定安装、使用污染防治设施；无法密闭的，应当采取措施减少废气排放。

第四十六条 工业涂装企业应当使用低挥发性有机物含量的涂料，并建立台账，记录生产原料、辅料的使用量、废弃量、去向以及挥发性有机物含量。台账保存期限不得少于三年。

第四十七条 石油、化工以及其他生产和使用有机溶剂的企业，应当采取措施对管道、设备进行日常维护、维修，减少物料泄漏，对泄漏的物料应当及时收集处理。

储油储气库、加油加气站、原油成品油码头、原油成品油运输船舶和油罐车、气罐车等，应当按照国家有关规定安装油气回收装置并保持正常使用。

第四十八条 钢铁、建材、有色金属、石油、化工、制药、矿产开采等企业，应当加强精细化管理，采取集中收集处理等措施，严格控制粉尘和气态污染物的排放。

工业生产企业应当采取密闭、围挡、遮盖、清扫、洒水等措施，减少内部物料的堆存、传输、装卸等环节产生的粉尘和气态污染物的排放。

第四十九条 工业生产、垃圾填埋或者其他活动产生的可燃性气体应当回收利用，不具备回收利用条件的，应当进行污染防治处理。

可燃性气体回收利用装置不能正常作业的，应当及时修复或者更新。在回收利用装置不能正常作业期间确需排放可燃性气体的，应当将排放的可燃性气体充分燃烧或者采取其他控制大气污染物排放的措施，并向当地生态环境主管部门报告，按照要求限期修复或者更新。

第三节 机动车船等污染防治

第五十一条 机动车船、非道路移动机械不得超过标准排放大气污染物。

禁止生产、进口或者销售大气污染物排放超过标准的机动车船、非道路移动机械。

第五十二条 机动车、非道路移动机械生产企业应当对新生产的机动车和非道路移动机械进行排放检验。经检验合格的，方可出厂销售。检验信息应当向社会公开。

省级以上人民政府生态环境主管部门可以通过现场检查、抽样检测等方式，加强对新生产、销售机动车和非道路移动机械大气污染物排放状况的监督检查。工业、市场监督管理等有关部门予以配合。

第五十三条 在用机动车应当按照国家或者地方的有关规定，由机动车排放检验机构定期对其进行排放检验。经检验合格的，方可上道路行驶。未经检验合格的，公安机关交通管理部门不得核发安全技术检验合格标志。

县级以上地方人民政府生态环境主管部门可以在机动车集中停放地、维修地对在用机动车的大气污染物排放状况进行监督抽测；在不影响正常通行的情况下，可以通过遥感监测等技术手段对在道路上行驶的机动车的大气污染物排放状况进行监督抽测，公安机关交通管理部门予以配合。

第五十四条 机动车排放检验机构应当依法通过计量认证，使用经依法检定合格的机动车排放检验设备，按照国务院生态环境主管部门制定的规范，对机动车进行排放检验，并与环境保护主管部门联网，实现检验数据实时共享。机动车排放检验机构及其负责人对检验数据的真实性和准确性负责。

生态环境主管部门和认证认可监督管理部门应当对机动车排放检验机构的排放检验情况进行监督检查。

第五十五条 机动车生产、进口企业应当向社会公布其生产、进口机动车车型的排放检验信息、污染控制技术信息和有关维修技术信息。

机动车维修单位应当按照防治大气污染的要求和国家有关技术规范对在用机动车进行维修，使其达到规定的排放标准。交通运输、生态环境主管部门应当依法加强监督管理。

禁止机动车所有人以临时更换机动车污染控制装置等弄虚作假的方式通过机动车排放检验。禁止机动车维修单位提供该类维修服务。禁止破坏机动车车载排放诊断系统。

第五十八条 国家建立机动车和非道路移动机械环境保护召回制度。

生产、进口企业获知机动车、非道路移动机械排放大气污染物超过标准，属于设计、生产缺陷或者不符合规定的环境保护耐久性要求的，应当召回；未召回的，由国务院市场监督管理部门会同国务院生态环境主管部门责令其召回。

第五十九条 在用重型柴油车、非道路移动机械未安装污染控制装置或者污染控制装置不符合要求，不能达标排放的，应当加装或者更换符合要求的污染控制装置。

第六十条 在用机动车排放大气污染物超过标准的，应当进行维修；经维修或者采用污染控制技术后，大气污染物排放仍不符合国家在用机动车排放标准的，应当强制报废。其所有人应当将机动车交售给报废机动车回收拆解企业，由报废机动车回收拆解企业按照国家有关规定进行登记、拆解、销毁等处理。

国家鼓励和支持高排放机动车船、非道路移动机械提前报废。

第六十一条 城市人民政府可以根据大气环境质量状况，划定并公布禁止使用高排放非道路移动机械的区域。

第六十二条 船舶检验机构对船舶发动机及有关设备进行排放检验。经检验符合国家排放标准的，船舶方可运营。

第六十三条 内河和江海直达船舶应当使用符合标准的普通柴油。远洋船舶靠港后应当使用符合大气污染物控制要求的船舶用燃油。

新建码头应当规划、设计和建设岸基供电设施；已建成的码头应当逐步实施岸基供电设施改造。船舶靠港后应当优先使用岸电。

第六十五条 禁止生产、进口、销售不符合标准的机动车船、非道路移动机械用燃料；禁止向汽车和摩托车销售普通柴油以及其他非机动车用燃料；禁止向非道路移动机械、内河和江海直达船舶销售渣油和重油。

第六十六条 发动机油、氮氧化物还原剂、燃料和润滑油添加剂以及其他添加剂的有害物质含量和其他大气环境保护指标，应当符合有关标准的要求，不得损害机动车船污染控制装置效果和耐久性，不得增加新的大气污染物排放。

第六十七条 国家积极推进民用航空器的大气污染防治，鼓励在设计、生产、使用过程中采取有效措施减少大气污染物排放。

民用航空器应当符合国家规定的适航标准中的有关发动机排出物要求。

第四节 扬尘污染防治

第六十九条 建设单位应当将防治扬尘污染的费用列入工程造价，并在施工承包合同中明确施工单位扬尘污染防治责任。施工单位应当制定具体的施工扬尘污染防治实施方案。

从事房屋建筑、市政基础设施建设、河道整治以及建筑物拆除等施工单位，应当向负责监督管理扬尘污染防治的主管部门备案。

施工单位应当在施工工地设置硬质围挡，并采取覆盖、分段作业、择时施工、洒水抑尘、冲洗地面和车辆等有效防尘降尘措施。建筑土方、工程渣土、建筑垃圾应当及时清运；在场地内堆存的，应当采用密闭式防尘网遮盖。工程渣土、建筑垃圾应当进行资源化处理。

施工单位应当在施工工地公示扬尘污染防治措施、负责人、扬尘监督管理主管部门等信息。

暂时不能开工的建设用地，建设单位应当对裸露地面进行覆盖；超过三个月的，应当进行绿化、铺装或者遮盖。

第七十条　运输煤炭、垃圾、渣土、砂石、土方、灰浆等散装、流体物料的车辆应当采取密闭或者其他措施防止物料遗撒造成扬尘污染，并按照规定路线行驶。

装卸物料应当采取密闭或者喷淋等方式防治扬尘污染。

城市人民政府应当加强道路、广场、停车场和其他公共场所的清扫保洁管理，推行清洁动力机械化清扫等低尘作业方式，防治扬尘污染。

第七十一条　市政河道以及河道沿线、公共用地的裸露地面以及其他城镇裸露地面，有关部门应当按照规划组织实施绿化或者透水铺装。

第七十二条　贮存煤炭、煤矸石、煤渣、煤灰、水泥、石灰、石膏、砂土等易产生扬尘的物料应当密闭；不能密闭的，应当设置不低于堆放物高度的严密围挡，并采取有效覆盖措施防治扬尘污染。

码头、矿山、填埋场和消纳场应当实施分区作业，并采取有效措施防治扬尘污染。

第五节　农业和其他污染防治

第七十四条　农业生产经营者应当改进施肥方式，科学合理施用化肥并按照国家有关规定使用农药，减少氨、挥发性有机物等大气污染物的排放。

禁止在人口集中地区对树木、花草喷洒剧毒、高毒农药。

第七十五条　畜禽养殖场、养殖小区应当及时对污水、畜禽粪便和尸体等进行收集、贮存、清运和无害化处理，防止排放恶臭气体。

第七十六条　各级人民政府及其农业行政等有关部门应当鼓励和支持采用先进适用技术，对秸秆、落叶等进行肥料化、饲料化、能源化、工业原料化、食用菌基料化等综合利用，加大对秸秆还田、收集一体化农业机械的财政补贴力度。

县级人民政府应当组织建立秸秆收集、贮存、运输和综合利用服务体系，采用财政补贴等措施支持农村集体经济组织、农民专业合作经济组织、企业等开展秸秆收集、贮存、运输和综合利用服务。

第七十七条 省、自治区、直辖市人民政府应当划定区域，禁止露天焚烧秸秆、落叶等产生烟尘污染的物质。

第七十八条 国务院生态环境主管部门应当会同国务院卫生行政部门，根据大气污染物对公众健康和生态环境的危害和影响程度，公布有毒有害大气污染物名录，实行风险管理。

排放前款规定名录中所列有毒有害大气污染物的企业事业单位，应当按照国家有关规定建设环境风险预警体系，对排放口和周边环境进行定期监测，评估环境风险，排查环境安全隐患，并采取有效措施防范环境风险。

第七十九条 向大气排放持久性有机污染物的企业事业单位和其他生产经营者以及废弃物焚烧设施的运营单位，应当按照国家有关规定，采取有利于减少持久性有机污染物排放的技术方法和工艺，配备有效的净化装置，实现达标排放。

第八十条 企业事业单位和其他生产经营者在生产经营活动中产生恶臭气体的，应当科学选址，设置合理的防护距离，并安装净化装置或者采取其他措施，防止排放恶臭气体。

第八十一条 排放油烟的餐饮服务业经营者应当安装油烟净化设施并保持正常使用，或者采取其他油烟净化措施，使油烟达标排放，并防止对附近居民的正常生活环境造成污染。

禁止在居民住宅楼、未配套设立专用烟道的商住综合楼以及商住综合楼内与居住层相邻的商业楼层内新建、改建、扩建产生油烟、异味、废气的餐饮服务项目。

任何单位和个人不得在当地人民政府禁止的区域内露天烧烤食品或者为露天烧烤食品提供场地。

第八十二条 禁止在人口集中地区和其他依法需要特殊保护的区域内焚烧沥青、油毡、橡胶、塑料、皮革、垃圾以及其他产生有毒有害烟尘和恶臭气体的物质。

禁止生产、销售和燃放不符合质量标准的烟花爆竹。任何单位和个人不得在城市人民政府禁止的时段和区域内燃放烟花爆竹。

第八十三条 国家鼓励和倡导文明、绿色祭祀。

火葬场应当设置除尘等污染防治设施并保持正常使用，防止影响周边环境。

第八十四条 从事服装干洗和机动车维修等服务活动的经营者，应当按照国家有关标准或者要求设置异味和废气处理装置等污染防治设施并保持正常使用，防止影响周边环境。

第五章 重点区域大气污染联合防治

第八十六条 国家建立重点区域大气污染联防联控机制，统筹协调重点区域内大气污染防治工作。国务院生态环境主管部门根据主体功能区划、区域大气环境质量状况和大气污染传输扩散规律，划定国家大气污染防治重点区域，报国务院批准。

重点区域内有关省、自治区、直辖市人民政府应当确定牵头的地方人民政府，定期召开联席会议，按照统一规划、统一标准、统一监测、统一的防治措施的要求，开展大气污染联合防治，落实大气污染防治目标责任。国务院生态环境主管部门应当加强指导、督促。

省、自治区、直辖市可以参照第一款规定划定本行政区域的大气污染防治重点区域。

第九十条 国家大气污染防治重点区域内新建、改建、扩建用煤项目的，应当实行煤炭的等量或者减量替代。

第六章 重污染天气应对

第九十三条 国家建立重污染天气监测预警体系。

国务院生态环境主管部门会同国务院气象主管机构等有关部门、国家大气污染防治重点区域内有关省、自治区、直辖市人民政府，建立重点区域重污染天气监测预警机制，统一预警分级标准。可能发生区域重污染天气的，应当及时向重点区域内有关省、自治区、直辖市人民政府通报。

省、自治区、直辖市、设区的市人民政府环境保护主管部门会同气象主管机构等有关部门建立本行政区域重污染天气监测预警机制。

第九十五条 省、自治区、直辖市、设区的市人民政府生态环境主管部门应当会同气象主管机构建立会商机制，进行大气环境质量预报。可能发生重污染天气的，应当及时向本级人民政府报告。省、自治区、直辖市、设区的市人民政府依据重污染天气预报信息，进行综合研判，确定预警等级并及时发出预警。预警等级根据情况变化及时调整。任何单位和个人不得擅自向社会发布重污染天气预报预警信息。

预警信息发布后，人民政府及其有关部门应当通过电视、广播、网络、短信等途径告知公众采取健康防护措施，指导公众出行和调整其他相关社会活动。

第七章　法律责任（略）

第八章　附则（略）

二、《中华人民共和国大气污染防治法》导读

（一）修改的必要性

现行《中华人民共和国大气污染防治法》（以下简称《大气污染防治法》）是 1987 年制定的，2000 年修订时重点加强了对二氧化硫的排放控制，对防治煤烟型污染发挥了重要作用。随着经济社会快速发展，特别是机动车保有量急剧增加，我国大气污染正向煤烟与机动车尾气复合型过渡，区域性大气环境问题日益突出，雾霾等重污染天气频发。因此，2000 年修订的《大气污染防治法》已不能适应新形势的需要，修改《大气污染防治法》成为当务之急。2015 年 8 月 29 日第十二届全国人民代表大会常务委员会第十六次会议再次对《大气污染防治法》进行全面修订，2018 年 10 月 26 日第十三届全国人民代表大会常务委员会第六次会议《关于修改〈中华人民共和国野生动物保护法〉等十五部法律的决定》对《大气污染防治法》进行了第二次修正。

（二）修改的主要内容

《大气污染防治法》共 8 章 129 条，主要修改、增加了以下内容：

1. 加大政府的环境保护责任。建立大气环境保护目标责任制和考核评价制度，对地方人民政府及其有关部门进行考核；要求不达标的城市编制限期达标规划，采取措施限期达标。

2. 全面推行排放总量控制和排污许可制度。将排放总量控制和排污许可由“两控区”扩展到全国，明确分配总量指标、发放排污许可证的原则和程序，对超总量和未完成达标任务的地区实行区域限批，并约谈主要负责人。

3. 强化重点领域大气污染防治制度。在燃煤、工业方面，明确国家采取措施逐步降低煤炭消费比重，细化对多种污染物的协同控制措施；在机动车方面，强化对新生产机动车、在用机动车、油品质量环保达标的监督管理；此外，还加强了建筑施工、物料运输等方面的扬尘污染防治措施。

4. 完善重点区域大气污染防治制度。增加一章，专述重点区域大气污染联合防治。要求建立区域大气污染联防联控机制，规定重点区域应当制订联合防治行动计划，提高产业准入标准，实行煤炭消费等量或者减量替代，并在规划环评会商、联动执法、信息共享等方面建立起区域协作机制。

5. 关于重污染天气的预警和应对。增加一章，专述重污染天气应对。规定可能发生重污染天气时，有关地方政府应当适时发出预警，依据预警等级启动应急响应，并可以采取责令有关企业停产限产、限制部分机动车行驶等应对措施。

6. 关于法律责任。对无证、超标、超总量、监测数据作假等污染违法行为，规定了没收违法产品和违法所得、处以罚款、责令停产整治、行政拘留以及责令停业、关闭等行政处罚；对受到罚款处罚拒不改正的实行按日计罚。

第四节　中华人民共和国固体废物污染环境防治法

【说明】1995 年 10 月 30 日第八届全国人民代表大会常务委员会第十六次会议通过，2004 年 12 月 29 日第十届全国人民代表大会常务委员会第十三次会议修订，根据 2013 年 6 月 29 日第十二届全国人民代表大会常务委员会第三次会议《关于修改〈中华人民共和国文物保护法〉等十二部法律的决定》第一次修正，根据 2015 年 4 月 24 日第十二届全国人民代表大会常务委员会第十四次会议《关于修改〈中华人民共和国港口法〉等七部法律的决定》第二次修正，根据 2016 年 11 月 7 日第十二届全国人民代表大会常务委员会第二十四次会议《关于修改〈中华人民共和国对外贸易法〉等十二部法律的决定》第三次修正，2020年4月29日第十三届全国人民代表大会第十七次会议第二次修订。

一、《中华人民共和国固体废物污染环境防治法》文本摘要

第一章 总 则

第二条 固体废物污染环境的防治适用本法。

固体废物污染海洋环境的防治和放射性固体废物污染环境的防治不适用本法。

第五条 固体废物污染环境防治坚持污染担责的原则。

产生、收集、贮存、运输、利用、处置固体废物的单位和个人，应当采取措施，防止或者减少固体废物对环境的污染，对所造成的环境污染依法承担责任。

第六条 国家推行生活垃圾分类制度。

生活垃圾分类坚持政府推动、全民参与、城乡统筹、因地制宜、简便易行的原则。

第九条 国务院生态环境主管部门对全国固体废物污染环境防治工作实施统一监督管理。国务院发展改革、工业和信息化、自然资源、住房城乡建设、交通运输、农业农村、商务、卫生健康、海关等主管部门在各自职责范围内负责固体废物污染环境防治的监督管理工作。

地方人民政府生态环境主管部门对本行政区域固体废物污染环境防治工作实施统一监督管理。地方人民政府发展改革、工业和信息化、自然资源、住房城乡建设、交通运输、农业农村、商务、卫生健康等主管部门在各自职责范围内负责固体废物污染环境防治的监督管理工作。

第二章 监督管理

第十三条 县级以上人民政府应当将固体废物污染环境防治工作纳入国民经济和社会发展规划、生态环境保护规划，并采取有效措施减少固体废物的产生量、促进固体废物的综合利用、降低固体废物的危害性，最大限度降低固体废物填埋量。

第十四条 国务院生态环境主管部门应当会同国务院有关部门

根据国家环境质量标准和国家经济、技术条件，制定固体废物鉴别标准、鉴别程序和国家固体废物污染环境防治技术标准。

第十五条 国务院标准化主管部门应当会同国务院发展改革、工业和信息化、生态环境、农业农村等主管部门，制定固体废物综合利用标准。

综合利用固体废物应当遵守生态环境法律法规，符合固体废物污染环境防治技术标准。使用固体废物综合利用产物应当符合国家规定的用途、标准。

第十六条 国务院生态环境主管部门应当会同国务院有关部门建立全国危险废物等固体废物污染环境防治信息平台，推进固体废物收集、转移、处置等全过程监控和信息化追溯。

第十七条 建设产生、贮存、利用、处置固体废物的项目，应当依法进行环境影响评价，并遵守国家有关建设项目环境保护管理的规定。

第十八条 建设项目的环境影响评价文件确定需要配套建设的固体废物污染环境防治设施，应当与主体工程同时设计、同时施工、同时投入使用。建设项目的初步设计，应当按照环境保护设计规范的要求，将固体废物污染环境防治内容纳入环境影响评价文件，落实防治固体废物污染环境和破坏生态的措施以及固体废物污染环境防治设施投资概算。

建设单位应当依照有关法律法规的规定，对配套建设的固体废物污染环境防治设施进行验收，编制验收报告，并向社会公开。

第十九条 收集、贮存、运输、利用、处置固体废物的单位和其他生产经营者，应当加强对相关设施、设备和场所的管理和维护，保证其正常运行和使用。

第二十条 产生、收集、贮存、运输、利用、处置固体废物的单位和其他生产经营者，应当采取防扬散、防流失、防渗漏或者其他防止污染环境的措施，不得擅自倾倒、堆放、丢弃、遗撒固体废物。

禁止任何单位或者个人向江河、湖泊、运河、渠道、水库及其最高水位线以下的滩地和岸坡以及法律法规规定的其他地点倾倒、堆放、贮存固体废物。

第二十一条 在生态保护红线区域、永久基本农田集中区域和其他需要特别保护的区域内，禁止建设工业固体废物、危险废物集中贮存、利用、处置的设施、场所和生活垃圾填埋场。

第二十二条 转移固体废物出省、自治区、直辖市行政区域贮存、处置的，应当向固体废物移出地的省、自治区、直辖市人民政府生态环境主管部门提出申请。移出地的省、自治区、直辖市人民政府生态环境主管部门应当及时商经接受地的省、自治区、直辖市人民政府生态环境主管部门同意后，在规定期限内批准转移该固体废物出省、自治区、直辖市行政区域。未经批准的，不得转移。

转移固体废物出省、自治区、直辖市行政区域利用的，应当报固体废物移出地的省、自治区、直辖市人民政府生态环境主管部门备案。移出地的省、自治区、直辖市人民政府生态环境主管部门应当将备案信息通报接受地的省、自治区、直辖市人民政府生态环境主管部门。

第二十三条 禁止中华人民共和国境外的固体废物进境倾倒、堆放、处置。

第二十四条 国家逐步实现固体废物零进口，由国务院生态环境主管部门会同国务院商务、发展改革、海关等主管部门组织实施。

第三章 工业固体废物

第三十二条 国务院生态环境主管部门应当会同国务院发展改革、工业和信息化等主管部门对工业固体废物对公众健康、生态环境的危害和影响程度等作出界定，制定防治工业固体废物污染环境的技术政策，组织推广先进的防治工业固体废物污染环境的生产工艺和设备。

第三十三条 国务院工业和信息化主管部门应当会同国务院有关部门组织研究开发、推广减少工业固体废物产生量和降低工业固体废物危害性的生产工艺和设备，公布限期淘汰产生严重污染环境的工业固体废物的落后生产工艺、设备的名录。

生产者、销售者、进口者、使用者应当在国务院工业和信息化主管部门会同国务院有关部门规定的期限内分别停止生产、销售、进口或者使用列入前款规定名录中的设备。生产工艺的采用者应当在国务院工业和信息化主管部门会同国务院有关部门规定的期限内停止采用列入前款规定名录中的工艺。

列入限期淘汰名录被淘汰的设备，不得转让给他人使用。

第三十四条 国务院工业和信息化主管部门应当会同国务院发展改革、生态环境等主管部门，定期发布工业固体废物综合利用技术、工艺、设备和产品导向目录，组织开展工业固体废物资源综合利用评价，推动工业固体废物综合利用。

第三十五条　县级以上地方人民政府应当制定工业固体废物污染环境防治工作规划，组织建设工业固体废物集中处置等设施，推动工业固体废物污染环境防治工作。

第三十六条　产生工业固体废物的单位应当建立健全工业固体废物产生、收集、贮存、运输、利用、处置全过程的污染环境防治责任制度，建立工业固体废物管理台账，如实记录产生工业固体废物的种类、数量、流向、贮存、利用、处置等信息，实现工业固体废物可追溯、可查询，并采取防治工业固体废物污染环境的措施。

禁止向生活垃圾收集设施中投放工业固体废物。

第三十七条　产生工业固体废物的单位委托他人运输、利用、处置工业固体废物的，应当对受托方的主体资格和技术能力进行核实，依法签订书面合同，在合同中约定污染防治要求。

受托方运输、利用、处置工业固体废物，应当依照有关法律法规的规定和合同约定履行污染防治要求，并将运输、利用、处置情况告知产生工业固体废物的单位。

产生工业固体废物的单位违反本条第一款规定的，除依照有关法律法规的规定予以处罚外，还应当与造成环境污染和生态破坏的受托方承担连带责任。

第三十八条　产生工业固体废物的单位应当依法实施清洁生产审核，合理选择和利用原材料、能源和其他资源，采用先进的生产工艺和设备，减少工业固体废物的产生量，降低工业固体废物的危害性。

第三十九条　产生工业固体废物的单位应当取得排污许可证。排污许可的具体办法和实施步骤由国务院规定。

产生工业固体废物的单位应当向所在地生态环境主管部门提供工业固体废物的种类、数量、流向、贮存、利用、处置等有关资料，以及减少工业固体废物产生、促进综合利用的具体措施，并执行排污许可管理制度的相关规定。

第四十条　产生工业固体废物的单位应当根据经济、技术条件对工业固体废物加以利用；对暂时不利用或者不能利用的，应当按照国务院生态环境等主管部门的规定建设贮存设施、场所，安全分类存放，或者采取无害化处置措施。贮存工业固体废物应当采取符合国家环境保护标准的防护措施。

建设工业固体废物贮存、处置的设施、场所，应当符合国家环境保护标准。

第四十二条 矿山企业应当采取科学的开采方法和选矿工艺，减少尾矿、煤矸石、废石等矿业固体废物的产生量和贮存量。

国家鼓励采取先进工艺对尾矿、煤矸石、废石等矿业固体废物进行综合利用。

尾矿、煤矸石、废石等矿业固体废物贮存设施停止使用后，矿山企业应当按照国家有关环境保护等规定进行封场，防止造成环境污染和生态破坏。

第四章 生活垃圾

第四十三条 县级以上地方人民政府应当加快建立分类投放、分类收集、分类运输、分类处理的生活垃圾管理系统，实现生活垃圾分类制度有效覆盖。

县级以上地方人民政府应当建立生活垃圾分类工作协调机制，加强和统筹生活垃圾分类管理能力建设。

各级人民政府及其有关部门应当组织开展生活垃圾分类宣传，教育引导公众养成生活垃圾分类习惯，督促和指导生活垃圾分类工作。

第四十四条 县级以上地方人民政府应当有计划地改进燃料结构，发展清洁能源，减少燃料废渣等固体废物的产生量。

县级以上地方人民政府有关部门应当加强产品生产和流通过程管理，避免过度包装，组织净菜上市，减少生活垃圾的产生量。

第四十五条 县级以上人民政府应当统筹安排建设城乡生活垃圾收集、运输、处理设施，确定设施厂址，提高生活垃圾的综合利用和无害化处置水平，促进生活垃圾收集、处理的产业化发展，逐步建立和完善生活垃圾污染环境防治的社会服务体系。

县级以上地方人民政府有关部门应当统筹规划，合理安排回收、分拣、打包网点，促进生活垃圾的回收利用工作。

第四十六条 地方各级人民政府应当加强农村生活垃圾污染环境的防治，保护和改善农村人居环境。

国家鼓励农村生活垃圾源头减量。城乡接合部、人口密集的农村地区和其他有条件的地方，应当建立城乡一体的生活垃圾管理系统；其他农村地区应当积极探索生活垃圾管理模式，因地制宜，就近就地利用或者妥善处理生活垃圾。

第四十七条 设区的市级以上人民政府环境卫生主管部门应当制定生活垃圾清扫、收集、贮存、运输和处理设施、场所建设运行规范，发布生活垃圾分类指导目录，加强监督管理。

第四十八条　县级以上地方人民政府环境卫生等主管部门应当组织对城乡生活垃圾进行清扫、收集、运输和处理，可以通过招标等方式选择具备条件的单位从事生活垃圾的清扫、收集、运输和处理。

第四十九条　产生生活垃圾的单位、家庭和个人应当依法履行生活垃圾源头减量和分类投放义务，承担生活垃圾产生者责任。

任何单位和个人都应当依法在指定的地点分类投放生活垃圾。禁止随意倾倒、抛撒、堆放或者焚烧生活垃圾。

机关、事业单位等应当在生活垃圾分类工作中起示范带头作用。

已经分类投放的生活垃圾，应当按照规定分类收集、分类运输、分类处理。

第五十三条　从事城市新区开发、旧区改建和住宅小区开发建设、村镇建设的单位，以及机场、码头、车站、公园、商场、体育场馆等公共设施、场所的经营管理单位，应当按照国家有关环境卫生的规定，配套建设生活垃圾收集设施。

县级以上地方人民政府应当统筹生活垃圾公共转运、处理设施与前款规定的收集设施的有效衔接，并加强生活垃圾分类收运体系和再生资源回收体系在规划、建设、运营等方面的融合。

第五十六条　生活垃圾处理单位应当按照国家有关规定，安装使用监测设备，实时监测污染物的排放情况，将污染排放数据实时公开。监测设备应当与所在地生态环境主管部门的监控设备联网。

第五十七条　县级以上地方人民政府环境卫生主管部门负责组织开展厨余垃圾资源化、无害化处理工作。

产生、收集厨余垃圾的单位和其他生产经营者，应当将厨余垃圾交由具备相应资质条件的单位进行无害化处理。

禁止畜禽养殖场、养殖小区利用未经无害化处理的厨余垃圾饲喂畜禽。

第五十八条　县级以上地方人民政府应当按照产生者付费原则，建立生活垃圾处理收费制度。

县级以上地方人民政府制定生活垃圾处理收费标准，应当根据本地实际，结合生活垃圾分类情况，体现分类计价、计量收费等差别化管理，并充分征求公众意见。生活垃圾处理收费标准应当向社会公布。

生活垃圾处理费应当专项用于生活垃圾的收集、运输和处理等，不得挪作他用。

第五章 建筑垃圾、农业固体废物等

第六十条 县级以上地方人民政府应当加强建筑垃圾污染环境的防治，建立建筑垃圾分类处理制度。

县级以上地方人民政府应当制定包括源头减量、分类处理、消纳设施和场所布局及建设等在内的建筑垃圾污染环境防治工作规划。

第六十一条 国家鼓励采用先进技术、工艺、设备和管理措施，推进建筑垃圾源头减量，建立建筑垃圾回收利用体系。

县级以上地方人民政府应当推动建筑垃圾综合利用产品应用。

第六十二条 县级以上地方人民政府环境卫生主管部门负责建筑垃圾污染环境防治工作，建立建筑垃圾全过程管理制度，规范建筑垃圾产生、收集、贮存、运输、利用、处置行为，推进综合利用，加强建筑垃圾处置设施、场所建设，保障处置安全，防止污染环境。

第六十三条 工程施工单位应当编制建筑垃圾处理方案，采取污染防治措施，并报县级以上地方人民政府环境卫生主管部门备案。

工程施工单位应当及时清运工程施工过程中产生的建筑垃圾等固体废物，并按照环境卫生主管部门的规定进行利用或者处置。

工程施工单位不得擅自倾倒、抛撒或者堆放工程施工过程中产生的建筑垃圾。

第六十五条 产生秸秆、废弃农用薄膜、农药包装废弃物等农业固体废物的单位和其他生产经营者，应当采取回收利用和其他防止污染环境的措施。

从事畜禽规模养殖应当及时收集、贮存、利用或者处置养殖过程中产生的畜禽粪污等固体废物，避免造成环境污染。

禁止在人口集中地区、机场周围、交通干线附近以及当地人民政府划定的其他区域露天焚烧秸秆。

国家鼓励研究开发、生产、销售、使用在环境中可降解且无害的农用薄膜。

第六十六条 国家建立电器电子、铅蓄电池、车用动力电池等产品的生产者责任延伸制度。

电器电子、铅蓄电池、车用动力电池等产品的生产者应当按照规定以自建或者委托等方式建立与产品销售量相匹配的废旧产品回收体系，并向社会公开，实现有效回收和利用。

国家鼓励产品的生产者开展生态设计，促进资源回收利用。

第六十七条 国家对废弃电器电子产品等实行多渠道回收和集

中处理制度。

禁止将废弃机动车船等交由不符合规定条件的企业或者个人回收、拆解。

拆解、利用、处置废弃电器电子产品、废弃机动车船等，应当遵守有关法律法规的规定，采取防止污染环境的措施。

第六十八条　产品和包装物的设计、制造，应当遵守国家有关清洁生产的规定。国务院标准化主管部门应当根据国家经济和技术条件、固体废物污染环境防治状况以及产品的技术要求，组织制定有关标准，防止过度包装造成环境污染。

生产经营者应当遵守限制商品过度包装的强制性标准，避免过度包装。县级以上地方人民政府市场监督管理部门和有关部门应当按照各自职责，加强对过度包装的监督管理。

生产、销售、进口依法被列入强制回收目录的产品和包装物的企业，应当按照国家有关规定对该产品和包装物进行回收。

电子商务、快递、外卖等行业应当优先采用可重复使用、易回收利用的包装物，优化物品包装，减少包装物的使用，并积极回收利用包装物。县级以上地方人民政府商务、邮政等主管部门应当加强监督管理。

国家鼓励和引导消费者使用绿色包装和减量包装。

第六十九条　国家依法禁止、限制生产、销售和使用不可降解塑料袋等一次性塑料制品。

商品零售场所开办单位、电子商务平台企业和快递企业、外卖企业应当按照国家有关规定向商务、邮政等主管部门报告塑料袋等一次性塑料制品的使用、回收情况。

国家鼓励和引导减少使用、积极回收塑料袋等一次性塑料制品，推广应用可循环、易回收、可降解的替代产品。

第七十条　旅游、住宿等行业应当按照国家有关规定推行不主动提供一次性用品。

机关、企业事业单位等的办公场所应当使用有利于保护环境的产品、设备和设施，减少使用一次性办公用品。

第七十一条　城镇污水处理设施维护运营单位或者污泥处理单位应当安全处理污泥，保证处理后的污泥符合国家有关标准，对污泥的流向、用途、用量等进行跟踪、记录，并报告城镇排水主管部门、生态环境主管部门。

县级以上人民政府城镇排水主管部门应当将污泥处理设施纳入

城镇排水与污水处理规划，推动同步建设污泥处理设施与污水处理设施，鼓励协同处理，污水处理费征收标准和补偿范围应当覆盖污泥处理成本和污水处理设施正常运营成本。

第七十二条　禁止擅自倾倒、堆放、丢弃、遗撒城镇污水处理设施产生的污泥和处理后的污泥。

禁止重金属或者其他有毒有害物质含量超标的污泥进入农用地。

从事水体清淤疏浚应当按照国家有关规定处理清淤疏浚过程中产生的底泥，防止污染环境。

第七十三条　各级各类实验室及其设立单位应当加强对实验室产生的固体废物的管理，依法收集、贮存、运输、利用、处置实验室固体废物。实验室固体废物属于危险废物的，应当按照危险废物管理。

第六章　危险废物（略）

第七章　保障措施（略）

第八章　法律责任（略）

第九章　附　则

第一百二十四条　本法下列用语的含义：

（一）固体废物，是指在生产、生活和其他活动中产生的丧失原有利用价值或者虽未丧失利用价值但被抛弃或者放弃的固态、半固态和置于容器中的气态的物品、物质以及法律、行政法规规定纳入固体废物管理的物品、物质。经无害化加工处理，并且符合强制性国家产品质量标准，不会危害公众健康和生态安全，或者根据固体废物鉴别标准和鉴别程序认定为不属于固体废物的除外。

（二）工业固体废物，是指在工业生产活动中产生的固体废物。

（三）生活垃圾，是指在日常生活中或者为日常生活提供服务的活动中产生的固体废物，以及法律、行政法规规定视为生活垃圾的固体废物。

（四）建筑垃圾，是指建设单位、施工单位新建、改建、扩建和拆除各类建筑物、构筑物、管网等，以及居民装饰装修房屋过程中产生的弃土、弃料和其他固体废物。

（五）农业固体废物，是指在农业生产活动中产生的固体废物。

（六）危险废物，是指列入国家危险废物名录或者根据国家规定的危险废物鉴别标准和鉴别方法认定的具有危险特性的固体废物。

（七）贮存，是指将固体废物临时置于特定设施或者场所中的活动。

（八）利用，是指从固体废物中提取物质作为原材料或者燃料的活动。

（九）处置，是指将固体废物焚烧和用其他改变固体废物的物理、化学、生物特性的方法，达到减少已产生的固体废物数量、缩小固体废物体积、减少或者消除其危险成分的活动，或者将固体废物最终置于符合环境保护规定要求的填埋场的活动。

第一百二十五条　液态废物的污染防治，适用本法；但是，排入水体的废水的污染防治适用有关法律，不适用本法。

二、《中华人民共和国固体废物污染环境防治法》导读

（一）修订的主要内容

《中华人民共和国固体废物污染环境防治法》（以下简称《固废法》）最新于2020年4月29日第十三届全国人民代表大会常务委员会第十七次会议通过，于2020年9月1日起施行。《固废法》共九章一百二十六条，主要修改内容如下：

1. 完善固体废物污染环境防治监督管理制度。一是建立固体废物污染环境防治信用记录制度，将违法信息纳入全国信用信息共享平台并予以公示。（第十六条）二是补充完善查封扣押措施，规定出现可能造成证据灭失、被隐匿、被非法转移或者造成严重环境污染等情形时，可以对涉嫌违法的固体废物及设备、场所等予以查封、扣押。（第二十七条第二款）三是明确国家逐步基本实现固体废物零进口，由国务院生态环境主管部门会同有关部门组织实施。（第二十四条）

2. 强化工业固体废物污染环境防治制度。一是强化工业固体废物产生者的责任，要求其建立、健全全过程的污染环境防治责任制度，建立固体废物管理台账，委托他人运输、利用、处置的要对受托方的主体资格和技术能力进行核实。（第三十六条、第三十七条）二是强化与清洁生产促进法的衔接，要求企业事业单位依法实施强制性清洁生产审核，减少工业固体废物产生量。（第三十八条）三是补充完善排污许可制度，要求产生工业固体废物的单位等申请领取排

污许可证，并按照排污许可证要求管理所产生的工业固体废物。（第三十九条）

3. 健全生活垃圾污染环境防治制度。一是推行生活垃圾分类制度，要求加快建立分类投放、分类收集、分类运输、分类处理的垃圾处理系统，实现垃圾分类制度有效覆盖。（第四十三条第一款）二是规范生活垃圾分类工作，要求设区的市级以上环境卫生主管部门发布生活垃圾分类指导目录。（第四十七条）三是加强生活垃圾处置企业管理，要求其按照国家有关规定安装使用监测设备，实时监测污染物排放情况，将污染排放数据实时公开。（第五十六条）四是建立餐厨垃圾管理制度，要求产生、收集单位将餐厨垃圾交由具备相应资质条件的专业化单位进行无害化处理，禁止畜禽养殖场、养殖小区利用未经无害化处理的餐厨垃圾饲喂畜禽。（第五十七条）五是规定按照产生者付费原则实行生活垃圾处理收费制度，要求县级以上地方人民政府结合生活垃圾分类情况，根据本地实际，制定差别化的生活垃圾处理收费标准，并在充分征求公众意见后公布。（第五十八条）

4. 完善其他固体废物污染环境防治制度。要求县级以上环境卫生主管部门建立建筑垃圾全过程管理制度，规范建筑垃圾产生、贮存、运输、利用、处置行为，推进循环利用，保障消纳处置安全。同时，进一步完善了秸秆、废弃农用薄膜、畜禽粪污等农业固体废物污染环境防治和生产者责任延伸、塑料袋等一次性塑料制品管理、污泥处理处置等管理制度。（第五章）

5. 加强对危险废物污染环境的防治。一是要求国务院生态环境主管部门牵头制定国家危险废物名录，实施分级、分类管理，建立信息化监管体系，并通过信息化手段管理、共享危险废物转移数据和信息。（第七十五条）二是加强危险废物集中处置设施建设，要求省级人民政府组织编制危险废物集中处置设施、场所的建设规划，确保本行政区域内的危险废物得到妥善处置。（第七十六条）三是加强危险废物跨省转移管理，要求国务院生态环境主管部门会同有关部门制定具体办法。（第八十二条）四是建立强制责任保险制度，要求收集、贮存、运输、利用、处置危险废物的单位投保环境污染责任保险。（第九十九条）

（二）《固废法》亮点

1. 推行垃圾分类，加强源头需求侧管理。《固废法》第六条规定：“国家推行生活垃圾分类制度。生活垃圾分类坚持政府推动、全民参与、城乡统筹、因地制宜、简便易行的原则。”这次出台国家法律，有利于形成推行垃圾分类全国一盘棋的局面。以往推行垃圾分类，缺少强有力的法律保障。尽管广州市、上海市等地出台了地方法规，但位阶低，对推行垃圾分类的约束力较小，更难在行政区划外发挥效力，难以形成全国一盘棋的局面，对规范流动人员实施垃圾分类很不力。《固废法》明确了垃圾分类原则，尤其是明确了“因地制宜、简单易行”原则，这很重要。

2. 补齐物质利用短板，加强垃圾处理体系建设。《固废法》第四十五条规定：“县级以上人民政府应当统筹安排建设城乡生活垃圾收集、运输、处理设施，确定设施厂址，提高生活垃圾的综合利用和无害化处置水平，……统筹规划，合理安排回收、分拣、打包网点，促进生活垃圾的回收利用工作。”第五十三条规定：“……县级以上地方人民政府应当……加强生活垃圾分类收运体系和再生资源回收体系在规划、建设、运营等方面的融合。”《固废法》明确要求统筹规划，促进垃圾的回收利用，提高垃圾的综合利用水平，是补齐垃圾的物质利用短板、加强垃圾处理体系建设的及时雨。回望农业经济时代，借助以近乎自然式的土地回用和家禽食用（饲料化）等处理方法为标志的“生态自然处理体系”，垃圾得到了妥善处理。展望工业经济时代，垃圾量剧增，垃圾组成多样，生态自然处理体系无从应对，构建以规模化、集约化、工业化的处理方法为标志的“生态工业处理体系”，方可妥善处理量大质异的垃圾。值得强调的是，要突出处理体系建设的紧迫性和重要性，用处理体系统御处理方法。推行垃圾分类的目的就是要建设分类投放、分类收集、分类运输、分类处理的垃圾分类处理体系。

3. 建立供求均衡价格，善用价格杠杆优化垃圾处理体系。第五十八条：“县级以上地方人民政府应当按照产生者付费原则，建立生活垃圾处理收费制度……制定生活垃圾处理收费标准，应当根据本地实际，结合生活垃圾分类情况，体现分类计价、计量收费等差别化管理，并充分征求公众意见。生活垃圾处理收费标准应当向社会公布。”这里的“垃圾处理收费制度”应包含三方面，一是如何确定垃圾处理费，二是如何向垃圾排放者收取垃圾排放费，三是如何取得垃圾处理供求均衡价格。目前，垃圾处理供求双方实际上被政府分割开来，垃圾处理者与垃圾排放者不发生直接关系，垃圾处理费主要由财政支付，价格完全不是供求均衡价格。《固废法》明确“产生者付费原则”，要求建立垃圾处理费制度，希望能够促进垃圾处理均衡价格的形成机制的建立，并借此优化垃圾处理体系，建成“多措并举，综合处理”的垃圾分级处理体系。“分级处理体系”体现先物质利用、再能量利用和最后填埋处置的“分级处理”层次，而且充分发挥各种处理方法的作用，既不压制任何一种处理方法，也不以损失一种处理方法的收益为代价去增加另一种处理方法的收益。

4. 推动全社会良性互动，加强垃圾治理体系建设。《固废法》第四十五条规定：“县级以上人民政府应当……促进生活垃圾收集、处理的产业化发展，逐步建立和完善生活垃圾污染环境防治的社会服务体系。”第四十九条规定：“产生生活垃圾的单位、家庭和个人应当依法履行生活垃圾源头减量和分类投放义务，承担生活垃圾产生者责任。”《固废法》进一步明确了政府、单位、家庭和个人的责任，在第一条还明确了国家机关、社会团体、企业事业单位、基层群众性自治组织、新闻媒体和学校的责任。垃圾具有典型的社会属性，从垃圾生产、处理到处置的全过程都需要全社会参与和监督，需要包括政府在内的全社会的良性互动，需要完善的垃圾治理体系。垃圾治理讲究政府引导，广泛吸收社会公众参与，强调政府、社会及公众之间的互相依赖性和互动性，依赖社会自主自治网络体系，一切从群众利益出发，群策群力，综合治理。垃圾治理不仅要评估经济学领域的经济、效率、效益与公平原则，还要评估治理意义下的参与、公开、公平、责任与民主等要求。此外，新法第一次提出了“地方互动”概念，专门对“跨域合作”“城乡一体”提出了特别要求。第五十五条：“……鼓励相邻地区统筹生活垃圾处理设施建设，促进生活垃圾处理设施跨行政区域共建共享。”第四十六条：“……城乡接合部、人口密集的农村地区和其他有条件的地方，应当建立城乡一体的生活垃圾管理系统；其他农村地区应当积极探索生活垃圾管理模式，因地制宜，就近就地利用或者妥善处理生活垃圾。”垃圾处理“跨域合作”和“城乡一体”是两个有实际意义且重要的“地方互动”案例，推动垃圾处理跨域合作和城乡一体，有助于解决土地供应困难、优化垃圾处理设施布局、提高经济欠发达地区的垃圾处理水平和更大区域内垃圾处理的整体水平。之所以专门提出要求，就是因为推动垃圾处理“跨域合作”和“城乡一体”具有很大的难度。可以优先考虑下列四种情形的垃圾处理跨域合作：（1）如广州、上海、北京这样的一线城市，本地土地资源紧张而资金充足，有意愿寻求外地提供垃圾处理服务。（2）如珠三角、长三角、京津冀这样的都市圈区域，它们的地域相邻、交通便捷、联系紧密、产业互补，同城化趋势明显，出于功能布局需要，有必要统筹垃圾处理。(3) 一些人口较少地区，本地垃圾处理量小乃至形不成垃圾集中处理的规模效应。(4) 经济欠发达地区需要外地提供垃圾处理资金等资源支持。至于垃圾处理城乡一体如何推动，新法第四十六条已经讲得很明确，城乡接合部、人口密集的农村地区和其他有条件的地方推动垃圾处理城乡一体，其他农村地区就近就地因地制宜。

5. 生态环境损害赔偿磋商首次入法。《固废法》第一百二十二条规定，固体废物污染环境、破坏生态给国家造成重大损失的，由设区的市级以上地方人民政府或者其指定的部门、机构组织与造成环境污染和生态破坏的单位和其他生产经营者进行磋商，要求其承担损害赔偿责任。生态环境损害赔偿磋商是《生态环境损害赔偿制度改革方案》（以下简称《改革方案》）确立的一项制度。由省、地市两级人民政府及其指定的部门或机构就赔偿义务人造成的生态环境损害与其进行磋商，督促赔偿义务人尽快修复和赔偿受损生态环境。从近年来各地办理生态环境损害赔偿案件的情况看，赔偿权利人统筹考虑修复方案的技术可行性、成本效益最优化、赔偿义务人的赔偿能力等重要因素，充分发挥了磋商方式的高效性，约占 70% 的案件通过磋商方式解决。该制度体现了政府、企业、公众共同参与环境治理的理念，是环境管理柔性化的重要转变，是环境治理体系现代化的一项创新举措。新法将生态环境损害赔偿磋商写入法律，是生态环境损害赔偿制度改革的一项标志性成果。

6. 加强医疗废物的管理。新冠肺炎疫情防控，对固体废物管理提出了新要求，根据有关方面的意见，增加以下规定：（1）切实加强医疗废物特别是应对重大传染病疫情过程中医疗废物的管理。一是明确医疗废物按照国家危险废物名录管理。县级以上地方人民政府应当加强医疗废物集中处置能力建设。二是明确监管职责。县级以上人民政府卫生健康、生态环境等主管部门应当在各自职责范围内加强对医疗废物收集、贮存、运输、处置的监督管理，防止危害公众健康、污染环境。三是突出主体责任。医疗卫生机构应当依法分类收集本单位产生的医疗废物，交由医疗废物集中处置单位处置。医疗废物集中处置单位应当及时收集、运输和处置医疗废物。医疗卫生机构和医疗废物集中处置单位应当采取有效措施，防止医疗废物流失、泄漏、渗漏、扩散。四是完善应急保障机制。重大传染病疫情等突发事件发生时，县级以上人民政府应当统筹协调医疗废物等危险废物收集、贮存、运输、处置等工作，保障所需的车辆、场地、处置设施和防护物资。有关主管部门应当协同配合，依法履行应急处置职责。五是要求各级人民政府按照事权划分的原则安排必要的资金用于重大传染病疫情等突发事件产生的医疗废物等危险废物应急处置。(2) 明确有关实验室固体废物管理的基本要求。规定各级各类实验室及其设立单位应当加强对实验室产生的固体废物的管理，依法收集、贮存、运输、利用、处置实验室固体废物。实验室固体废物属于危险废物的，应当按照危险废物管理。(3) 加强农贸市场等环境卫生治理。规定农贸市场、农产品批发市场等应当加强环境卫生管理，保持环境卫生清洁，对所产生的垃圾及时清扫、分类收集、妥善处理。

第五节　中华人民共和国土壤污染防治法

【说明】 2018年8月31日第十三届全国人民代表大会常务委员会第五次会议通过。

一、《中华人民共和国土壤污染防治法》文本摘要

第一章　总　则

第二条　在中华人民共和国领域及管辖的其他海域从事土壤污染防治及相关活动，适用本法。

本法所称土壤污染，是指因人为因素导致某种物质进入陆地表层土壤，引起土壤化学、物理、生物等方面特性的改变，影响土壤功能和有效利用，危害公众健康或者破坏生态环境的现象。

第三条　土壤污染防治应当坚持预防为主、保护优先、分类管理、风险管控、污染担责、公众参与的原则。

第七条　国务院生态环境主管部门对全国土壤污染防治工作实施统一监督管理；国务院农业农村、自然资源、住房城乡建设、林业草原等主管部门在各自职责范围内对土壤污染防治工作实施监督管理。

地方人民政府生态环境主管部门对本行政区域土壤污染防治工

作实施统一监督管理；地方人民政府农业农村、自然资源、住房城乡建设、林业草原等主管部门在各自职责范围内对土壤污染防治工作实施监督管理。

第八条　国家建立土壤环境信息共享机制。

国务院生态环境主管部门应当会同国务院农业农村、自然资源、住房城乡建设、水利、卫生健康、林业草原等主管部门建立土壤环境基础数据库，构建全国土壤环境信息平台，实行数据动态更新和信息共享。

第二章　规划、标准、普查和监测

第十一条　县级以上人民政府应当将土壤污染防治工作纳入国民经济和社会发展规划、环境保护规划。

设区的市级以上地方人民政府生态环境主管部门应当会同发展改革、农业农村、自然资源、住房城乡建设、林业草原等主管部门，根据环境保护规划要求、土地用途、土壤污染状况普查和监测结果等，编制土壤污染防治规划，报本级人民政府批准后公布实施。

第十二条　国务院生态环境主管部门根据土壤污染状况、公众健康风险、生态风险和科学技术水平，并按照土地用途，制定国家土壤污染风险管控标准，加强土壤污染防治标准体系建设。

省级人民政府对国家土壤污染风险管控标准中未作规定的项目，可以制定地方土壤污染风险管控标准；对国家土壤污染风险管控标准中已作规定的项目，可以制定严于国家土壤污染风险管控标准的地方土壤污染风险管控标准。地方土壤污染风险管控标准应当报国务院生态环境主管部门备案。

土壤污染风险管控标准是强制性标准。

国家支持对土壤环境背景值和环境基准的研究。

第十五条　国家实行土壤环境监测制度。

国务院生态环境主管部门制定土壤环境监测规范，会同国务院农业农村、自然资源、住房城乡建设、水利、卫生健康、林业草原等主管部门组织监测网络，统一规划国家土壤环境监测站（点）的设置。

第十六条　地方人民政府农业农村、林业草原主管部门应当会同生态环境、自然资源主管部门对下列农用地地块进行重点监测：

（一）产出的农产品污染物含量超标的；

（二）作为或者曾作为污水灌溉区的；

（三）用于或者曾用于规模化养殖，固体废物堆放、填埋的；

（四）曾作为工矿用地或者发生过重大、特大污染事故的；

（五）有毒有害物质生产、贮存、利用、处置设施周边的；

（六）国务院农业农村、林业草原、生态环境、自然资源主管部门规定的其他情形。

第十七条 地方人民政府生态环境主管部门应当会同自然资源主管部门对下列建设用地地块进行重点监测：

（一）曾用于生产、使用、贮存、回收、处置有毒有害物质的；

（二）曾用于固体废物堆放、填埋的；

（三）曾发生过重大、特大污染事故的；

（四）国务院生态环境、自然资源主管部门规定的其他情形。

第三章 预防和保护

第十八条 各类涉及土地利用的规划和可能造成土壤污染的建设项目，应当依法进行环境影响评价。环境影响评价文件应当包括对土壤可能造成的不良影响及应当采取的相应预防措施等内容。

第十九条 生产、使用、贮存、运输、回收、处置、排放有毒有害物质的单位和个人，应当采取有效措施，防止有毒有害物质渗漏、流失、扬散，避免土壤受到污染。

第二十条 国务院生态环境主管部门应当会同国务院卫生健康等主管部门，根据对公众健康、生态环境的危害和影响程度，对土壤中有毒有害物质进行筛查评估，公布重点控制的土壤有毒有害物质名录，并适时更新。

第二十一条 设区的市级以上地方人民政府生态环境主管部门应当按照国务院生态环境主管部门的规定，根据有毒有害物质排放等情况，制定本行政区域土壤污染重点监管单位名录，向社会公开并适时更新。

土壤污染重点监管单位应当履行下列义务：

（一）严格控制有毒有害物质排放，并按年度向生态环境主管部门报告排放情况；

（二）建立土壤污染隐患排查制度，保证持续有效防止有毒有害物质渗漏、流失、扬散；

（三）制定、实施自行监测方案，并将监测数据报生态环境主管部门。

前款规定的义务应当在排污许可证中载明。

土壤污染重点监管单位应当对监测数据的真实性和准确性负责。生态环境主管部门发现土壤污染重点监管单位监测数据异常，应当及时进行调查。

设区的市级以上地方人民政府生态环境主管部门应当定期对土壤污染重点监管单位周边土壤进行监测。

第二十二条　企业事业单位拆除设施、设备或者建筑物、构筑物的，应当采取相应的土壤污染防治措施。

土壤污染重点监管单位拆除设施、设备或者建筑物、构筑物的，应当制定包括应急措施在内的土壤污染防治工作方案，报地方人民政府生态环境、工业和信息化主管部门备案并实施。

第二十三条　各级人民政府生态环境、自然资源主管部门应当依法加强对矿产资源开发区域土壤污染防治的监督管理，按照相关标准和总量控制的要求，严格控制可能造成土壤污染的重点污染物排放。

尾矿库运营、管理单位应当按照规定，加强尾矿库的安全管理，采取措施防止土壤污染。危库、险库、病库以及其他需要重点监管的尾矿库的运营、管理单位应当按照规定，进行土壤污染状况监测和定期评估。

第二十四条　国家鼓励在建筑、通信、电力、交通、水利等领域的信息、网络、防雷、接地等建设工程中采用新技术、新材料，防止土壤污染。

禁止在土壤中使用重金属含量超标的降阻产品。

第二十五条　建设和运行污水集中处理设施、固体废物处置设施，应当依照法律法规和相关标准的要求，采取措施防止土壤污染。

地方人民政府生态环境主管部门应当定期对污水集中处理设施、固体废物处置设施周边土壤进行监测；对不符合法律法规和相关标准要求的，应当根据监测结果，要求污水集中处理设施、固体废物处置设施运营单位采取相应改进措施。

地方各级人民政府应当统筹规划、建设城乡生活污水和生活垃圾处理、处置设施，并保障其正常运行，防止土壤污染。

第二十六条　国务院农业农村、林业草原主管部门应当制定规划，完善相关标准和措施，加强农用地农药、化肥使用指导和使用总量控制，加强农用薄膜使用控制。

国务院农业农村主管部门应当加强农药、肥料登记，组织开展农药、肥料对土壤环境影响的安全性评价。

制定农药、兽药、肥料、饲料、农用薄膜等农业投入品及其包装物标准和农田灌溉用水水质标准，应当适应土壤污染防治的要求。

第二十七条　地方人民政府农业农村、林业草原主管部门应当开展农用地土壤污染防治宣传和技术培训活动，扶持农业生产专业化服务，指导农业生产者合理使用农药、兽药、肥料、饲料、农用薄膜等农业投入品，控制农药、兽药、化肥等的使用量。

地方人民政府农业农村主管部门应当鼓励农业生产者采取有利于防止土壤污染的种养结合、轮作休耕等农业耕作措施；支持采取土壤改良、土壤肥力提升等有利于土壤养护和培育的措施；支持畜禽粪便处理、利用设施的建设。

第二十八条　禁止向农用地排放重金属或者其他有毒有害物质含量超标的污水、污泥，以及可能造成土壤污染的清淤底泥、尾矿、矿渣等。

县级以上人民政府有关部门应当加强对畜禽粪便、沼渣、沼液等收集、贮存、利用、处置的监督管理，防止土壤污染。

农田灌溉用水应当符合相应的水质标准，防止土壤、地下水和农产品污染。地方人民政府生态环境主管部门应当会同农业农村、水利主管部门加强对农田灌溉用水水质的管理，对农田灌溉用水水质进行监测和监督检查。

第二十九条　国家鼓励和支持农业生产者采取下列措施：

（一）使用低毒、低残留农药以及先进喷施技术；

（二）使用符合标准的有机肥、高效肥；

（三）采用测土配方施肥技术、生物防治等病虫害绿色防控技术；

（四）使用生物可降解农用薄膜；

（五）综合利用秸秆、移出高富集污染物秸秆；

（六）按照规定对酸性土壤等进行改良。

第三十条　禁止生产、销售、使用国家明令禁止的农业投入品。

农业投入品生产者、销售者和使用者应当及时回收农药、肥料等农业投入品的包装废弃物和农用薄膜，并将农药包装废弃物交由专门的机构或者组织进行无害化处理。具体办法由国务院农业农村主管部门会同国务院生态环境等主管部门制定。

国家采取措施，鼓励、支持单位和个人回收农业投入品包装废弃物和农用薄膜。

第三十一条　国家加强对未污染土壤的保护。

地方各级人民政府应当重点保护未污染的耕地、林地、草地和饮用水水源地。

各级人民政府应当加强对国家公园等自然保护地的保护，维护其生态功能。

对未利用地应当予以保护，不得污染和破坏。

第三十二条　县级以上地方人民政府及其有关部门应当按照土地利用总体规划和城乡规划，严格执行相关行业企业布局选址要求，禁止在居民区和学校、医院、疗养院、养老院等单位周边新建、改建、扩建可能造成土壤污染的建设项目。

第三十三条　国家加强对土壤资源的保护和合理利用。对开发建设过程中剥离的表土，应当单独收集和存放，符合条件的应当优先用于土地复垦、土壤改良、造地和绿化等。

禁止将重金属或者其他有毒有害物质含量超标的工业固体废物、生活垃圾或者污染土壤用于土地复垦。

第四章　风险管控和修复

第一节　一般规定

第三十五条　土壤污染风险管控和修复，包括土壤污染状况调查和土壤污染风险评估、风险管控、修复、风险管控效果评估、修复效果评估、后期管理等活动。

第三十六条　实施土壤污染状况调查活动，应当编制土壤污染状况调查报告。

土壤污染状况调查报告应当主要包括地块基本信息、污染物含量是否超过土壤污染风险管控标准等内容。污染物含量超过土壤污染风险管控标准的，土壤污染状况调查报告还应当包括污染类型、污染来源以及地下水是否受到污染等内容。

第三十七条　实施土壤污染风险评估活动，应当编制土壤污染风险评估报告。

土壤污染风险评估报告应当主要包括下列内容：

（一）主要污染物状况；

（二）土壤及地下水污染范围；

（三）农产品质量安全风险、公众健康风险或者生态风险；

（四）风险管控、修复的目标和基本要求等。

第三十八条　实施风险管控、修复活动，应当因地制宜、科学合理，提高针对性和有效性。

实施风险管控、修复活动，不得对土壤和周边环境造成新的污染。

第三十九条 实施风险管控、修复活动前，地方人民政府有关部门有权根据实际情况，要求土壤污染责任人、土地使用权人采取移除污染源、防止污染扩散等措施。

第四十条 实施风险管控、修复活动中产生的废水、废气和固体废物，应当按照规定进行处理、处置，并达到相关环境保护标准。

实施风险管控、修复活动中产生的固体废物以及拆除的设施、设备或者建筑物、构筑物属于危险废物的，应当依照法律法规和相关标准的要求进行处置。

修复施工期间，应当设立公告牌，公开相关情况和环境保护措施。

第二节 农用地

第四十九条 国家建立农用地分类管理制度。按照土壤污染程度和相关标准，将农用地划分为优先保护类、安全利用类和严格管控类。

第五十条 县级以上地方人民政府应当依法将符合条件的优先保护类耕地划为永久基本农田，实行严格保护。

在永久基本农田集中区域，不得新建可能造成土壤污染的建设项目；已经建成的，应当限期关闭拆除。

第五十三条 对安全利用类农用地地块，地方人民政府农业农村、林业草原主管部门，应当结合主要作物品种和种植习惯等情况，制定并实施安全利用方案。

安全利用方案应当包括下列内容：

（一）农艺调控、替代种植；

（二）定期开展土壤和农产品协同监测与评价；

（三）对农民、农民专业合作社及其他农业生产经营主体进行技术指导和培训；

（四）其他风险管控措施。

第五十四条 对严格管控类农用地地块，地方人民政府农业农村、林业草原主管部门应当采取下列风险管控措施：

（一）提出划定特定农产品禁止生产区域的建议，报本级人民政府批准后实施；

（二）按照规定开展土壤和农产品协同监测与评价；

（三）对农民、农民专业合作社及其他农业生产经营主体进行技术指导和培训；

（四）其他风险管控措施。

各级人民政府及其有关部门应当鼓励对严格管控类农用地采取调整种植结构、退耕还林还草、退耕还湿、轮作休耕、轮牧休牧等风险管控措施，并给予相应的政策支持。

第五十七条　对产出的农产品污染物含量超标，需要实施修复的农用地地块，土壤污染责任人应当编制修复方案，报地方人民政府农业农村、林业草原主管部门备案并实施。修复方案应当包括地下水污染防治的内容。

修复活动应当优先采取不影响农业生产、不降低土壤生产功能的生物修复措施，阻断或者减少污染物进入农作物食用部分，确保农产品质量安全。

风险管控、修复活动完成后，土壤污染责任人应当另行委托有关单位对风险管控效果、修复效果进行评估，并将效果评估报告报地方人民政府农业农村、林业草原主管部门备案。

农村集体经济组织及其成员、农民专业合作社及其他农业生产经营主体等负有协助实施土壤污染风险管控和修复的义务。

第三节　建设用地

第五十八条　国家实行建设用地土壤污染风险管控和修复名录制度。

建设用地土壤污染风险管控和修复名录由省级人民政府生态环境主管部门会同自然资源等主管部门制定，按照规定向社会公开，并根据风险管控、修复情况适时更新。

第五十九条　对土壤污染状况普查、详查和监测、现场检查表明有土壤污染风险的建设用地地块，地方人民政府生态环境主管部门应当要求土地使用权人按照规定进行土壤污染状况调查。

用途变更为住宅、公共管理与公共服务用地的，变更前应当按照规定进行土壤污染状况调查。

前两款规定的土壤污染状况调查报告应当报地方人民政府生态环境主管部门，由地方人民政府生态环境主管部门会同自然资源主管部门组织评审。

第六十条　对土壤污染状况调查报告评审表明污染物含量超过

土壤污染风险管控标准的建设用地地块，土壤污染责任人、土地使用权人应当按照国务院生态环境主管部门的规定进行土壤污染风险评估，并将土壤污染风险评估报告报省级人民政府生态环境主管部门。

第六十一条 省级人民政府生态环境主管部门应当会同自然资源等主管部门按照国务院生态环境主管部门的规定，对土壤污染风险评估报告组织评审，及时将需要实施风险管控、修复的地块纳入建设用地土壤污染风险管控和修复名录，并定期向国务院生态环境主管部门报告。

列入建设用地土壤污染风险管控和修复名录的地块，不得作为住宅、公共管理与公共服务用地。

第六十二条 对建设用地土壤污染风险管控和修复名录中的地块，土壤污染责任人应当按照国家有关规定以及土壤污染风险评估报告的要求，采取相应的风险管控措施，并定期向地方人民政府生态环境主管部门报告。风险管控措施应当包括地下水污染防治的内容。

第六十三条 对建设用地土壤污染风险管控和修复名录中的地块，地方人民政府生态环境主管部门可以根据实际情况采取下列风险管控措施：

（一）提出划定隔离区域的建议，报本级人民政府批准后实施；

（二）进行土壤及地下水污染状况监测；

（三）其他风险管控措施。

第六十四条 对建设用地土壤污染风险管控和修复名录中需要实施修复的地块，土壤污染责任人应当结合土地利用总体规划和城乡规划编制修复方案，报地方人民政府生态环境主管部门备案并实施。修复方案应当包括地下水污染防治的内容。

第六十五条 风险管控、修复活动完成后，土壤污染责任人应当另行委托有关单位对风险管控效果、修复效果进行评估，并将效果评估报告报地方人民政府生态环境主管部门备案。

第六十六条 对达到土壤污染风险评估报告确定的风险管控、修复目标的建设用地地块，土壤污染责任人、土地使用权人可以申请省级人民政府生态环境主管部门移出建设用地土壤污染风险管控和修复名录。

省级人民政府生态环境主管部门应当会同自然资源等主管部门对风险管控效果评估报告、修复效果评估报告组织评审，及时将达到土壤污染风险评估报告确定的风险管控、修复目标且可以安全利用的地块移出建设用地土壤污染风险管控和修复名录，按照规定向社会公开，并定期向国务院生态环境主管部门报告。

未达到土壤污染风险评估报告确定的风险管控、修复目标的建设用地地块，禁止开工建设任何与风险管控、修复无关的项目。

第六十七条　土壤污染重点监管单位生产经营用地的用途变更或者在其土地使用权收回、转让前，应当由土地使用权人按照规定进行土壤污染状况调查。土壤污染状况调查报告应当作为不动产登记资料送交地方人民政府不动产登记机构，并报地方人民政府生态环境主管部门备案。

第六十八条　土地使用权已经被地方人民政府收回，土壤污染责任人为原土地使用权人的，由地方人民政府组织实施土壤污染风险管控和修复。

第五章　保障和监督（略）

第六章　法律责任（略）

第七章　附则（略）

二、《中华人民共和国土壤污染防治法》导读

（一）《中华人民共和国土壤污染防治法》制定的必要性

1. 土壤污染防治法律制度缺失，迫切需要制定专门法律。此前，我国尚缺乏土壤污染防治的专门法律，部分措施分散规定在有关环境保护、固体废物、土地管理、农产品质量安全等法律中。土壤污染防治的标准体系不健全，要求不明确、责任不清晰，监管部门缺少有效的法律依据。制定《中华人民共和国土壤污染防治法》（以下简称《土壤污染防治法》），建立有效的法律制度和配套的标准、规范，对于依法规范土壤污染防治行为，最大程度地减少土壤污染，保障农产品质量安全和公众健康，具有十分重要的意义。

2. 土壤污染防治法律责任尚不明确，亟待确立责任体系。由于土壤污染具有隐蔽性、滞后性、累积性和地域性，以及治理难、周期长等特点，加之历史遗留问题多，土壤污染防治的法律责任不明确，责任追究和费用追偿制度尚未形成。制定土壤污染防治法，不仅可以

明确各方责任，合理有效地解决和分配防治费用，还可以增强人民群众防治土壤污染的意识，调动各方面的积极性，形成全社会关心、支持、参与土壤污染防治工作的良好局面。

3. 土壤污染防治工作薄弱，需要专门立法予以系统规范。我国土壤污染防治工作基础十分薄弱，尚未建立完整制度体系和管理体系，导致大多数地区尚未科学系统地开展土壤污染防治工作。土壤污染情况十分复杂，需要一套科学系统的工作流程，要在科学的调查基础之上，严格遵循从土壤污染调查、风险评估、风险管控和修复到修复效果评估的完整工作流程。为此，亟须制定一部专门的法律，对上述流程予以科学系统规范。

（二）《土壤污染防治法》主要制度

《土壤污染防治法》于2018年8月31日第十三届全国人民代表大会常务委员会第五次会议通过，2019年1月1日起施行。共计七章九十九条，本法规定的主要制度如下：

1. 建立土壤污染防治政府责任制度。实行土壤污染防治目标责任制和考核评价制度，采取向人大报告、约谈、行政处分等措施，加强政府问责力度；同时，强化部门联动机制，环保部门对土壤污染防治工作实施统一监督管理，农业农村、自然资源、住房城乡建设、林业草原等主管部门在各自职责范围内对土壤污染防治工作实施监督管理。

2. 建立土壤污染责任人制度。“污染者担责”是污染防治法律的主要原则，《土壤污染防治法》规定了一切单位和个人都有防治土壤污染的义务，本文第一部分内容对具体土壤污染责任主体进行了解读，《固废法》第四十五条、四十六条、四十七条、四十八条对土壤污染责任人的认定、变更和具体责任做出了详细规定。

3. 建立土壤污染状况调查、监测制度。国务院生态环境主管部门会同国务院农业农村、自然资源、住房城乡建设、林业草原等主管部门每十年至少组织开展一次全国土壤污染状况普查，同时组织监测网络，统一规划国家土壤环境监测站（点）的设置。通过土壤污染监测系统的建立，能够有效把握哪里有土壤污染、有何种污染，及时掌握土壤污染的动态变化。

4. 建立土壤有毒有害物质的防控制度。国家公布重点控制的土壤有毒有害物质名录，根据名录具体情况，各级政府制定并公布本行政区域内土壤污染重点监管单位名录，并建立重点监管单位的管理规定，从源头上预防土壤污染。

5. 建立土壤污染风险管控和修复制度。《土壤污染防治法》不仅对土壤污染风险管控和修复的条件、土壤污染状况调查、土壤污染风险评估、污染责任人变更的修复义务等内容进行了规定，还针对农用地与建设用地两种不同类型土地涉及的土壤污染风险管控和修复制度进行了分别规定：（1）国家建立农用地分类管理制度。按照土壤污染程度和相关标准，将农用地划分为优先保护类、安全利用类和严格管控类，并对具体管理措施进行了规定。（2）国家建立建设用地土壤污染风险管控和修复名录制度。名录应当根据风险管控、修复情况及时更新，对于列入名录的地块应当如何修复、如何进行污染防治进行了明确规定。

6. 建立土壤污染防治基金制度。设立中央土壤污染防治专项资金和省级土壤污染防治基金，主要用于农用地土壤污染防治和土壤污染责任人或者土地使用权人无法认定的土壤污染风险管控和修复以及政府规定的其他事项。首先，基金分两类，一类是中央土壤污染防治专项资金，另一类是省级土壤污染防治基金。其次，基金的用途分为三种：一是农用地土壤污染防治，二是在土壤污染责任人或者土地使用权人无法认定时，土壤污染风险管控和修复，三是政府规定的其他事项。再次，对历史遗留污染地块问题的解决。对于该法生效之前即2019年之前产生的、土壤污染责任人无法认定的，由土地使用权人实际承担土壤污染风险管控和修复的，也可以申请，这项规定主要是为了解决历史遗留问题，比如原始用途为工业用地、现在为居住性质的污染地块治理和修改。最后，由于基金如何建尚未明确，只提到了鼓励和提供社会各类捐赠，具体管理办法由财政部会同生态环境部、农业农村、自然资源、住房城乡建设、林业草原等主管部门制定。

(三)《土壤污染防治法》主要亮点

1. 史上“最强”的法。一是在理念上强化源头预防，减少污染产生。土壤是大气、水、固体等废弃物的最终受体，一旦污染，修复治理的难度大、周期长、成本高，所以土壤污染防治最根本的一条是源头预防，这是成本最小的。因此本法通篇都贯彻了这个理念。本法设第三章“预防和保护”专章，要求土地使用权人从事土地开发利用、企业事业单位和其他生产经营者从事生产经营活动等，都要采取有效措施，减少和防止土壤污染。按照工业企业生产活动、农业生产活动等不同的特点，有针对性地规定不同的预防措施，规定了加强对未污染土壤的保护，重点保护未污染的耕地、林地、草地、水源地，对于永久基本农田则要进行严格保护。二是在制度上建立和完善土壤污染责任机制。法律规定了土壤污染责任人负有实施风险管控和修复的义务；土壤污染责任人无法认定的，由土地使用权人实施风险管控和修复；土地污染责任人应当承担实施风险管控和修复的费用。法律还明确了地方人民政府及其生态环境主管部门、农业农村等相关部门的监督管理责任。三是在罚则上严惩重罚。对污染土壤的违法行为设定了严格的法律责任。本法对25种违法行为设定了法律责任，由生态环境部门进行处罚。法律规定对违法向农用地排污，或者不按照规定采取风险管控措施或者实施修复、情节严重的，实施拘留。对未按照规定进行风险管控或修复等违法行为，实行“双罚制”，既对违法企业给予处罚，也对企业有关责任人员予以罚款。对出具虚假的土壤污染状况调查、土壤污染风险评估等报告，情节严重的，对单位予以永久禁业，对有关责任人员禁业十年；构成犯罪的，对有关责任人员终身禁业；与委托人恶意串通的单位，还应当与委托人对造成的损害承担连带责任。对严重的土壤污染违法行为，依法追究刑事责任等。

2. 实现多项制度创新。一是风险管控，分类管理。法律规定要通过普查、详查、调查、监测、风险评估等措施和途径，掌握土壤污染的状况和变化趋势，为风险管控打好基础。同时，根据土地的不同用途和污染程度，规定了不同的应对措施、管理手段和管理要求，分类实施以有效地防范和应对土壤污染。二是明确责任，从严监管。法律合理配置了土壤污染责任人、土地使用权人和政府三者之间的责任，落实企业主体责任，强化污染治理责任，明确政府及其相关部门的监管责任。同时，还赋予监管部门查封、扣押等权力，规定土壤污染责任人负有实施土壤污染风险管控和修复的义务。土壤污染责任人无法认定的，土地使用权人应当实施土壤污染风险管控和修复。地方人民政府及其有关部门可以根据实际情况组织实施土壤污染风险管控和修复。三是周密规制，全过程管控。法律规定对土壤污染防治工作的各环节、全过程进行监管。通过普查、调查、详查、监测、现场检查等，对于地块可能存在污染风险的，要进行土壤污染情况的调查。此外，法律还根据各个不同环节规定了不同措施，明确采取措施的主体和达到的效果。四是敏感用地特别管理。住宅和公共管理、公共服务用地直接涉及人居安全，十分敏感。法律加强了对敏感用地的准入管理，规定土壤用途要变更为住宅、公共管理和公共服务用地的，变更之前要进行污染情况调查，列入建设用地风险管控和修复名录的地块，不得作为住宅、公共管理和公共服务用地，从而从源头上保障大家住得安心安全。五是坚持水土一家、水土共治。法律要求加强对地下水污染的防治，明确土壤污染情况调查报告要包括地下水是否受到污染的内容，风险评估报告要包括地下水污染的范围。对于农用地地块的土壤污染，影响或者可能影响地下水水源安全的，要制订防治污染的方案，采取相应的保护措施等。

（四）注重与相关法律的衔接及法律适用

在《土壤污染防治法》出台之前，《环境保护法》《土地管理法》《水污染防治法》《固体废物污染环境防治法》等法律法规对土壤污染防治有一些较为分散的规定，未形成独立、完整的体系，也未涉及土壤污染防治的监管、修复以及相应的法律责任。《土壤污染防治法》的出台，填补了土壤污染防治法律的空白。由于污染物在环境要素中会不断地转化、迁移、循环运作，因此，土壤污染防治需要对废水、废渣等诸多进入土壤的污染源进行控制。在《土壤污染防治法》发布之前，《水污染防治法》规定了污染物进入水体的污染防治、《固体废物污染环境防治法》规定了固体废物产生、排放、贮存、运输、利用到处置的污染防治。《土壤污染防治法》则针对水污染物、固体废物进入土壤后造成污染的情形进行了补充和衔接性规定，完善了污染物的全过程监管。具体表现在如下制度中：

1. 关于有毒有害物质渗漏、流失、扬散造成土壤污染的责任问题（《土壤污染防治法》第十九条）。生产、使用、贮存、运输、回收、处置、排放有毒有害物质的单位和个人，依法应履行以下两项义务：

（1）土壤污染重点监管单位应当按年度报告有毒有害物质排放情况。有毒有害物质的产生单位和个人应当采取措施防止有毒有害物质渗漏、流失、扬散。

（2）土壤污染重点监管单位如果未履行排放情况报告义务，依据《土壤污染防治法》第八十六条规定，地方生态环境主管部门或者其他负有土壤污染防治监督管理职责的部门可以责令改正，处以二万元以上二十万元以下的罚款；拒不改正的，责令停产整治。

2. 关于修复单位在土壤风险管控与修复过程中产生二次污染的责任问题（《土壤污染防治法》第四十条）。《土壤污染防治法》第四十条规定，修复单位进行土壤风险管控与修复过程中产生的废水、废气和固体废物（包括危险废物），应当依照法律法规和相关标准的要求进行处置。即在土壤修复过程中产生的废水、废气和固体废物（包括危险废物）应分别适用《水污染防治法》《大气污染防治法》及《固体废物污染防治法》的相关规定，处十万以上一百万元以下的罚款；而《土壤污染防治法》第九十一条规定了造成二次污染的法律责任，即责令改正，处十万元以上五十万元以下的罚款；情节严重的，处五十万元以上一百万元以下的罚款；有违法所得的，没收违法所得；对直接负责的主管人员和其他直接责任人员处五千元以上二万元以下的罚款。产生的废水、废气和固体废物（包括危险废物）造成了周边环境的二次污染，应当依据哪部法律规定进行处罚？首先，《土壤污染防治法》第九十一条规制的是造成土壤、周边环境新的污染的处罚，通常理解是如果造成土壤污染，应当依据该条处罚。其次，如果造成周边环境污染时，可能发生法条竞合，周边环境是一个广义的概念，包括水、土、气等环境要素，在造成水、气污染时，涉及同一行为违反多项法律的规定，即《土壤污染防治法》第九十一条及《水污染防治法》《大气污染防治法》及《固体废物污染防治法》的相关条款，如何适用？根据《立法法》"新法优先旧法"适用原则、行政处罚"一事不再罚"及原国家环保总局《关于同一环境违法行为同时违反不同环保法规实施行政处罚的复函》中规定的"择一重处罚"原则，在造成周边除土壤污染外的其他污染时，依据处罚较重的规定进行处罚较为合理。

3. 关于尾矿库发生事故造成土壤污染的责任问题（《土壤污染防治法》第二十三条）。尾矿库运营、管理单位应当履行以下两项义务：采取有效措施，防止土壤污染。危库、险库、病库以及其他需要重点监管的尾矿库的运营、管理单位应当进行土壤污染状况监测和定期评估。《土壤污染防治法》第八十六条规定，尾矿库运营、管理单位未履行上述义务，应当由地方生态环境主管部门或者其他负有土壤污染防治监督管理职责的部门责令改正，处二万元以上二十万元以下的罚款；拒不改正的，责令停产整治。尾矿库运营、管理单位未采取有效措施防止土壤污染，造成严重后果时，处二十万元以上二百万元以下的罚款。严重后果包含尾矿库发生事故，可能发生水体污染和土壤污染两种情形，应当如何选择适用法律？笔者认为：

第一，当尾矿库发生事故后，如果尾矿渣或其他污染物进入水体，造成水污染事故时，应适用《水污染防治法》第九十四条的规定，企业除承担赔偿责任外，责令限期采取治理措施，消除污染，对造成一般或者较大水污染事故的，按照水污染事故造成的直接损失的百分之二十计算罚款；对造成重大或者特大水污染事故的，按照水污染事故造成的直接损失的百分之三十计算罚款，还可以报经有批准权的人民政府批准，责令关闭；对直接负责的主管人员和其他直接责任人员可以处上一年度从本单位取得的收入百分之五十以下的罚款。若污染物进入相关水体，同时流域内发生土壤污染，在这种情况下，如果在损失计算中已经考虑了土壤污染，需根据具体数额来确认择一重适用。第二，尾矿库发生事故造成土壤污染，同时违反了《固体废物污染防治法》第一百零二条发生固体废物污染环境事故的处罚规定（最高不得超过一百万罚款）及《土壤污染防治法》第八十六条的规定，在这种法条竞合的情况下，应当适用《土壤污染防治法》第八十六条的规定，处以二十万至二百万的罚款。

4. 关于污水处理厂、垃圾处理厂无土壤污染防治措施的责任问题（《土壤污染防治法》第二十五条）。污水处理厂和垃圾处理厂应当依法采取措施防止土壤污染。如果违反这一义务则会造成不利的法律后果，在处罚时同样存在法条竞合的情况。《建设项目环境保护管理条例》第二十二条规定，建设项目在项目建设过程中未同时组织实施环境保护对策措施的，由建设项目所在地县级以上环保部门责令限期改正，处二十万元以上一百万元以下的罚款；逾期不改正的，责令停止建设。《土壤污染防治法》第八十六条规定，污水处理厂、垃圾处理厂无土壤污染防治措施由地方生态环境主管部门或者其他负有土壤污染防治监督管理职责的部门责令改正，处以二十万元以上二百万元以下的罚款；拒不改正的，责令停产整治。两个规定中监管部门、罚款数额均不一致，《土壤污染防治法》是法律，其效力明显高于《建设项目环境保护管理条例》这一行政法规，且规定更为严格，因此，应适用《土壤污染防治法》第八十六条进行监管。

5. 关于向农用地排放含量超标的污水、污泥，以及清淤底泥、尾矿、矿渣的责任问题（《土壤污染防治法》第二十八条）。本条于导致农用地水污染、固体废物污染的行为进行了禁止性规定。首先，该条规定了禁止性义务。任何单位和个人禁止向农用地排放以下三类物质：重金属或者其他有毒有害物质含量超标的污水；重金属或者其他有毒有害物质含量超标的污泥；可能造成土壤污染的清淤底泥、尾矿、矿渣等（不要求超标）。违法排放上述物质，不仅要承担行政责任，达到入罪标准后，还可能承担污染环境罪刑事责任。其次，在

《土壤污染防治法》出台之前，针对排放上述三类物质的违法行为，已有法律对其进行了明确规定，《土壤污染防治法》出台后，具体应当如何适用呢？《水污染防治法》第八十三条规定了水污染物超标排放的法律责任，《固体废物污染防治法》第一百零二条规定了固体废物造成环境污染的法律责任、《城镇排水与污水处理条例》第五十三条针对擅自倾倒、堆放、丢弃、遗撒污泥的行为的法律责任进行规定。那么，相对于《水污染防治法》《固体废物污染防治法》而言，《土壤污染防治法》是新法，相对于《城镇排水与污水处理条例》这一行政法规而言，《土壤污染防治法》法律层级较高，因此，向农用地排放重金属或者其他有毒有害物质含量超标的污水、污泥，以及可能造成土壤污染的清淤底泥、尾矿、矿渣的行为，应优先适用《土壤污染防治法》第八十七条，由地方生态环境主管部门责令改正，处十万元以上五十万元以下的罚款；情节严重的，处五十万元以上二百万元以下的罚款，并可以将案件移送公安机关，对直接负责的主管人员和其他直接责任人员处五日以上十五日以下的拘留；有违法所得的，没收违法所得。

6. 关于将工业固体废物、生活垃圾或者污染土壤用于土地复垦行为的法律责任问题（《土壤污染防治法》第三十三条）。第一，该条款为禁止性法律条款。禁止将重金属或者其他有毒有害物质含量超标的工业固体废物、生活垃圾或者污染土壤用于土地复垦。违法排放上述物质，不仅要承担行政责任，达到入罪标准后，还可能承担污染环境罪的刑事责任。第二，《土壤污染防治法》出台前，《固体废物污染防治法》第一百零二条、第一百一十一条已对工业固体废物及生活垃圾的排放行为进行了明确规定，而针对土地复垦过程中发生的污染行为，《土壤污染防治法》作为新法应当优先适用。应当依据《土壤污染防治法》第八十九条进行管理，由地方生态环境主管部门责令改正，处十万元以上一百万元以下的罚款；有违法所得的，没收违法所得。第三，具体适用还需综合考虑土地复垦前的土地类型，《土壤污染防治法》将土地类型分为农用地与建设用地，当土地复垦前为建设用地时，不存在法律交叉适用的问题；而当土地复垦前为农用地时，那么向农用地排放工业固体废物的行为则可能与《土壤污染防治法》八十七条中发生法条竞合的问题，即同时违反《土壤污染防治法》第八十九条与第八十七条。笔者认为，本条款对排放行为发生的过程进行了特殊规定，即当超标排放固体废物用于土地复垦时，那么应当直接适用八十九条，如果仅向农用地排放固体废物，而未用于土地复垦，那么就可以适用《土壤污染防治法》第八十七条进行监管。

7. 关于修复单位转运污染土壤的责任问题（《土壤污染防治法》第四十一条）。修复单位转运污染土壤，应将运输时间、方式、线路和污染土壤数量、去向、最终处置措施等提前报所在地和接收地生态环境主管部门的：违反则依据《土壤污染防治法》第九十一条进行处罚，由地方生态环境主管部门责令改正，处十万元以上五十万元以下的罚款；情节严重的，处五十万元以上一百万元以下的罚款；有违法所得的，没收违法所得；对直接负责的主管人员和其他直接责任人员处五千元以上二万元以下的罚款。如果转运的污染土壤依据《固体废物污染防治法》认定为危险废物，应当依据《固体废物污染防治法》对危险废物的规定进行合法管理与处置。

第六节　中华人民共和国水法

【说明】 1988 年 1 月 21 日第六届全国人民代表大会常务委员会第二十四次会议通过，2002 年 8 月 29 日第九届全国人民代表大会常务委员会第二十九次会议修订通过，根据 2009 年 8 月 27 日第十一届全国人民代表大会常务委员会第十次会议《关于修改部分法律的决定》第一次修正，根据 2016 年 7 月 2 日第十二届全国人民代表大会常务委员会第二十一次会议《关于修改〈中华人民共和国节约能源法〉等六部法律的决定》第二次修正。

一、《中华人民共和国水法》文本摘要

第一章　总　则

第三条　水资源属于国家所有。水资源的所有权由国务院代表国家行使。农村集体经济组织的水塘和由农村集体经济组织修建管理的水库中的水，归各该农村集体经济组织使用。

第七条　国家对水资源依法实行取水许可制度和有偿使用制度。

但是，农村集体经济组织及其成员使用本集体经济组织的水塘、水库中的水除外。国务院水行政主管部门负责全国取水许可制度和水资源有偿使用制度的组织实施。

第十二条　国家对水资源实行流域管理与行政区域管理相结合的管理体制。

国务院水行政主管部门负责全国水资源的统一管理和监督工作。

国务院水行政主管部门在国家确定的重要江河、湖泊设立的流域管理机构（以下简称“流域管理机构”），在所管辖的范围内行使法律、行政法规规定的和国务院水行政主管部门授予的水资源管理和监督职责。

县级以上地方人民政府水行政主管部门按照规定的权限，负责本行政区域内水资源的统一管理和监督工作。

第二章　水资源规划

第十四条　国家制定全国水资源战略规划。

开发、利用、节约、保护水资源和防治水害，应当按照流域、区域统一制定规划。规划分为流域规划和区域规划。流域规划包括流域综合规划和流域专业规划；区域规划包括区域综合规划和区域专业规划。

前款所称综合规划，是指根据经济社会发展需要和水资源开发利用现状编制的开发、利用、节约、保护水资源和防治水害的总体部署。前款所称专业规划，是指防洪、治涝、灌溉、航运、供水、水力发电、竹木流放、渔业、水资源保护、水土保持、防沙治沙、节约用水等规划。

第十七条　国家确定的重要江河、湖泊的流域综合规划，由国务院水行政主管部门会同国务院有关部门和有关省、自治区、直辖市人民政府编制，报国务院批准。跨省、自治区、直辖市的其他江河、湖泊的流域综合规划和区域综合规划，由有关流域管理机构会同江河、湖泊所在地的省、自治区、直辖市人民政府水行政主管部门和有关部门编制，分别经有关省、自治区、直辖市人民政府审查提出意见后，报国务院水行政主管部门审核；国务院水行政主管部门征求国务院有关部门意见后，报国务院或者其授权的部门批准。

前款规定以外的其他江河、湖泊的流域综合规划和区域综合规划，由县级以上地方人民政府水行政主管部门会同同级有关部门和有关地方人民政府编制，报本级人民政府或者其授权的部门批准，并报上一级水行政主管部门备案。

专业规划由县级以上人民政府有关部门编制，征求同级其他有关部门意见后，报本级人民政府批准。其中，防洪规划、水土保持规划的编制、批准，依照防洪法、水土保持法的有关规定执行。

第十九条　建设水工程，必须符合流域综合规划。在国家确定的重要江河、湖泊和跨省、自治区、直辖市的江河、湖泊上建设水工程，未取得有关流域管理机构签署的符合流域综合规划要求的规划同意书的，建设单位不得开工建设；在其他江河、湖泊上建设水工程，未取得县级以上地方人民政府水行政主管部门按照管理权限签署的符合流域综合规划要求的规划同意书的，建设单位不得开工建设。水工程建设涉及防洪的，依照防洪法的有关规定执行；涉及其他地区和行业的，建设单位应当事先征求有关地区和部门的意见。

第三章　水资源开发利用

第二十条　开发、利用水资源，应当坚持兴利与除害相结合，兼顾上下游、左右岸和有关地区之间的利益，充分发挥水资源的综合效益，并服从防洪的总体安排。

第二十一条　开发、利用水资源，应当首先满足城乡居民生活用水，并兼顾农业、工业、生态环境用水以及航运等需要。

在干旱和半干旱地区开发、利用水资源，应当充分考虑生态环境用水需要。

第二十二条　跨流域调水，应当进行全面规划和科学论证，统筹兼顾调出和调入流域的用水需要，防止对生态环境造成破坏。

第二十五条　地方各级人民政府应当加强对灌溉、排涝、水土保持工作的领导，促进农业生产发展；在容易发生盐碱化和渍害的地区，应当采取措施，控制和降低地下水的水位。

农村集体经济组织或者其成员依法在本集体经济组织所有的集体土地或者承包土地上投资兴建水工程设施的，按照谁投资建设谁管理和谁受益的原则，对水工程设施及其蓄水进行管理和合理使用。

农村集体经济组织修建水库应当经县级以上地方人民政府水行政主管部门批准。

第二十九条　国家对水工程建设移民实行开发性移民的方针，按照前期补偿、补助与后期扶持相结合的原则，妥善安排移民的生产和生活，保护移民的合法权益。

移民安置应当与工程建设同步进行。建设单位应当根据安置地区的环境容量和可持续发展的原则，因地制宜，编制移民安置规划，经依法批准后，由有关地方人民政府组织实施。所需移民经费列入工程建设投资计划。

第四章 水资源、水域和水工程的保护

第三十一条 从事水资源开发、利用、节约、保护和防治水害等水事活动，应当遵守经批准的规划；因违反规划造成江河和湖泊水域使用功能降低、地下水超采、地面沉降、水体污染的，应当承担治理责任。

开采矿藏或者建设地下工程，因疏干排水导致地下水水位下降、水源枯竭或者地面塌陷，采矿单位或者建设单位应当采取补救措施；对他人生活和生产造成损失的，依法给予补偿。

第三十三条 国家建立饮用水水源保护区制度。省、自治区、直辖市人民政府应当划定饮用水水源保护区，并采取措施，防止水源枯竭和水体污染，保证城乡居民饮用水安全。

第三十四条 禁止在饮用水水源保护区内设置排污口。

在江河、湖泊新建、改建或者扩大排污口，应当经过有管辖权的水行政主管部门或者流域管理机构同意，由环境保护行政主管部门负责对该建设项目的环境影响报告书进行审批。

第三十五条 从事工程建设，占用农业灌溉水源、灌排工程设施，或者对原有灌溉用水、供水水源有不利影响的，建设单位应当采取相应的补救措施；造成损失的，依法给予补偿。

第三十六条 在地下水超采地区，县级以上地方人民政府应当采取措施，严格控制开采地下水。在地下水严重超采地区，经省、自治区、直辖市人民政府批准，可以划定地下水禁止开采或者限制开采区。在沿海地区开采地下水，应当经过科学论证，并采取措施，防止地面沉降和海水入侵。

第三十七条 禁止在江河、湖泊、水库、运河、渠道内弃置、堆放阻碍行洪的物体和种植阻碍行洪的林木及高秆作物。

禁止在河道管理范围内建设妨碍行洪的建筑物、构筑物以及从事影响河势稳定、危害河岸堤防安全和其他妨碍河道行洪的活动。

第三十八条 在河道管理范围内建设桥梁、码头和其他拦河、跨河、临河建筑物、构筑物，铺设跨河管道、电缆，应当符合国家规定的防洪标准和其他有关的技术要求，工程建设方案应当依照防洪法的有关规定报经有关水行政主管部门审查同意。

因建设前款工程设施，需要扩建、改建、拆除或者损坏原有水工程设施的，建设单位应当负担扩建、改建的费用和损失补偿。但是，原有工程设施属于违法工程的除外。

第三十九条　国家实行河道采砂许可制度。河道采砂许可制度实施办法，由国务院规定。

在河道管理范围内采砂，影响河势稳定或者危及堤防安全的，有关县级以上人民政府水行政主管部门应当划定禁采区和规定禁采期，并予以公告。

第四十条　禁止围湖造地。已经围垦的，应当按照国家规定的防洪标准有计划地退地还湖。

禁止围垦河道。确需围垦的，应当经过科学论证，经省、自治区、直辖市人民政府水行政主管部门或者国务院水行政主管部门同意后，报本级人民政府批准。

第四十三条　国家对水工程实施保护。国家所有的水工程应当按照国务院的规定划定工程管理和保护范围。

国务院水行政主管部门或者流域管理机构管理的水工程，由主管部门或者流域管理机构商有关省、自治区、直辖市人民政府划定工程管理和保护范围。

前款规定以外的其他水工程，应当按照省、自治区、直辖市人民政府的规定，划定工程保护范围和保护职责。

在水工程保护范围内，禁止从事影响水工程运行和危害水工程安全的爆破、打井、采石、取土等活动。

第五章　水资源配置和节约使用

第四十七条　国家对用水实行总量控制和定额管理相结合的制度。

省、自治区、直辖市人民政府有关行业主管部门应当制订本行政区域内行业用水定额，报同级水行政主管部门和质量监督检验行政主管部门审核同意后，由省、自治区、直辖市人民政府公布，并报国务院水行政主管部门和国务院质量监督检验行政主管部门备案。

县级以上地方人民政府发展计划主管部门会同同级水行政主管部门，根据用水定额、经济技术条件以及水量分配方案确定的可供本行政区域使用的水量，制定年度用水计划，对本行政区域内的年度用水实行总量控制。

第四十八条　直接从江河、湖泊或者地下取用水资源的单位和个人，应当按照国家取水许可制度和水资源有偿使用制度的规定，向水行政主管部门或者流域管理机构申请领取取水许可证，并缴纳水资源费，取得取水权。但是，家庭生活和零星散养、圈养畜禽饮用等少量取水的除外。

实施取水许可制度和征收管理水资源费的具体办法，由国务院规定。

第五十三条 新建、扩建、改建建设项目，应当制订节水措施方案，配套建设节水设施。节水设施应当与主体工程同时设计、同时施工、同时投产。

供水企业和自建供水设施的单位应当加强供水设施的维护管理，减少水的漏失。

第五十五条 使用水工程供应的水，应当按照国家规定向供水单位缴纳水费。供水价格应当按照补偿成本、合理收益、优质优价、公平负担的原则确定。具体办法由省级以上人民政府价格主管部门会同同级水行政主管部门或者其他供水行政主管部门依据职权制定。

第六章 水事纠纷处理与执法监督检查

第五十六条 不同行政区域之间发生水事纠纷的，应当协商处理；协商不成的，由上一级人民政府裁决，有关各方必须遵照执行。在水事纠纷解决前，未经各方达成协议或者共同的上一级人民政府批准，在行政区域交界线两侧一定范围内，任何一方不得修建排水、阻水、取水和截（蓄）水工程，不得单方面改变水的现状。

第五十七条 单位之间、个人之间、单位与个人之间发生的水事纠纷，应当协商解决；当事人不愿协商或者协商不成的，可以申请县级以上地方人民政府或者其授权的部门调解，也可以直接向人民法院提起民事诉讼。县级以上地方人民政府或者其授权的部门调解不成的，当事人可以向人民法院提起民事诉讼。

在水事纠纷解决前，当事人不得单方面改变现状。

第五十八条 县级以上人民政府或者其授权的部门在处理水事纠纷时，有权采取临时处置措施，有关各方或者当事人必须服从。

第七章 法律责任（略）

第八章 附则（略）

二、《中华人民共和国水法》导读

（一）《中华人民共和国水法》修改的必要性

《中华人民共和国水法》（以下简称《水法》）是1988年1月21日经六届全国人大常委会审议通过、于同年7月1日施行的。这部法律的实施，对规范水资源的开发利用行为、保护水资源、防治水害、促进水利事业的发展，发挥了积极的作用。但是，随着形势的不断发展，出现了一些新情况和新问题，现行水法的一些规定已经不能适应实际需要，主要表现在：①在水资源开发、利用中重开源、轻节流和保护，重经济效益、轻生态与环境保护，在一定程度上导致许多地方水源枯竭，污染严重，生态环境破坏。②水资源管理制度尚不完善，特别是在节约用水、计划用水和水资源保护方面，缺乏相应的管理制度，致使水资源浪费严重，水源遭到破坏和污染，水资源利用率较低。③对流域管理未作规定，水资源管理地区分割的现象依然存在，造成了水资源的不合理利用，是导致黄河、塔里木河、黑河等出现断流的重要原因，影响了水资源的合理配置和综合效益的发挥。④对水资源有偿使用制度规定得不够明确，影响了市场机制下水资源的优化配置。⑤有关法律责任的规定过于原则，难以操作，对违法行为打击力度不够，给执法工作造成了困难。鉴于此，根据2016年7月2日第十二届全国人民代表大会常务委员会第二十一次会议通过的《全国人民代表大会常务委员会关于修改〈中华人民共和国节约能源法〉等六部法律的决定》进行最新修改。

（二）《水法》修改的主要内容

1. 修法的指导原则和重点。修改《水法》的原则是：认真总结《水法》实施13年来的实践经验，并借鉴国外水资源管理立法的经验，按照建立社会主义市场经济体制和水资源可持续利用的要求，进一步加强水资源的统一管理，突出节约用水，强化水资源的合理配置和保护，促进水资源的综合开发、利用，健全执法监督机制，为实现水资源的可持续利用，改善生态环境提供法律保障。根据上述指导原则，这次修法的重点有五个：一是强化水资源的统一管理，注重水资源宏观配置，发挥市场在水资源配置中的作用。二是把节约用水和水资源保护放在突出位置，提高用水效率。三是加强水资源开发、利用、节约和保护的规划与管理，明确规划在水资源开发中的法律地位，强化流域管理。四是适应水资源可持续利用的要求，通过合理配置水资源，协调好生活、生产和生态用水，特别是要加强水资源开发、利用中对生态环境的保护。五是适应依法行政的要求，强化法律责任。

2. 明确水资源的权属。鉴于水资源日益紧缺与跨省水污染形势日趋严峻，迫切需要强化国家对水资源的宏观管理，加强省际之间的水量分配、跨流域调水、跨省水污染防治和合理配置水资源。解决这一问题的关键在于进一步明确水资源属于国家所有，强调国务院代表国家行使水资源所有权。因此，《水法》第三条规定：水资源属于国家所有。水资源的所有权由国务院代表国家行使。农村集体经济组织所有的水塘、水库中的水，归农村集体经济组织使用。

3. 高度重视水资源规划的编制实施工作。水资源规划是开发、利用、节约、保护水资源和防治水害的重要依据。长期以来，水资源规划的制定和执行一直没有得到应有的重视，需要通过立法进一步规范和强化。因此，《水法》专设一章，明确要求开发、利用、节约、保护水资源和防治水害要按照流域、区域统一制定规划，并就规划的种类、制定权限与程序、规划的效力和实施等问题作了具体规定。

4. 对水资源的配置和使用做出详细规定。为了加强对水资源开发、利用的宏观管理，合理配置水资源，规范水资源分配行为，减少用水矛盾，使社会经济的发展与水资源状况相适应，《水法》确立了水中长期供求规划制度，规定：“水中长期供求规划应当依据水的供求现状、国民经济和社会发展规划、流域规划、区域规划，按照水资源供需协调、综合平衡、保护生态、厉行节约、合理开源的原则制定”；建立跨行政区域的水量分配方案和旱情紧急情况下的水量调度预案制度，规定：“水量分配方案和旱情紧急情况下的水量调度预案经批准后，有关地方人民政府必须执行。”并规定：“县级以上地方人民政府水行政主管部门或者流域管理机构应当根据批准的水量分配方案和年度预测来水量，制订年度水量分配方案和调度计划，实施水量统一调度；有关地方人民政府必须服从。”“国家确定的重要江河、湖泊的年度水量分配方案，应当纳入国家的国民经济和社会发展年度计划。”

5. 关于水资源的有偿使用和转让。根据我国现行法律、行政法规的规定，直接从江河、湖泊取水的单位和个人，应当缴纳水资源费；使用供水工程的水，应当缴纳水费，在一定意义上已经实行了水资源的有偿使用。为了进一步发挥市场机制的作用，体现水的商品属性，为建立合理的水价机制创造条件，实现水资源的合理配置，调动社会各界办水利和用水户节水的积极性，减少水资源的浪费，《水法》规定：“国家对水资源依法实行取水许可制度和有偿使用制度……国务院水行政主管部门负责全国取水许可制度和水资源有偿使用制度的组织实施。”

6. 关于节约用水。针对目前全社会节水意识和节水管理工作薄弱，水价偏低、用水浪费严重，水的重复利用率低的问题，《水法》规定：国家厉行节约用水，大力推行节约用水措施，推广节约用水新技术、新工艺，发展节水型工业、农业和服务业，建立节水型社会。各级人民政府应当采取措施，加强对节约用水的管理，建立节约用水技术开发推广体系，培育和发展节约用水产业。单位和个人有节约用水的义务；国家对用水实行总量控制和定额管理相结合的制度；实行计划用水、计量收费和超定额累进加价制度；推行农业节水灌溉方式和节水技术，提高用水效率；工业用水采用先进技术、工艺和设备，增加循环用水次数，提高水的重复利用率，逐步淘汰落后的、耗水量高的工艺、产品和设备；推广节水型生活用水器具，降低城市供水管网漏失率，加强城市污水集中处理，鼓励使用中水，提高污水再生利用率等。

7. 强化水资源保护。针对目前水污染未能得到有效控制，河流污染严重，湖泊富营养化日益突出，地下水超采严重，一些河流枯竭，生态环境恶化，水质与水量管理、水污染防治与水资源综合开发、利用衔接不够等问题，《水法》规定：“县级以上人民政府水行政主管部门或者流域管理机构应当按照水功能区对水质的要求和水体的自然净化能力，确定该水域的纳污能力，向环境保护部门提出该水域的限制排污总量意见。”“县级以上地方人民政府水行政主管部门和流域管理机构应当对水功能区的水质状况进行监测，发现重点污染物排放总量超过控制指标的，或者水功能区的水质未达到水域使用功能对水质的要求的，应当及时报告有关人民政府采取治理措施，并向环境保护行政主管部门通报。”“国家建立饮用水水源保护区制度。省、自治区、直辖市人民政府应当划定饮用水水源保护区，并采取措施，防止水源枯竭和水体污染，保证城乡居民饮用水安全。”在地下水严重超采地区，可以划定禁止开采区；在沿海地带开采地下水，要采取措施，防止海水入侵。

8. 完善水资源管理体制。水资源是一种动态的、多功能的自然资源，同时又是生态与环境的重要组成部分，地表水、地下水相互转化，城乡水资源不可分割。按照水资源的自身规律和我国水资源短缺的实际，实现水资源的可持续利用，必须强化水资源的统一管理，坚持流域管理，实行水资源统一管理与水资源开发、利用、节约、保护工作相分离。根据1998年国务院批准的水利部“三定”方案中关于“水利部统一管理水资源（含空中水、地表水、地下水）”，“原地质矿产部承担的地下水行政管理职能交给水利部承担”，“原由建设部承担的指导城市防洪职能、城市规划区地下水资源的管理保护职能，交给水利部承担”的规定，《水法》规定：“国家对水资源实行流域管理与行政区域管理相结合的管理体制。国务院水行政主管部门负责全国水资源的统一管理和监督工作。国务院水行政主管部门在国家确定的重要江河、湖泊设立的流域管理机构（以下简称“流域管理机构”），在所管辖的范围内行使法律、行政法规规定的和国务院水行政主管部门授予的水资源管理和监督职责。县级以上地方人民政府水行政主管部门按照规定的权限，负责本行政区域内水资源的统一管理和监督工作。”

（三）《水法》亮点

1. 《水法》对水资源管理确立了八项制度。即取水许可制度、水资源有偿使用制度、水资源论证制度、水功能区划制度、饮用水水源保护区制度、河道采砂许可制度、对用水实行总量控制与定额管理相结合的管理制度、用水实行计量收费与超定额累进加价制度。

2. 水资源管理重心从开发利用管理转移到合理配置和节约保护，完成了重大转变。《水法》明确了新时期水资源的发展战略，即要以水资源的可持续利用支撑经济社会的可持续发展，强调了水资源的合理配置，突出了水资源的节约和保护。突出节水是《水法》的鲜明特点之一。国家新时期治水方针已把节水工作提到了前所未有的高度。明确提出：“水资源可持续利用是我国经济社会发展的战略问题，核心是提高用水效率，把节水放在突出位置。”《水法》增补节约用水的条款总共有19条，占全部水法77条（不包括附则）的25%，更加说明其重要性和紧迫性。

3. 确定了水资源规划的法律地位，规定符合水资源规划是水资源开发利用的前提条件。首先，规定开发、利用水资源的单位和个人有依法保护水资源的义务，即明确规定公民、法人有保护水资源的义务。其次，规定在开发、利用水资源时，应当注意对水资源的保护。包括“协调好生活、生产经营和生态环境用水”“开发、利用水资源，应当首先满足城乡居民生活用水，并兼顾农业、工业、生态环境用水以及航运等需要。在干旱和半干旱地区开发、利用水资源，应当充分考虑生态环境用水需要”等。三是生态用水要进行科学论证，根据不同地区的水资源状况和自然特征，依据科学论证来确定。最后，明确水行政主管部门在水资源保护中的职责。《水法》规定水行政主管部门会同有关部门拟定水功能区划，提出限制排污总量的意见；对水功能区的水质状况进行监测；对在江河、湖泊新建、改建、扩建排污口进行审查，未经审查同意建设的，水行政主管部门可以实施行政处罚。特别是在入河排污口的设置上，是对《水污染防治法》的发展和完善。

4. 采取必要措施，切实保护农村经济组织和农民的合法用水权益。农民是弱势群体，农业是用水大户，农民的合法用水权益必须得到保障，这样才能保证社会主义新农村的建设，维护社会稳定，建设和谐社会，进而实现共同富裕目标。

5. 加强执法监督检查力度，强化法律责任，可操作性大大增强。《水法》对当事人违反水法的法律责任条款，从 3 条增加到 12 条，对违法行为的追究从 8 项增加到 22 项，采取行政措施或者实施行政处罚的种类从 5 种增加到包括限期补办手续、强制拆除违法建筑物、对不缴纳水资源费的行为进行追缴滞纳金和罚款以及吊销取水许可证等超过 9 种，罚款从没有规定数额到规定为 1 万 ~ 10 万元，比较明确、具体，可操作性大大增强。《水法》将处罚主体从水利、公安增加到县级以上人民政府、水利、经济综合主管部门、县级以上有关部门和公安机关等，通过上述规定，可以看出《水法》不但是水利部门组织实施的法律，也是政府和有关部门予以保障实施的法律。《水法》对水利等执法部门及其工作人员的违法行为的追究，也从 2 种增加到 8 种。法律讲究权利与责任、义务的平衡，《水法》赋予水利部门的职责权利多，对违法行为的追究也同样增多。

第七节　中华人民共和国土地管理法

【说明】 1986 年 6 月 25 日第六届全国人民代表大会常务委员会第十六次会议通过，根据 1988 年 12 月 29 日第七届全国人民代表大会常务委员会第五次会议《关于修改〈中华人民共和国土地管理法〉的决定》第一次修正，1998年8月29日第九届全国人民代表大会常务委员会第四次会议修订，根据2004年8月29日第十届全国人民代表大会常务委员会第十一次会议《关于修改〈中华人民共和国土地法〉的决定》第二次修正，根据2019年8月26日第十三届全国人民代表大会常务委员会第十二次会议《关于修改〈中华人民共和国土地法〉的决定》第三次修正。

一、《中华人民共和国土地管理法》文本摘要

第一章　总　则

第二条　中华人民共和国实行土地的社会主义公有制，即全民所有制和劳动群众集体所有制。

全民所有，即国家所有土地的所有权由国务院代表国家行使。

任何单位和个人不得侵占、买卖或者以其他形式非法转让土地。土地使用权可以依法转让。

国家为了公共利益的需要，可以依法对土地实行征收或者征用并给予补偿。

国家依法实行国有土地有偿使用制度。但是，国家在法律规定的范围内划拨国有土地使用权的除外。

第四条　国家实行土地用途管制制度。

国家编制土地利用总体规划，规定土地用途，将土地分为农用地、建设用地和未利用地。严格限制农用地转为建设用地，控制建设用地总量，对耕地实行特殊保护。

前款所称农用地是指直接用于农业生产的土地，包括耕地、林地、草地、农田水利用地、养殖水面等；建设用地是指建造建筑物、构筑物的土地，包括城乡住宅和公共设施用地、工矿用地、交通水利设施用地、旅游用地、军事设施用地等；未利用地是指农用地和建设用地以外的土地。

使用土地的单位和个人必须严格按照土地利用总体规划确定的用途使用土地。

第五条　国务院自然资源主管部门统一负责全国土地的管理和

监督工作。

县级以上地方人民政府自然资源主管部门的设置及其职责，由省、自治区、直辖市人民政府根据国务院有关规定确定。

第二章 土地的所有权和使用权

第九条 城市市区的土地属于国家所有。

农村和城市郊区的土地，除由法律规定属于国家所有的以外，属于农民集体所有；宅基地和自留地、自留山，属于农民集体所有。

第十条 国有土地和农民集体所有的土地，可以依法确定给单位或者个人使用。使用土地的单位和个人，有保护、管理和合理利用土地的义务。

第十一条 农民集体所有的土地依法属于村农民集体所有的，由村集体经济组织或者村民委员会经营、管理；已经分别属于村内两个以上农村集体经济组织的农民集体所有的，由村内各该农村集体经济组织或者村民小组经营、管理；已经属于乡（镇）农民集体所有的，由乡（镇）农村集体经济组织经营、管理。

第十二条 土地的所有权和使用权的登记，依照有关不动产登记的法律、行政法规执行。

依法登记的土地的所有权和使用权受法律保护，任何单位和个人不得侵犯。

第十三条 农民集体所有和国家所有依法由农民集体使用的耕地、林地、草地，以及其他依法用于农业的土地，采取农村集体经济组织内部的家庭承包方式承包，不宜采取家庭承包方式的荒山、荒沟、荒丘、荒滩等，可以采取招标、拍卖、公开协商等方式承包，从事种植业、林业、畜牧业、渔业生产。家庭承包的耕地的承包期为三十年，草地的承包期为三十年至五十年，林地的承包期为三十年至七十年；耕地承包期届满后再延长三十年，草地、林地承包期届满后依法相应延长。

国家所有依法用于农业的土地可以由单位或者个人承包经营，从事种植业、林业、畜牧业、渔业生产。

发包方和承包方应当依法订立承包合同，约定双方的权利和义务。承包经营土地的单位和个人，有保护和按照承包合同约定的用途合理利用土地的义务。

第三章 土地利用总体规划

第十五条 各级人民政府应当依据国民经济和社会发展规划、

国土整治和资源环境保护的要求、土地供给能力以及各项建设对土地的需求，组织编制土地利用总体规划。

土地利用总体规划的规划期限由国务院规定。

第十六条 下级土地利用总体规划应当依据上一级土地利用总体规划编制。

地方各级人民政府编制的土地利用总体规划中的建设用地总量不得超过上一级土地利用总体规划确定的控制指标，耕地保有量不得低于上一级土地利用总体规划确定的控制指标。

省、自治区、直辖市人民政府编制的土地利用总体规划，应当确保本行政区域内耕地总量不减少。

第十七条 土地利用总体规划按照下列原则编制：

（一）落实国土空间开发保护要求，严格土地用途管制；

（二）严格保护永久基本农田，严格控制非农业建设占用农用地；

（三）提高土地节约集约利用水平；

（四）统筹安排城乡生产、生活、生态用地，满足乡村产业和基础设施用地合理需求，促进城乡融合发展；

（五）保护和改善生态环境，保障土地的可持续利用；

（六）占用耕地与开发复垦耕地数量平衡、质量相当。

第十八条 国家建立国土空间规划体系。编制国土空间规划应当坚持生态优先，绿色、可持续发展，科学有序统筹安排生态、农业、城镇等功能空间，优化国土空间结构和布局，提升国土空间开发、保护的质量和效率。

经依法批准的国土空间规划是各类开发、保护、建设活动的基本依据。已经编制国土空间规划的，不再编制土地利用总体规划和城乡规划。

第十九条 县级土地利用总体规划应当划分土地利用区，明确土地用途。

乡（镇）土地利用总体规划应当划分土地利用区，根据土地使用条件，确定每一块土地的用途，并予以公告。

第二十一条 城市建设用地规模应当符合国家规定的标准，充分利用现有建设用地，不占或者尽量少占农用地。

城市总体规划、村庄和集镇规划，应当与土地利用总体规划相衔接，城市总体规划、村庄和集镇规划中建设用地规模不得超过土地利用总体规划确定的城市和村庄、集镇建设用地规模。

在城市规划区内、村庄和集镇规划区内，城市和村庄、集镇建设用地应当符合城市规划、村庄和集镇规划。

第二十三条　各级人民政府应当加强土地利用计划管理，实行建设用地总量控制。

土地利用年度计划，根据国民经济和社会发展计划、国家产业政策、土地利用总体规划以及建设用地和土地利用的实际状况编制。土地利用年度计划应当对本法第六十三条规定的集体经营性建设用地作出合理安排。土地利用年度计划的编制审批程序与土地利用总体规划的编制审批程序相同，一经审批下达，必须严格执行。

第二十四条　省、自治区、直辖市人民政府应当将土地利用年度计划的执行情况列为国民经济和社会发展计划执行情况的内容，向同级人民代表大会报告。

第二十五条　经批准的土地利用总体规划的修改，须经原批准机关批准；未经批准，不得改变土地利用总体规划确定的土地用途。

经国务院批准的大型能源、交通、水利等基础设施建设用地，需要改变土地利用总体规划的，根据国务院的批准文件修改土地利用总体规划。

经省、自治区、直辖市人民政府批准的能源、交通、水利等基础设施建设用地，需要改变土地利用总体规划的，属于省级人民政府土地利用总体规划批准权限内的，根据省级人民政府的批准文件修改土地利用总体规划。

第二十六条　国家建立土地调查制度。

县级以上人民政府自然资源主管部门会同同级有关部门进行土地调查。土地所有者或者使用者应当配合调查，并提供有关资料。

第二十八条　国家建立土地统计制度。

县级以上人民政府统计机构和自然资源主管部门依法进行土地统计调查，定期发布土地统计资料。土地所有者或者使用者应当提供有关资料，不得拒报、迟报，不得提供不真实、不完整的资料。

统计机构和自然资源主管部门共同发布的土地面积统计资料是各级人民政府编制土地利用总体规划的依据。

第四章　耕地保护

第三十条　国家保护耕地，严格控制耕地转为非耕地。

国家实行占用耕地补偿制度。非农业建设经批准占用耕地的，按照“占多少，垦多少”的原则，由占用耕地的单位负责开垦与所占用耕地的数量和质量相当的耕地；没有条件开垦或者开垦的耕地不符合要求的，应当按照省、自治区、直辖市的规定缴纳耕地开垦费，专款用于开垦新的耕地。

省、自治区、直辖市人民政府应当制定开垦耕地计划，监督占用耕地的单位按照计划开垦耕地或者按照计划组织开垦耕地，并进行验收。

第三十二条 省、自治区、直辖市人民政府应当严格执行土地利用总体规划和土地利用年度计划，采取措施，确保本行政区域内耕地总量不减少、质量不降低。耕地总量减少的，由国务院责令在规定期限内组织开垦与所减少耕地的数量与质量相当的耕地；耕地质量降低的，由国务院责令在规定期限内组织整治。新开垦和整治的耕地由国务院自然资源主管部门会同农业农村主管部门验收。

个别省、直辖市确因土地后备资源匮乏，新增建设用地后，新开垦耕地的数量不足以补偿所占用耕地的数量的，必须报经国务院批准减免本行政区域内开垦耕地的数量，易地开垦数量和质量相当的耕地。

第三十三条 国家实行永久基本农田保护制度。下列耕地应当根据土地利用总体规划划为永久基本农田，实行严格保护：

（一）经国务院农业农村主管部门或者县级以上地方人民政府批准确定的粮、棉、油、糖等重要农产品生产基地内的耕地；

（二）有良好的水利与水土保持设施的耕地，正在实施改造计划以及可以改造的中、低产田和已建成的高标准农田；

（三）蔬菜生产基地；

（四）农业科研、教学试验田；

（五）国务院规定应当划为永久基本农田的其他耕地。

各省、自治区、直辖市划定的永久基本农田一般应当占本行政区域内耕地的百分之八十以上，具体比例由国务院根据各省、自治区、直辖市耕地实际情况规定。

第三十五条 永久基本农田经依法划定后，任何单位和个人不得擅自占用或者改变其用途。国家能源、交通、水利、军事设施等重点建设项目选址确实难以避让永久基本农田，涉及农用地转用或者土地征收的，必须经国务院批准。

禁止通过擅自调整县级土地利用总体规划、乡（镇）土地利用总体规划等方式规避永久基本农田农用地转用或者土地征收的审批。

第三十七条 非农业建设必须节约使用土地，可以利用荒地的，不得占用耕地；可以利用劣地的，不得占用好地。

禁止占用耕地建窑、建坟或者擅自在耕地上建房、挖砂、采石、采矿、取土等。

禁止占用永久基本农田发展林果业和挖塘养鱼。

第三十八条　禁止任何单位和个人闲置、荒芜耕地。已经办理审批手续的非农业建设占用耕地，一年内不用而又可以耕种并收获的，应当由原耕种该幅耕地的集体或者个人恢复耕种，也可以由用地单位组织耕种；一年以上未动工建设的，应当按照省、自治区、直辖市的规定缴纳闲置费；连续二年未使用的，经原批准机关批准，由县级以上人民政府无偿收回用地单位的土地使用权；该幅土地原为农民集体所有的，应当交由原农村集体经济组织恢复耕种。

在城市规划区范围内，以出让方式取得土地使用权进行房地产开发的闲置土地，依照《中华人民共和国城市房地产管理法》的有关规定办理。

第三十九条　国家鼓励单位和个人按照土地利用总体规划，在保护和改善生态环境、防止水土流失和土地荒漠化的前提下，开发未利用的土地；适宜开发为农用地的，应当优先开发成农用地。

国家依法保护开发者的合法权益。

第四十条　开垦未利用的土地，必须经过科学论证和评估，在土地利用总体规划划定的可开垦的区域内，经依法批准后进行。禁止毁坏森林、草原开垦耕地，禁止围湖造田和侵占江河滩地。

根据土地利用总体规划，对破坏生态环境开垦、围垦的土地，有计划有步骤地退耕还林、还牧、还湖。

第四十一条　开发未确定使用权的国有荒山、荒地、荒滩从事种植业、林业、畜牧业、渔业生产的，经县级以上人民政府依法批准，可以确定给开发单位或者个人长期使用。

第四十三条　因挖损、塌陷、压占等造成土地破坏，用地单位和个人应当按照国家有关规定负责复垦；没有条件复垦或者复垦不符合要求的，应当缴纳土地复垦费，专项用于土地复垦。复垦的土地应当优先用于农业。

第五章　建设用地

第四十四条　建设占用土地，涉及农用地转为建设用地的，应当办理农用地转用审批手续。

永久基本农田转为建设用地的，由国务院批准。

在土地利用总体规划确定的城市和村庄、集镇建设用地规模范围内，为实施该规划而将永久基本农田以外的农用地转为建设用地的，按土地利用年度计划分批次按照国务院规定由原批准土地利用总体规划的机关或者其授权的机关批准。在已批准的农用地转用范围内，具体建设项目用地可以由市、县人民政府批准。

在土地利用总体规划确定的城市和村庄、集镇建设用地规模范围外，将永久基本农田以外的农用地转为建设用地的，由国务院或者国务院授权的省、自治区、直辖市人民政府批准。

第四十五条 为了公共利益的需要，有下列情形之一，确需征收农民集体所有的土地的，可以依法实施征收：

（一）军事和外交需要用地的；

（二）由政府组织实施的能源、交通、水利、通信、邮政等基础设施建设需要用地的；

（三）由政府组织实施的科技、教育、文化、卫生、体育、生态环境和资源保护、防灾减灾、文物保护、社区综合服务、社会福利、市政公用、优抚安置、英烈保护等公共事业需要用地的；

（四）由政府组织实施的扶贫搬迁、保障性安居工程建设需要用地的；

（五）在土地利用总体规划确定的城镇建设用地范围内，经省级以上人民政府批准由县级以上地方人民政府组织实施的成片开发建设需要用地的；

（六）法律规定为公共利益需要可以征收农民集体所有的土地的其他情形。

前款规定的建设活动，应当符合国民经济和社会发展规划、土地利用总体规划、城乡规划和专项规划；第（四）项、第（五）项规定的建设活动，还应当纳入国民经济和社会发展年度计划；第（五）项规定的成片开发并应当符合国务院自然资源主管部门规定的标准。

第四十六条 征收下列土地的，由国务院批准：

（一）永久基本农田；

（二）永久基本农田以外的耕地超过三十五公顷的；

（三）其他土地超过七十公顷的。

征收前款规定以外的土地的，由省、自治区、直辖市人民政府批准。

征收农用地的，应当依照本法第四十四条的规定先行办理农用地转用审批。其中，经国务院批准农用地转用的，同时办理征地审批手续，不再另行办理征地审批；经省、自治区、直辖市人民政府在征地批准权限内批准农用地转用的，同时办理征地审批手续，不再另行办理征地审批，超过征地批准权限的，应当依照本条第一款的规定另行办理征地审批。

第四十七条　国家征收土地的，依照法定程序批准后，由县级以上地方人民政府予以公告并组织实施。

县级以上地方人民政府拟申请征收土地的，应当开展拟征收土地现状调查和社会稳定风险评估，并将征收范围、土地现状、征收目的、补偿标准、安置方式和社会保障等在拟征收土地所在的乡（镇）和村、村民小组范围内公告至少三十日，听取被征地的农村集体经济组织及其成员、村民委员会和其他利害关系人的意见。

多数被征地的农村集体经济组织成员认为征地补偿安置方案不符合法律、法规规定的，县级以上地方人民政府应当组织召开听证会，并根据法律、法规的规定和听证会情况修改方案。

拟征收土地的所有权人、使用权人应当在公告规定期限内，持不动产权属证明材料办理补偿登记。县级以上地方人民政府应当组织有关部门测算并落实有关费用，保证足额到位，与拟征收土地的所有权人、使用权人就补偿、安置等签订协议；个别确实难以达成协议的，应当在申请征收土地时如实说明。

相关前期工作完成后，县级以上地方人民政府方可申请征收土地。

第四十八条　征收土地应当给予公平、合理的补偿，保障被征地农民原有生活水平不降低、长远生计有保障。

征收土地应当依法及时足额支付土地补偿费、安置补助费以及农村村民住宅、其他地上附着物和青苗等的补偿费用，并安排被征地农民的社会保障费用。

征收农用地的土地补偿费、安置补助费标准由省、自治区、直辖市通过制定公布区片综合地价确定。制定区片综合地价应当综合考虑土地原用途、土地资源条件、土地产值、土地区位、土地供求关系、人口以及经济社会发展水平等因素，并至少每三年调整或者重新公布一次。

征收农用地以外的其他土地、地上附着物和青苗等的补偿标准，由省、自治区、直辖市制定。对其中的农村村民住宅，应当按照先补偿后搬迁、居住条件有改善的原则，尊重农村村民意愿，采取重新安排宅基地建房、提供安置房或者货币补偿等方式给予公平、合理的补偿，并对因征收造成的搬迁、临时安置等费用予以补偿，保障农村村民居住的权利和合法的住房财产权益。

县级以上地方人民政府应当将被征地农民纳入相应的养老等社会保障体系。被征地农民的社会保障费用主要用于符合条件的被征地农民的养老保险等社会保险缴费补贴。被征地农民社会保障费用的筹集、管理和使用办法，由省、自治区、直辖市制定。

第五十四条 建设单位使用国有土地，应当以出让等有偿使用方式取得；但是，下列建设用地，经县级以上人民政府依法批准，可以以划拨方式取得：

（一）国家机关用地和军事用地；

（二）城市基础设施用地和公益事业用地；

（三）国家重点扶持的能源、交通、水利等基础设施用地；

（四）法律、行政法规规定的其他用地。

第五十五条 以出让等有偿使用方式取得国有土地使用权的建设单位，按照国务院规定的标准和办法，缴纳土地使用权出让金等土地有偿使用费和其他费用后，方可使用土地。

自本法施行之日起，新增建设用地的土地有偿使用费，百分之三十上缴中央财政，百分之七十留给有关地方人民政府。具体使用管理办法由国务院财政部门会同有关部门制定，并报国务院批准。

第五十七条 建设项目施工和地质勘查需要临时使用国有土地或者农民集体所有的土地的，由县级以上人民政府自然资源主管部门批准。其中，在城市规划区内的临时用地，在报批前，应当先经有关城市规划行政主管部门同意。土地使用者应当根据土地权属，与有关自然资源主管部门或者农村集体经济组织、村民委员会签订临时使用土地合同，并按照合同的约定支付临时使用土地补偿费。

临时使用土地的使用者应当按照临时使用土地合同约定的用途使用土地，并不得修建永久性建筑物。

临时使用土地期限一般不超过二年。

第五十八条 有下列情形之一的，由有关人民政府自然资源主管部门报经原批准用地的人民政府或者有批准权的人民政府批准，可以收回国有土地使用权：

（一）为实施城市规划进行旧城区改建以及其他公共利益需要，确需使用土地的；

（二）土地出让等有偿使用合同约定的使用期限届满，土地使用者未申请续期或者申请续期未获批准的；

（三）因单位撤销、迁移等原因，停止使用原划拨的国有土地的；

（四）公路、铁路、机场、矿场等经核准报废的。

依照前款第（一）项的规定收回国有土地使用权的，对土地使用权人应当给予适当补偿。

第五十九条 乡镇企业、乡（镇）村公共设施、公益事业、农村村民住宅等乡（镇）村建设，应当按照村庄和集镇规划，合理布局，综合开发，配套建设；建设用地，应当符合乡（镇）土地利用总体规划和土地利用年度计划，并依照本法第四十四条、第六十条、第六十一条、第六十二条的规定办理审批手续。

第六十条 农村集体经济组织使用乡（镇）土地利用总体规划确定的建设用地兴办企业或者与其他单位、个人以土地使用权入股、联营等形式共同举办企业的，应当持有关批准文件，向县级以上地方人民政府自然资源主管部门提出申请，按照省、自治区、直辖市规定的批准权限，由县级以上地方人民政府批准；其中，涉及占用农用地的，依照本法第四十四条的规定办理审批手续。

按照前款规定兴办企业的建设用地，必须严格控制。省、自治区、直辖市可以按照乡镇企业的不同行业和经营规模，分别规定用地标准。

第六十二条 农村村民一户只能拥有一处宅基地，其宅基地的面积不得超过省、自治区、直辖市规定的标准。

人均土地少、不能保障一户拥有一处宅基地的地区，县级人民政府在充分尊重农村村民意愿的基础上，可以采取措施，按照省、自治区、直辖市规定的标准保障农村村民实现户有所居。

农村村民建住宅，应当符合乡（镇）土地利用总体规划、村庄规划，不得占用永久基本农田，并尽量使用原有的宅基地和村内空闲地。编制乡（镇）土地利用总体规划、村庄规划应当统筹并合理安排宅基地用地，改善农村村民居住环境和条件。

农村村民住宅用地，由乡（镇）人民政府审核批准；其中，涉及占用农用地的，依照本法第四十四条的规定办理审批手续。

农村村民出卖、出租、赠与住宅后，再申请宅基地的，不予批准。

国家允许进城落户的农村村民依法自愿有偿退出宅基地，鼓励农村集体经济组织及其成员盘活利用闲置宅基地和闲置住宅。

国务院农业农村主管部门负责全国农村宅基地改革和管理有关工作。

第六十三条 土地利用总体规划、城乡规划确定为工业、商业等经营性用途，并经依法登记的集体经营性建设用地，土地所有权人可以通过出让、出租等方式交由单位或者个人使用，并应当签订书面合同，载明土地界址、面积、动工期限、使用期限、土地用途、规划条件和双方其他权利义务。

前款规定的集体经营性建设用地出让、出租等，应当经本集体经济组织成员的村民会议三分之二以上成员或者三分之二以上村民代表的同意。

通过出让等方式取得的集体经营性建设用地使用权可以转让、互换、出资、赠与或者抵押，但法律、行政法规另有规定或者土地所有权人、土地使用权人签订的书面合同另有约定的除外。

集体经营性建设用地的出租，集体建设用地使用权的出让及其最高年限、转让、互换、出资、赠与、抵押等，参照同类用途的国有建设用地执行。具体办法由国务院制定。

第六十五条 在土地利用总体规划制定前已建的不符合土地利用总体规划确定的用途的建筑物、构筑物，不得重建、扩建。

第六十六条 有下列情形之一的，农村集体经济组织报经原批准用地的人民政府批准，可以收回土地使用权：

（一）为乡（镇）村公共设施和公益事业建设，需要使用土地的；

（二）不按照批准的用途使用土地的；

（三）因撤销、迁移等原因而停止使用土地的。

依照前款第（一）项规定收回农民集体所有的土地的，对土地使用权人应当给予适当补偿。

收回集体经营性建设用地使用权，依照双方签订的书面合同办理，法律、行政法规另有规定的除外。

第六章 监督检查（略）

第七章 法律责任（略）

第八章 附则（略）

二、《中华人民共和国土地管理法》导读

（一）《中华人民共和国土地管理法》修改背景

《中华人民共和国土地管理法》（以下简称《土地管理法》）是一部关系亿万农民切身利益、关系国家经济社会安全的重要法律。《土地管理法》确立的以土地公有制为基础、耕地保护为目标、用途管制为核心的土地管理基本制度总体上是符合我国国情的，实施以来，为保护耕地、维护农民土地权益、保障工业化城镇化快速发展发挥了重要作用。随着实践的不断发展和改革的不断深入，现行农村土地制度与社会主义市场经济体制不相适应的问题日益显现：土地征收制度不完善，因征地引发的社会矛盾积累较多；农村集体土地权益保障不充分，农村集体经营性建设用地不能与国有建设用地同等入市、同权同价；宅基地取得、使用和退出制度不完整，用益物权难落实；土地增值收益分配机制不健全，兼顾国家、集体、个人之间利益不够。针对农村土地制度存在的突出问题，十八届三中全会通过的《中共中央关于全面深化改革若干重大问题的决定》对改革提出了明确要求。由于土地制度改革牵一发而动全身，为审慎稳妥推进，2014年中办国办印发《关于农村土地征收、集体经营性建设用地入市、宅基地制度改革试点工作的意见》，对农村土地制度改革进行顶层设计。2015年2月，全国人大常委会通过《关于授权国务院在北京市大兴区等33个试点县行政区域内暂停调整实施有关法律规定的决定》，在33个试点地区暂停实施《土地管理法》5个条款。授权决定还明确：对实践证明可行的，修改完善有关法律。自2015年以来，33个试点地区在党中央的坚强领导下，大胆探索，勇于创新，试点取得了明显成效，为《土地管理法》修改奠定了坚实的实践基础。2019年8月26日，十三届全国人大常委会第十二次会议审议通过了《中华人民共和国土地管理法》修正案，自2020年1月1日起施行。

（二）《土地管理法》修改的基本原则

1. 坚持正确方向。按照习近平总书记关于“不能把农村土地集体所有制改垮了，不能把耕地改少了，不能把粮食生产能力改弱了，不能把农民利益损害了”的重要指示和李克强总理关于“任何时候都要守住耕地红线”“要坚持数量与质量并重，严格划定永久基本农田”的要求，本轮《土地管理法》的修改坚持现行土地管理法关于

土地所有制的规定，全面强化对永久基本农田的管理和保护，在征地补偿标准、宅基地审批等直接关系农民利益的问题上只做加法、不做减法。坚持以人民为中心这一核心价值取向，坚持解放思想与实事求是，一切从农民群众利益、从中华民族的长远发展出发来谋划改革和推进修法，确保法律修改方向正确。

2. 坚持问题导向。新法为破解集体经营性建设用地入市的法律障碍，删去了从事非农业建设必须使用国有土地或者征为国有的原集体土地的规定；为缩小土地征收范围、规范土地征收程序，限定了可以征收集体土地的具体情形，补充了社会稳定风险评估、先签协议再上报征地审批等程序；为完善对被征地农民保障机制，修改征收土地按照年产值倍数补偿的规定，强化了对被征地农民的社会保障、住宅补偿等制度。

3. 坚持制度创新。在全面总结农村土地制度改革三项试点经验的基础上，落实党的十九大精神和中央有关政策文件，将依法经过试点、各方面认识比较一致的土地征收、集体经营性建设用地入市、宅基地管理方面的制度和创新经验及时上升为法律制度；把经过实践检验比较成熟的永久基本农田保护、土地督察等制度通过法律予以明确；同时，为“多规合一”、国土空间规划体系建设等预留了法律空间。

4. 坚持审慎稳妥。修法工作始终与改革试点的探索创新、总结推广同步推进，最终形成的修法方案是在全面总结农村土地制度改革三项试点经验的基础上，将各方面认识比较一致、经过实践检验比较成熟的制度和创新经验上升为法律制度；对认识还不一致、试点还未取得明显成效的，预留了法律空间。

（三）《土地管理法》主要修改内容

1. 增加一条，作为第六条：“国务院授权的机构对省、自治区、直辖市人民政府以及国务院确定的城市人民政府土地利用和土地管理情况进行督察。”

2. 将第十一条、第十二条、第十三条合并，作为第十二条，修改为：“土地的所有权和使用权的登记，依照有关不动产登记的法律、行政法规执行。依法登记的土地的所有权和使用权受法律保护，任何单位和个人不得侵犯。”

3. 将第十四条、第十五条合并，作为第十三条，修改为：“农民集体所有和国家所有依法由农民集体使用的耕地、林地、草地，以及其他依法用于农业的土地，采取农村集体经济组织内部的家庭承包方式承包，不宜采取家庭承包方式的荒山、荒沟、荒丘、荒滩等，可以采取招标、拍卖、公开协商等方式承包，从事种植业、林业、畜牧业、渔业生产。家庭承包的耕地的承包期为三十年，草地的承包期为三十年至五十年，林地的承包期为三十年至七十年；耕地承包期届满后再延长三十年，草地、林地承包期届满后依法相应延长。国家所有依法用于农业的土地可以由单位或者个人承包经营，从事种植业、林业、畜牧业、渔业生产。发包方和承包方应当依法订立承包合同，约定双方的权利和义务。承包经营土地的单位和个人，有保护和按照承包合同约定的用途合理利用土地的义务。”

4. 将第十九条改为第十七条，修改为：“土地利用总体规划按照下列原则编制：（一）落实国土空间开发保护要求，严格土地用途管制；（二）严格保护永久基本农田，严格控制非农业建设占用农用地；（三）提高土地节约集约利用水平；（四）统筹安排城乡生产、生活、生态用地，满足乡村产业和基础设施用地合理需求，促进城乡融合发展；（五）保护和改善生态环境，保障土地的可持续利用；（六）占用耕地与开发复垦耕地数量平衡、质量相当。”

5. 增加一条，作为第十八条：“国家建立国土空间规划体系。编制国土空间规划应当坚持生态优先，绿色、可持续发展，科学有序统筹安排生态、农业、城镇等功能空间，优化国土空间结构和布局，提升国土空间开发、保护的质量和效率。经依法批准的国土空间规划是各类开发、保护、建设活动的基本依据。已经编制国土空间规划的，不再编制土地利用总体规划和城乡规划。”

6. 将第二十四条改为第二十三条，第二款修改为：“土地利用年度计划，根据国民经济和社会发展计划、国家产业政策、土地利用总体规划以及建设用地和土地利用的实际状况编制。土地利用年度计划应当对本法第六十三条规定的集体经营性建设用地作出合理安排。土地利用年度计划的编制审批程序与土地利用总体规划的编制审批程序相同，一经审批下达，必须严格执行。”

7. 将第二十九条改为第二十八条，第二款、第三款修改为：“县级以上人民政府统计机构和自然资源主管部门依法进行土地统计调查，定期发布土地统计资料。土地所有者或者使用者应当提供有关资料，不得拒报、迟报，不得提供不真实、不完整的资料。统计机构和自然资源主管部门共同发布的土地面积统计资料是各级人民政府编制土地利用总体规划的依据。”

8. 将第三十三条改为第三十二条，修改为：“省、自治区、直辖市人民政府应当严格执行土地利用总体规划和土地利用年度计划，采取措施，确保本行政区域内耕地总量不减少、质量不降低。耕地总量减少的，由国务院责令在规定期限内组织开垦与所减少耕地的数量与质量相当的耕地；耕地质量降低的，由国务院责令在规定期限内组织整治。新开垦和整治的耕地由国务院自然资源主管部门会同农业农村主管部门验收。个别省、直辖市确因土地后备资源匮乏，新增建设用地后，新开垦耕地的数量不足以补偿所占用耕地的数量的，必须报经国务院批准减免本行政区域内开垦耕地的数量，易地开垦数量和质量相当的耕地。”

9. 将第三十四条第一款、第二款改为第三十三条，修改为：“国家实行永久基本农田保护制度。下列耕地应当根据土地利用总体规划划为永久基本农田，实行严格保护：（一）经国务院农业农村主管部门或者县级以上地方人民政府批准确定的粮、棉、油、糖等重要农产品生产基地内的耕地；（二）有良好的水利与水土保持设施的耕地，正在实施改造计划以及可以改造的中、低产田和已建成的高标准农田；（三）蔬菜生产基地；（四）农业科研、教学试验田；（五）国务院规定应当划为永久基本农田的其他耕地。各省、自治区、直辖市划定的永久基本农田一般应当占本行政区域内耕地的百分之八十以上，具体比例由国务院根据各省、自治区、直辖市耕地实际情况规定。”

10. 将第三十四条第三款改为第三十四条，修改为：“永久基本农田划定以乡（镇）为单位进行，由县级人民政府自然资源主管部门会同同级农业农村主管部门组织实施。永久基本农田应当落实到地块，纳入国家永久基本农田数据库严格管理。乡（镇）人民政府应当将永久基本农田的位置、范围向社会公告，并设立保护标志。”

11. 增加一条，作为第三十五条：“永久基本农田经依法划定后，任何单位和个人不得擅自占用或者改变其用途。国家能源、交通、水利、军事设施等重点建设项目选址确实难以避让永久基本农田，涉及农用地转用或者土地征收的，必须经国务院批准。禁止通过擅自调整县级土地利用总体规划、乡（镇）土地利用总体规划等方式规避永久基本农田农用地转用或者土地征收的审批。”

12. 将第三十五条改为第三十六条，修改为：“各级人民政府应当采取措施，引导因地制宜轮作休耕，改良土壤，提高地力，维护排灌工程设施，防止土地荒漠化、盐渍化、水土流失和土壤污染。”

13. 将第四十四条第二款、第三款、第四款修改为：“永久基本农田转为建设用地的，由国务院批准。在土地利用总体规划确定的城市和村庄、集镇建设用地规模范围内，为实施该规划而将永久基本农田以外的农用地转为建设用地的，按土地利用年度计划分批次按照国务院规定由原批准土地利用总体规划的机关或者其授权的机关批准。在已批准的农用地转用范围内，具体建设项目用地可以由市、县人民政府批准。在土地利用总体规划确定的城市和村庄、集镇建设用地规模范围外，将永久基本农田以外的农用地转为建设用地的，由国务院或者国务院授权的省、自治区、直辖市人民政府批准。”

14. 增加一条，作为第四十五条：“为了公共利益的需要，有下列情形之一，确需征收农民集体所有的土地的，可以依法实施征收：（一）军事和外交需要用地的；（二）由政府组织实施的能源、交通、水利、通信、邮政等基础设施建设需要用地的；（三）由政府组织实施的科技、教育、文化、卫生、体育、生态环境和资源保护、防灾减灾、文物保护、社区综合服务、社会福利、市政公用、优抚安置、英烈保护等公共事业需要用地的；（四）由政府组织实施的扶贫搬迁、保障性安居工程建设需要用地的；（五）在土地利用总体规划确定的城镇建设用地范围内，经省级以上人民政府批准由县级以上地方人民政府组织实施的成片开发建设需要用地的；（六）法律规定为公共利益需要可以征收农民集体所有的土地的其他情形。前款规定的建设活动，应当符合国民经济和社会发展规划、土地利用总体规划、城乡规划和专项规划；第（四）项、第（五）项规定的建设活动，还应当纳入国民经济和社会发展年度计划；第（五）项规定的成片开发并应当符合国务院自然资源主管部门规定的标准。”

15. 将第四十六条、第四十八条合并，作为第四十七条，修改为：“国家征收土地的，依照法定程序批准后，由县级以上地方人民政府予以公告并组织实施。县级以上地方人民政府拟申请征收土地的，应当开展拟征收土地现状调查和社会稳定风险评估，并将征收范围、土地现状、征收目的、补偿标准、安置方式和社会保障等在拟征收土地所在的乡（镇）和村、村民小组范围内公告至少三十日，听取被征地的农村集体经济组织及其成员、村民委员会和其他利害关系人的意见。多数被征地的农村集体经济组织成员认为征地补偿安置方案不符合法律、法规规定的，县级以上地方人民政府应当组织召开听证会，并根据法律、法规的规定和听证会情况修改方案。拟征收土地的所有权人、使用权人应当在公告规定期限内，持不动产权属证明材料办理补偿登记。县级以上地方人民政府应当组织有关部门测算并落实有关费用，保证足额到位，与拟征收土地的所有权人、使用权人就补偿、安置等签订协议；个别确实难以达成协议的，应当在申请征收土地时如实说明。相关前期工作完成后，县级以上地方人民政府方可申请征收土地。”

16. 将第四十七条改为第四十八条，修改为：“征收土地应当给予公平、合理的补偿，保障被征地农民原有生活水平不降低、长远生计有保障。征收土地应当依法及时足额支付土地补偿费、安置补助费以及农村村民住宅、其他地上附着物和青苗等的补偿费用，并安排被征地农民的社会保障费用。征收农用地的土地补偿费、安置补助费标准由省、自治区、直辖市通过制定公布区片综合地价确定。制定区片综合地价应当综合考虑土地原用途、土地资源条件、土地产值、土地区位、土地供求关系、人口以及经济社会发展水平等因素，并至少每三年调整或者重新公布一次。征收农用地以外的其他土地、地上附着物和青苗等的补偿标准，由省、自治区、直辖市制定。对其中的农村村民住宅，应当按照先补偿后搬迁、居住条件有改善的原则，尊重农村村民意愿，采取重新安排宅基地建房、提供安置房或者货币补偿等方式给予公平、合理的补偿，并对因征收造成的搬迁、临时安置等费用予以补偿，保障农村村民居住的权利和合法的住房财产权益。县级以上地方人民政府应当将被征地农民纳入相应的养老等社会保障体系。被征地农民的社会保障费用主要用于符合条件的被征地农民的养老保险等社会保险缴费补贴。被征地农民社会保障费用的筹集、管理和使用办法，由省、自治区、直辖市制定。”

17. 将第五十五条第二款修改为：“自本法施行之日起，新增建设用地的土地有偿使用费，百分之三十上缴中央财政，百分之七十留给有关地方人民政府。具体使用管理办法由国务院财政部门会同有关部门制定，并报国务院批准。”

18. 将第五十八条修改为：“有下列情形之一的，由有关人民政府自然资源主管部门报经原批准用地的人民政府或者有批准权的人民政府批准，可以收回国有土地使用权：（一）为实施城市规划进行旧城区改建以及其他公共利益需要，确需使用土地的；（二）土地出让等有偿使用合同约定的使用期限届满，土地使用者未申请续期或者申请续期未获批准的；（三）因单位撤销、迁移等原因，停止使用原划拨的国有土地的；（四）公路、铁路、机场、矿场等经核准报废的。依照前款第（一）项的规定收回国有土地使用权的，对土地使用权人应当给予适当补偿。”

19. 将第六十二条第二款、第三款、第四款修改为：“人均土地少、不能保障一户拥有一处宅基地的地区，县级人民政府在充分尊重农村村民意愿的基础上，可以采取措施，按照省、自治区、直辖市规定的标准保障农村村民实现户有所居。农村村民建住宅，应当符合乡（镇）土地利用总体规划、村庄规划，不得占用永久基本农田，并尽量使用原有的宅基地和村内空闲地。编制乡（镇）土地利用总体规划、村庄规划应当统筹并合理安排宅基地用地，改善农村村民居住环境和条件。农村村民住宅用地，由乡（镇）人民政府审核批准；其中，涉及占用农用地的，依照本法第四十四条的规定办理审批手续。”

20. 将第六十三条修改为：“土地利用总体规划、城乡规划确定为工业、商业等经营性用途，并经依法登记的集体经营性建设用地，土地所有权人可以通过出让、出租等方式交由单位或者个人使用，并应当签订书面合同，载明土地界址、面积、动工期限、使用期限、土地用途、规划条件和双方其他权利义务。前款规定的集体经营性建设用地出让、出租等，应当经本集体经济组织成员的村民会议三分之二以上成员或者三分之二以上村民代表的同意。通过出让等方式取得的集体经营性建设用地使用权可以转让、互换、出资、赠与或者抵押，但法律、行政法规另有规定或者土地所有权人、土地使用权人签订的书面合同另有约定的除外。集体经营性建设用地的出租，集体建设用地使用权的出让及其最高年限、转让、互换、出资、赠与、抵押等，参照同类用途的国有建设用地执行。具体办法由国务院制定。”

（四）《土地管理法》的亮点

1. 破除农村集体建设用地进入市场法律障碍。原《土地管理法》规定，除乡镇企业破产兼并外，禁止农村集体经济组织以外的单位或个人直接使用集体建设用地，只有将集体建设用地征收为国有土地后，该宗土地才可以出让。这一规定使集体建设用地的价值不能显化，导致农村土地资源配置效率低下，农民的土地财产权益受到侵蚀。在城乡接合部，大量的集体建设用地违法进入市场，严重挑战法律的权威。在33个试点地区，集体经营性建设用地入市制度改革受到农村集体经济组织和广大农民的广泛欢迎。新法删除了原法第四十三条关于“任何单位和个人进行建设，需要使用土地，必须依法申请使用国有土地”的规定，允许集体经营性建设用地在符合规划、依法登记，并经本集体经济组织2/3以上成员或者村民代表同意的条件下，通过出让、出租等方式交由集体经济组织以外的单位或者个人直接使用。土地使用者取得集体经营性建设用地使用权后，还可以转让、互换、出资、赠与或者抵押。这是重大的制度突破，它结束了多年来集体建设用地不能与国有建设用地同权同价、同等入市的二元体制，为城乡融合发展扫清了制度性障碍。需要特别说明的是，允许集体经营性建设用地进入市场，并不意味着农村所有的土地都可以随便进入市场。能够直接进入市场的集体经营性建设用地，必须符合法律规定的条件，必须遵循用途管制的原则和要求。

2. 改革和完善土地征收制度。新法在总结多年来征地制度改革试点经验的基础上，对土地征收制度做出了多项修改完善：

一是首次对土地征收的公共利益范围进行明确界定。《宪法》、原《土地管理法》都规定，国家为了公共利益的需要可以对土地实行征收或征用并给予补偿。但什么是土地征收的“公共利益”两法都没有明确规定，加之集体建设用地不能直接进入市场，使土地征收成为各项建设使用土地的唯一渠道，导致征地规模不断扩大，被征地农民的合法权益和长远生计得不到有效保障，影响社会稳定。新法增加第四十五条，采用列举的方式，首次对土地征收的公共利益进行界定：因军事和外交需要、由政府组织实施的基础设施、公共事业和扶贫搬迁、保障性安居工程建设需要以及成片开发建设，确须征收的，可以依法实施征收。这一规定将有利于缩小征地范围，限制政府滥用征地权。

二是明确征收补偿的基本原则是保障被征地农民原有生活水平不降低，长远生计有保障。原《土地管理法》按照被征收土地的原用途给予补偿，按照年产值倍数法确定土地补偿费和安置补助费，补偿标准偏低，补偿机制不健全。新法首次将2004年国务院28号文件提出的“保障被征地农民原有生活水平不降低、长远生计有保障”的补偿原则上升为法律规定，并以区片综合地价取代原来的年产值倍数法，在原来的土地补偿费、安置补助费、地上附着物和青苗补偿费的基础上，增加农村村民住宅补偿费用和被征地农民社会保障费用的规定，从法律上为被征地农民构建更加完善的保障机制。

三是改革土地征收程序。将原来的征地批后“两公告一登记”修改为征地批前的“调查、评估、公告、听证、登记和协议”，启动征地前社会稳定风险评估。征地补偿安置方案要至少公告30天。多数被征地的农村集体经济组织成员对征地补偿安置方案有异议的，应当召开听证会修改，进一步落实被征地的农村集体经济组织和农民在整个征地过程中的知情权、参与权和监督权。倡导和谐征地，征地报批以前，县级以上地方政府必须与拟征收土地的所有权人、使用权人就补偿安置等签订协议。

3. 完善农村宅基地制度。新法完善了农村宅基地制度，在原来“一户一宅”的基础上，增加宅基地户有所居的规定：人均土地少、不能保障一户拥有一处宅基地的地区，在充分尊重农民意愿的基础上可以采取措施保障农村村民实现户有所居。这是对“一户一宅”制度的重大补充和完善。考虑到农民变成城市居民真正完成城市化是一个漫长的历史过程，新法规定，国家允许进城落户的农村村民自愿有偿退出宅基地，这一规定意味着地方政府不得违背农民意愿强迫农民退出宅基地。同时，在总结试点经验的基础上，新法下放宅基地审批权限，明确农村村民住宅建设由乡镇人民政府审批。

4. 为多规合一改革预留法律空间。建立国土空间规划体系并监督实施，实现“多规合一”是党中央、国务院作出的重大战略部署。随着国土空间规划体系的建立和实施，土地利用总体规划和城乡规划将不再单独编制和审批，最终将被国土空间规划所取代。考虑到“多规合一”改革正在推进中，新法为改革预留了法律空间，增加第十八条规定，国家建立国土空间规划体系。经依法批准的国土空间规划是各类开发、保护和建设活动的基本依据。为解决改革过渡期的规划衔接问题，新法明确，已经编制国土空间规划的，不再编制土地利用总体规划和城乡规划。在国土空间规划编制前，经依法批准的土地利用总体规划和城乡规划继续执行。

5. 合理划分中央和省级政府土地审批权限。原《土地管理法》对新增建设用地规定了从严从紧的审批制度，旨在通过复杂的审批制度引导地方政府利用存量建设用地。长期以来，地方对建设用地审批层级高、时限长、程序复杂等问题反映强烈。新法适应“放管服”改革的要求，对中央和地方的土地审批权限进行了调整，按照是否占用永久基本农田来划分国务院和省级政府的审批权限。国务院只审批涉及永久基本农田的农用地转用，其他的由国务院授权省级政府审批。同时，按照“谁审批谁负责”的原则，取消省级征地批准报国务院备案的规定。

6. 基本农田变为永久基本农田。实行最严格的耕地保护制度，确保国家粮食安全是《土地管理法》的核心和宗旨。为增强全社会对基本农田永久保护的意识，新法将基本农田提升为永久基本农田，永久基本农田经依法划定后，任何单位和个人不得擅自占用或者改变用途。永久基本农田必须落实到地块，纳入数据严格管理。同时，新法对永久基本农田的划定比例做了更加实事求是的规定，各省、自治区、直辖市划定的永久基本农田一般应当占本行政区域内耕地的80%以上，具体比例由国务院根据各省、自治区、直辖市耕地实际情况确定。

7. 国家土地督察制度上升为法律制度。为有效解决土地管理中存在的地方政府违法行为高发多发的问题，2006年国务院决定实施国家土地督察制度，对省、自治区、直辖市及计划单列市政府土地管理和土地利用情况进行督察。土地督察制度实施以来，在监督地方政府依法管地用地、查处违法案件等方面发挥了重要作用。在充分总结国家土地督察制度实施成效的基础上，新法在总则中增加第六条，对土地督察制度作出规定，国务院授权的机构对省、自治区、直辖市人民政府以及国务院确定的城市人民政府土地利用和土地管理情况进行督察。以此为标准，国家土地督察制度正式成为土地管理的法律制度。

8. 不动产统一登记取代土地登记。随着不动产统一登记制度的实施，土地登记已经被不动产统一登记所取代。新法进一步确认了这一改革成果。新法第十二条规定：土地的所有权和使用权的登记，依照有关不动产登记的法律、行政法规执行。删除：确认林地草原的所有权使用权，确认水面滩涂的养殖使用权，分别依照森林法、草原法、渔业法的有关规定办理。

9. 完善土地承包法律制度。新法第十三条规定明确了：农村集体土地和国家所有依法由农民集体使用的耕地、林地、草地以及其他依法用于农村的土地，采取家庭承包方式承包，不宜采取家庭承包方式的可以采取招标、拍卖、公开协商等方式承包，并明确了耕地、草地、林地的承包期限。

10. 对农村宅基地违法处罚机关进行了调整。新法第七十八条规定：农村村民未经批准或采取欺骗手段骗取批准，非法占用土地建造住宅的，由县级以上人民政府农业农村主管部门责令退还非法占用的土地，限期拆除在非法占用的土地上新建的房屋。执法部门调整为县级以上人民政府农业农村主管部门。

第八节　中华人民共和国森林法

【说明】1984 年 9 月 20 日第六届全国人民代表大会常务委员会第七次会议通过，根据 1998 年 4 月 29 日第九届全国人民代表大会常务委员会第二次会议《关于修改〈中华人民共和国森林法〉的决定》第一次修正，根据 2009 年 8 月 27 日第十一届全国人民代表大会常务委员会第十次会议《关于修改部分法律的决定》第二次修正，2019 年 12 月 28 日第十三届全国人民代表大会常务委员会第十五次会议修订。

一、《中华人民共和国森林法》文本摘要

第一章　总　则

第二条　在中华人民共和国领域内从事森林、林木的保护、培育、利用和森林、林木、林地的经营管理活动，适用本法。

第三条　保护、培育、利用森林资源应当尊重自然、顺应自然，坚持生态优先、保护优先、保育结合、可持续发展的原则。

第四条　国家实行森林资源保护发展目标责任制和考核评价制度。上级人民政府对下级人民政府完成森林资源保护发展目标和森林防火、重大林业有害生物防治工作的情况进行考核，并公开考核结果。

地方人民政府可以根据本行政区域森林资源保护发展的需要，建立林长制。

第七条　国家建立森林生态效益补偿制度，加大公益林保护支持力度，完善重点生态功能区转移支付政策，指导受益地区和森林生态保护地区人民政府通过协商等方式进行生态效益补偿。

第二章　森林权属

第十四条　森林资源属于国家所有，由法律规定属于集体所有

的除外。

国家所有的森林资源的所有权由国务院代表国家行使。国务院可以授权国务院自然资源主管部门统一履行国有森林资源所有者职责。

第十五条 林地和林地上的森林、林木的所有权、使用权，由不动产登记机构统一登记造册，核发证书。国务院确定的国家重点林区（以下简称重点林区）的森林、林木和林地，由国务院自然资源主管部门负责登记。

森林、林木、林地的所有者和使用者的合法权益受法律保护，任何组织和个人不得侵犯。

森林、林木、林地的所有者和使用者应当依法保护和合理利用森林、林木、林地，不得非法改变林地用途和毁坏森林、林木、林地。

第十六条 国家所有的林地和林地上的森林、林木可以依法确定给林业经营者使用。林业经营者依法取得的国有林地和林地上的森林、林木的使用权，经批准可以转让、出租、作价出资等。具体办法由国务院制定。

林业经营者应当履行保护、培育森林资源的义务，保证国有森林资源稳定增长，提高森林生态功能。

第十七条 集体所有和国家所有依法由农民集体使用的林地（以下简称集体林地）实行承包经营的，承包方享有林地承包经营权和承包林地上的林木所有权，合同另有约定的从其约定。承包方可以依法采取出租（转包）、入股、转让等方式流转林地经营权、林木所有权和使用权。

第十八条 未实行承包经营的集体林地以及林地上的林木，由农村集体经济组织统一经营。经本集体经济组织成员的村民会议三分之二以上成员或者三分之二以上村民代表同意并公示，可以通过招标、拍卖、公开协商等方式依法流转林地经营权、林木所有权和使用权。

第十九条 集体林地经营权流转应当签订书面合同。林地经营权流转合同一般包括流转双方的权利义务、流转期限、流转价款及支付方式、流转期限届满林地上的林木和固定生产设施的处置、违约责任等内容。

受让方违反法律规定或者合同约定造成森林、林木、林地严重毁坏的，发包方或者承包方有权收回林地经营权。

第二十条 国有企业事业单位、机关、团体、部队营造的林木，由营造单位管护并按照国家规定支配林木收益。

农村居民在房前屋后、自留地、自留山种植的林木，归个人所有。城镇居民在自有房屋的庭院内种植的林木，归个人所有。

集体或者个人承包国家所有和集体所有的宜林荒山荒地荒滩营造的林木，归承包的集体或者个人所有；合同另有约定的从其约定。

其他组织或者个人营造的林木，依法由营造者所有并享有林木收益；合同另有约定的从其约定。

第二十一条 为了生态保护、基础设施建设等公共利益的需要，确需征收、征用林地、林木的，应当依照《中华人民共和国土地管理法》等法律、行政法规的规定办理审批手续，并给予公平、合理的补偿。

第二十二条 单位之间发生的林木、林地所有权和使用权争议，由县级以上人民政府依法处理。

个人之间、个人与单位之间发生的林木所有权和林地使用权争议，由乡镇人民政府或者县级以上人民政府依法处理。

当事人对有关人民政府的处理决定不服的，可以自接到处理决定通知之日起三十日内，向人民法院起诉。

在林木、林地权属争议解决前，除因森林防火、林业有害生物防治、国家重大基础设施建设等需要外，当事人任何一方不得砍伐有争议的林木或者改变林地现状。

第三章 发展规划（略）

第四章 森林保护

第二十九条 中央和地方财政分别安排资金，用于公益林的营造、抚育、保护、管理和非国有公益林权利人的经济补偿等，实行专款专用。具体办法由国务院财政部门会同林业主管部门制定。

第三十条 国家支持重点林区的转型发展和森林资源保护修复，改善生产生活条件，促进所在地区经济社会发展。重点林区按照规定享受国家重点生态功能区转移支付等政策。

第三十一条 国家在不同自然地带的典型森林生态地区、珍贵动物和植物生长繁殖的林区、天然热带雨林区和具有特殊保护价值的其他天然林区，建立以国家公园为主体的自然保护地体系，加强保护管理。

国家支持生态脆弱地区森林资源的保护修复。

县级以上人民政府应当采取措施对具有特殊价值的野生植物资源予以保护。

第三十二条 国家实行天然林全面保护制度，严格限制天然林采伐，加强天然林管护能力建设，保护和修复天然林资源，逐步提高天然林生态功能。具体办法由国务院规定。

第三十三条 地方各级人民政府应当组织有关部门建立护林组织，负责护林工作；根据实际需要建设护林设施，加强森林资源保护；督促相关组织订立护林公约、组织群众护林、划定护林责任区、配备专职或者兼职护林员。

县级或者乡镇人民政府可以聘用护林员，其主要职责是巡护森林，发现火情、林业有害生物以及破坏森林资源的行为，应当及时处理并向当地林业等有关部门报告。

第三十四条 地方各级人民政府负责本行政区域的森林防火工作，发挥群防作用；县级以上人民政府组织领导应急管理、林业、公安等部门按照职责分工密切配合做好森林火灾的科学预防、扑救和处置工作：

（一）组织开展森林防火宣传活动，普及森林防火知识；

（二）划定森林防火区，规定森林防火期；

（三）设置防火设施，配备防灭火装备和物资；

（四）建立森林火灾监测预警体系，及时消除隐患；

（五）制定森林火灾应急预案，发生森林火灾，立即组织扑救；

（六）保障预防和扑救森林火灾所需费用。

国家综合性消防救援队伍承担国家规定的森林火灾扑救任务和预防相关工作。

第三十五条 县级以上人民政府林业主管部门负责本行政区域的林业有害生物的监测、检疫和防治。

省级以上人民政府林业主管部门负责确定林业植物及其产品的检疫性有害生物，划定疫区和保护区。

重大林业有害生物灾害防治实行地方人民政府负责制。发生暴发性、危险性等重大林业有害生物灾害时，当地人民政府应当及时组织除治。

林业经营者在政府支持引导下，对其经营管理范围内的林业有害生物进行防治。

第三十六条 国家保护林地，严格控制林地转为非林地，实行占用林地总量控制，确保林地保有量不减少。各类建设项目占用林地不得超过本行政区域的占用林地总量控制指标。

第三十七条　矿藏勘查、开采以及其他各类工程建设，应当不占或者少占林地；确需占用林地的，应当经县级以上人民政府林业主管部门审核同意，依法办理建设用地审批手续。

占用林地的单位应当缴纳森林植被恢复费。森林植被恢复费征收使用管理办法由国务院财政部门会同林业主管部门制定。

县级以上人民政府林业主管部门应当按照规定安排植树造林，恢复森林植被，植树造林面积不得少于因占用林地而减少的森林植被面积。上级林业主管部门应当定期督促下级林业主管部门组织植树造林、恢复森林植被，并进行检查。

第三十八条　需要临时使用林地的，应当经县级以上人民政府林业主管部门批准；临时使用林地的期限一般不超过二年，并不得在临时使用的林地上修建永久性建筑物。

临时使用林地期满后一年内，用地单位或者个人应当恢复植被和林业生产条件。

第三十九条　禁止毁林开垦、采石、采砂、采土以及其他毁坏林木和林地的行为。

禁止向林地排放重金属或者其他有毒有害物质含量超标的污水、污泥，以及可能造成林地污染的清淤底泥、尾矿、矿渣等。

禁止在幼林地砍柴、毁苗、放牧。

禁止擅自移动或者损坏森林保护标志。

第四十条　国家保护古树名木和珍贵树木。禁止破坏古树名木和珍贵树木及其生存的自然环境。

第五章　造林绿化

第四十三条　各级人民政府应当组织各行各业和城乡居民造林绿化。

宜林荒山荒地荒滩，属于国家所有的，由县级以上人民政府林业主管部门和其他有关主管部门组织开展造林绿化；属于集体所有的，由集体经济组织组织开展造林绿化。

城市规划区内、铁路公路两侧、江河两侧、湖泊水库周围，由各有关主管部门按照有关规定因地制宜组织开展造林绿化；工矿区、工业园区、机关、学校用地，部队营区以及农场、牧场、渔场经营地区，由各该单位负责造林绿化。组织开展城市造林绿化的具体办法由国务院制定。

国家所有和集体所有的宜林荒山荒地荒滩可以由单位或者个人承包造林绿化。

第四十六条 各级人民政府应当采取以自然恢复为主、自然恢复和人工修复相结合的措施，科学保护修复森林生态系统。新造幼林地和其他应当封山育林的地方，由当地人民政府组织封山育林。

各级人民政府应当对国务院确定的坡耕地、严重沙化耕地、严重石漠化耕地、严重污染耕地等需要生态修复的耕地，有计划地组织实施退耕还林还草。

各级人民政府应当对自然因素等导致的荒废和受损山体、退化林地以及宜林荒山荒地荒滩，因地制宜实施森林生态修复工程，恢复植被。

第六章 经营管理

第四十八条 公益林由国务院和省、自治区、直辖市人民政府划定并公布。

下列区域的林地和林地上的森林，应当划定为公益林：

（一）重要江河源头汇水区域；

（二）重要江河干流及支流两岸、饮用水水源地保护区；

（三）重要湿地和重要水库周围；

（四）森林和陆生野生动物类型的自然保护区；

（五）荒漠化和水土流失严重地区的防风固沙林基干林带；

（六）沿海防护林基干林带；

（七）未开发利用的原始林地区；

（八）需要划定的其他区域。

公益林划定涉及非国有林地的，应当与权利人签订书面协议，并给予合理补偿。

公益林进行调整的，应当经原划定机关同意，并予以公布。

国家级公益林划定和管理的办法由国务院制定；地方级公益林划定和管理的办法由省、自治区、直辖市人民政府制定。

第四十九条 国家对公益林实施严格保护。

县级以上人民政府林业主管部门应当有计划地组织公益林经营者对公益林中生态功能低下的疏林、残次林等低质低效林，采取林分改造、森林抚育等措施，提高公益林的质量和生态保护功能。

在符合公益林生态区位保护要求和不影响公益林生态功能的前提下，经科学论证，可以合理利用公益林林地资源和森林景观资源，适度开展林下经济、森林旅游等。利用公益林开展上述活动应当严格遵守国家有关规定。

第五十条 国家鼓励发展下列商品林：

（一）以生产木材为主要目的的森林；

（二）以生产果品、油料、饮料、调料、工业原料和药材等林产品为主要目的的森林；

（三）以生产燃料和其他生物质能源为主要目的的森林；

（四）其他以发挥经济效益为主要目的的森林。

在保障生态安全的前提下，国家鼓励建设速生丰产、珍贵树种和大径级用材林，增加林木储备，保障木材供给安全。

第五十一条 商品林由林业经营者依法自主经营。在不破坏生态的前提下，可以采取集约化经营措施，合理利用森林、林木、林地，提高商品林经济效益。

第五十二条 在林地上修筑下列直接为林业生产经营服务的工程设施，符合国家有关部门规定的标准的，由县级以上人民政府林业主管部门批准，不需要办理建设用地审批手续；超出标准需要占用林地的，应当依法办理建设用地审批手续：

（一）培育、生产种子、苗木的设施；

（二）贮存种子、苗木、木材的设施；

（三）集材道、运材道、防火巡护道、森林步道；

（四）林业科研、科普教育设施；

（五）野生动植物保护、护林、林业有害生物防治、森林防火、木材检疫的设施；

（六）供水、供电、供热、供气、通讯基础设施；

（七）其他直接为林业生产服务的工程设施。

第五十三条 国有林业企业事业单位应当编制森林经营方案，明确森林培育和管护的经营措施，报县级以上人民政府林业主管部门批准后实施。重点林区的森林经营方案由国务院林业主管部门批准后实施。

国家支持、引导其他林业经营者编制森林经营方案。

编制森林经营方案的具体办法由国务院林业主管部门制定。

第五十四条 国家严格控制森林年采伐量。省、自治区、直辖市人民政府林业主管部门根据消耗量低于生长量和森林分类经营管理的原则，编制本行政区域的年采伐限额，经征求国务院林业主管部门意见，报本级人民政府批准后公布实施，并报国务院备案。重点林区的年采伐限额，由国务院林业主管部门编制，报国务院批准后公布实施。

第五十五条　采伐森林、林木应当遵守下列规定：

（一）公益林只能进行抚育、更新和低质低效林改造性质的采伐。但是，因科研或者实验、防治林业有害生物、建设护林防火设施、营造生物防火隔离带、遭受自然灾害等需要采伐的除外。

（二）商品林应当根据不同情况，采取不同采伐方式，严格控制采伐面积，伐育同步规划实施。

（三）自然保护区的林木，禁止采伐。但是，因防治林业有害生物、森林防火、维护主要保护对象生存环境、遭受自然灾害等特殊情况必须采伐的和实验区的竹林除外。

省级以上人民政府林业主管部门应当根据前款规定，按照森林分类经营管理、保护优先、注重效率和效益等原则，制定相应的林木采伐技术规程。

第五十六条　采伐林地上的林木应当申请采伐许可证，并按照采伐许可证的规定进行采伐；采伐自然保护区以外的竹林，不需要申请采伐许可证，但应当符合林木采伐技术规程。农村居民采伐自留地和房前屋后个人所有的零星林木，不需要申请采伐许可证。

非林地上的农田防护林、防风固沙林、护路林、护岸护堤林和城镇林木等的更新采伐，由有关主管部门按照有关规定管理。

采挖移植林木按照采伐林木管理。具体办法由国务院林业主管部门制定。

禁止伪造、变造、买卖、租借采伐许可证。

第五十七条　采伐许可证由县级以上人民政府林业主管部门核发。

县级以上人民政府林业主管部门应当采取措施，方便申请人办理采伐许可证。

农村居民采伐自留山和个人承包集体林地上的林木，由县级人民政府林业主管部门或者其委托的乡镇人民政府核发采伐许可证。

第五十八条　申请采伐许可证，应当提交有关采伐的地点、林种、树种、面积、蓄积、方式、更新措施和林木权属等内容的材料。超过省级以上人民政府林业主管部门规定面积或者蓄积量的，还应当提交伐区调查设计材料。

第五十九条　符合林木采伐技术规程的，审核发放采伐许可证的部门应当及时核发采伐许可证。但是，审核发放采伐许可证的部门不得超过年采伐限额发放采伐许可证。

第六十条 有下列情形之一的，不得核发采伐许可证：

（一）采伐封山育林期、封山育林区内的林木；

（二）上年度采伐后未按照规定完成更新造林任务；

（三）上年度发生重大滥伐案件、森林火灾或者林业有害生物灾害，未采取预防和改进措施；

（四）法律法规和国务院林业主管部门规定的禁止采伐的其他情形。

第六十一条 采伐林木的组织和个人应当按照有关规定完成更新造林。更新造林的面积不得少于采伐的面积，更新造林应当达到相关技术规程规定的标准。

第六十二条 国家通过贴息、林权收储担保补助等措施，鼓励和引导金融机构开展涉林抵押贷款、林农信用贷款等符合林业特点的信贷业务，扶持林权收储机构进行市场化收储担保。

第六十五条 木材经营加工企业应当建立原料和产品出入库台账。任何单位和个人不得收购、加工、运输明知是盗伐、滥伐等非法来源的林木。

第七章 监督检查（略）

第八章 法律责任（略）

第九章 附 则

第八十三条 本法下列用语的含义是：

（一）森林，包括乔木林、竹林和国家特别规定的灌木林。按照用途可以分为防护林、特种用途林、用材林、经济林和能源林。

（二）林木，包括树木和竹子。

（三）林地，是指县级以上人民政府规划确定的用于发展林业的土地。包括郁闭度 0.2 以上的乔木林地以及竹林地、灌木林地、疏林地、采伐迹地、火烧迹地、未成林造林地、苗圃地等。

二、《中华人民共和国森林法》导读

（一）《中华人民共和国森林法》修订背景和意义

森林是陆地生态系统的主体和重要资源，是人类生存发展的重要生态屏障。《中华人民共和国森林法》（以下简称《森林法》）自 1985 年施行以来，经 1998 年修正和 2009 年打捆修改，对于保护和合理利用森林资源，加快国土绿化和生态建设，保障和促进林业发展，发挥了十分重要的作用。随着经济社会的发展和市场经济体制不断建立健全，林业发展面临的形势和任务发生了根本性变化。林业在推进乡村振兴、区域发展，助力脱贫攻坚、推动绿色发展等方面发挥着越来越重要的作用。党的十八届四中全会明确要求用最严格的法律制度保护生态环境，促进生态文明建设。2018 年，《森林法》修改被列入《十三届全国人大常委会立法规划》一类立法项目。修订《森林法》，对于深入贯彻落实党中央决策部署，推进生态文明建设，践行绿水青山就是金山银山理念，实现林业治理体系和治理能力现代化具有重要意义。森林关系国家生态安全，要着力推进国土绿化、着力提高森林质量、着力开展森林城市建设、着力建设国家公园。修订后的《森林法》以建设生态文明为目标，将绿水青山就是金山银山和绿色发展的理念贯穿在整部法律中，成为全行业全社会遵守的行为准则，是生态文明建设的一项重大成果。

修订《森林法》，是全面深化林业改革的制度保障。近年来，国有林场改革和重点国有林区改革全面展开，集体林权制度改革全面深化。涉及森林资源的健全自然资源资产管理体制、国有自然资源有偿使用、国土空间开发保护等改革，正在稳步推进。本次《森林法》修订将实践检验行之有效的改革举措及时转化为法律规范，强化了立法对林业改革发展的引领和保障。同时，林业必须改变传统管理方式，按照"放管服"改革要求，简政放权，优化服务，创新监管方式，调动林业经营者的积极性，为全面深化林业改革创造良好环境。修订《森林法》，是推动林业高质量发展的重大举措。经过不懈努力，我国森林资源保护和生态修复取得了显著成就，但总体上仍然缺林少绿、森林质量不高，森林生态系统的多种效益没有充分发挥。本次修订，就是要适应新的形势发展需要，以培育稳定、健康、优质、高效的森林生态系统为目标，按照生态区位和主导功能划分公益林和商品林，并采取不同保护管理措施；用制度引导科学经营，强化森林经营方案的地位和作用；制定森林资源保护发展目标，保障森林资源数量和质量稳步提高。

（二）《森林法》主要修改内容

《森林法》最新于 2019 年 12 月 28 日第十三届全国人民代表大会常务委员会第十五次会议修订。在结构上作了较大调整，从 1998 年的 7 章扩展至 9 章，条文数从 49 条增加到 84 条。在修改总体思路上，把握国有林和集体林、公益林和商品林两条主线，建立和完善了森林资源保护管理制度。

1. 完善森林权属制度。按照明确森林权属、加强产权保护的立法思路，根据国有森林资源产权制度改革的要求和国有林区、国有林场、集体林权制度改革的实践经验，“森林权属”一章明确了森林、林木、林地的权属，确定了国有森林资源的所有权行使主体，规定了国家所有和集体所有的森林资源流转的方式和条件，强调了国家、集体和个人等不同主体的合法权益。

2. 明确分类经营管理制度。按照充分发挥森林多种功能、实现资源永续利用的立法思路，修订后的森林法将“国家以培育稳定、健康、优质、高效的森林生态系统为目标，对公益林和商品林实行分类经营管理”首次作为基本法律制度写入“总则”一章。同时，还在“森林保护”“经营管理”等章节，对公益林划定的标准、范围、程序等进行了细化，对公益林、商品林具体经营制度做了规定，体现了严格保护公益林和依法自主经营商品林的立法原则。

3. 强化森林资源保护。按照生态优先、保护优先，实行最严格的法律制度保护森林、林木和林地的立法思路，新法规定，在具有特殊保护价值的林区建立以国家公园为主体的自然保护地，加强保护；将党中央关于天然林全面保护的决策转化为法律制度，严格限制天然林采伐。进一步完善森林火灾科学预防、扑救以及林业有害生物防治制度，明确了人民政府、林业等有关部门、林业经营者的职责。为确保林地保有量不减少，形成了占用林地总量控制、建设项目占用林地审核、临时占用林地审批、直接为林业生产经营服务的工程设施占用林地审批的林地用途管制制度体系。

4. 细化造林绿化制度。按照着力推进国土绿化、着力提高森林质量的立法思路，修订后的森林法强调了科学保护修复森林生态系统，坚持自然恢复为主、自然恢复和人工修复相结合，对新造幼林地和其他应当封山育林的地方，组织封山育林，对国务院确定的需要生态修复的耕地，有计划地组织实施退耕还林还草；坚持数量和质量并重、质量优先，在大规模推进国土绿化的同时，应当科学规划、因地制宜，优化林种、树种结构，鼓励使用乡土树种和林木良种、营造混交林。同时，根据森林城市建设多年来取得的成绩，修订后的《森林法》规定统筹城乡造林绿化，推动森林城市建设。

5. 完善林木采伐制度。按照既有效保护森林资源，又要充分保障林业经营者合法权益的立法思路，根据“放管服”改革要求，修订后的森林法在坚持森林采伐限额制度的基础上，规定重点国有林区以外的森林采伐限额由省级林业主管部门编制，经征求国家林草局意见，报省级人民政府批准后公布实施，并报国务院备案。回应实践需求，完善了林木采伐许可证核发范围、条件和申请材料，规范了自然保护区林木采伐和采挖移植林木管理。强化了森林经营方案的法律地位，国有林业企业事业单位必须编制森林经营方案，国家支持、引导其他林业经营者编制。

（三）《森林法》亮点

1. 促进生态文明建设，转变发展理念原则。森林与生态文明建设密切相关。新法在总则中明确践行“绿水青山就是金山银山”理念，将“保护、培育、利用森林资源应当尊重自然、顺应自然，坚持生态优先、保护优先、保育结合、可持续发展”作为基本原则。为了体现这些基本原则，新法新增了多个内容，包括森林资源保护发展目标责任制和考核评价制度，强化发展规划的引领作用，加强森林防火、林业有害生物防治、林业基础设施建设，加强造林绿化并丰富公民参与造林绿化的方式，重视科学保护修复森林生态系统修复等。新法还十分注重生态环境保护和经济发展两者之间的辩证统一关系，强化森林权属保护、实行森林分类经营管理制度、建立森林生态效益补偿制度。

2. 实行分类经营管理，整体发挥多种功能。新法增加了森林分类经营管理制度，将森林分为公益林和商品林。公益林实行严格保护，主要发挥生态功能；商品林主要发挥经济功能，由林业经营者依法自主经营。这也是将长期以来国家在林业发展实践中探索出的成熟可行的实践经验上升为法律规范。新法将森林生态区位重要或者生态状况脆弱、以发挥生态效益为主要目的的林地和林地上的森林划定为公益林，并列举了八类应当划定为公益林的区域。同时规定，在符合公益林生态区位保护要求和不影响公益林生态功能的前提下，经科学论证，可以合理利用公益林林地资源和森林景观资源，适度开展林下经济、森林旅游等。新法保留了现行的森林采伐限额和采伐许可证制度，同时按照“放管服”改革精神进行了完善和优化。一是下放采伐限额审批权。二是缩小采伐许可证核发范围。三是强化森林经营方案的地位和作用。

3. 保障经营主体权益，实行生态效益补偿。新法还有一大亮点，就是在重视森林生态效益的同时，重视保护森林权利人和地区的利益。“如果不能调动林业经营主体的积极性，特别是广大林农以及新型林业经营主体的积极性，保护森林的措施是不可能完全落实到位的。”林业经营者既具有保护森林资源的义务，也有从森林资源的经营中获得经济收益的权利。新法新增“森林权属”一章，明确森林权属，加强产权保护。规定对森林、林木、林地的所有权、使用权进行登记保护。新法明确，需征收、征用林地、林木的，应当依法办理审批程序，并给予公平、合理的补偿；在保障经营主体的经营权方面，规定对公益林划定涉及非国有林地的，应当与权利人签订书面协议，给予合理补偿，并确立国家建立森林生态效益补偿制度；在保障林业经营主体的处置权方面，尤其是在林木采伐管理方面，取消了木材运输许可制度，同时完善了林木采伐许可制度，优化了木材采伐许可证的核发程序和条件。

第九节　中华人民共和国野生动物保护法

【说明】 1988 年 11 月 8 日第七届全国人民代表大会常务委员会第四次会议通过，根据 2004 年 8 月 28 日第十届全国人民代表大会常务委员会第十一次会议《关于修改〈中华人民共和国野生动物保护法〉的决定》第一次修正，根据 2009 年 8 月 27 日第十一届全国人民代表大会常务委员会第十次会议《关于修改部分法律的决定》第二次修正，2016 年 7 月 2 日第十二届全国人民代表大会常务委员会第二十一次会议修订，根据 2018 年 10 月 26 日第十三届全国人民代表大会常务委员会第六次会议《关于修改〈中华人民共和国野生动物保护法〉等 15 部法律的决定》第三次修正。

一、《中华人民共和国野生动物保护法》文本摘要

第一章　总　则

第二条　在中华人民共和国领域及管辖的其他海域，从事野生

动物保护及相关活动，适用本法。

本法规定保护的野生动物，是指珍贵、濒危的陆生、水生野生动物和有重要生态、科学、社会价值的陆生野生动物。

本法规定的野生动物及其制品，是指野生动物的整体（含卵、蛋）、部分及其衍生物。珍贵、濒危的水生野生动物以外的其他水生野生动物的保护，适用《中华人民共和国渔业法》等有关法律的规定。

第三条 野生动物资源属于国家所有。

国家保障依法从事野生动物科学研究、人工繁育等保护及相关活动的组织和个人的合法权益。

第四条 国家对野生动物实行保护优先、规范利用、严格监管的原则，鼓励开展野生动物科学研究，培育公民保护野生动物的意识，促进人与自然和谐发展。

第五条 国家保护野生动物及其栖息地。县级以上人民政府应当制定野生动物及其栖息地相关保护规划和措施，并将野生动物保护经费纳入预算。

国家鼓励公民、法人和其他组织依法通过捐赠、资助、志愿服务等方式参与野生动物保护活动，支持野生动物保护公益事业。

本法规定的野生动物栖息地，是指野生动物野外种群生息繁衍的重要区域。

第七条 国务院林业草原、渔业主管部门分别主管全国陆生、水生野生动物保护工作。

县级以上地方人民政府林业草原、渔业主管部门分别主管本行政区域内陆生、水生野生动物保护工作。

第二章　野生动物及其栖息地保护

第十条 国家对野生动物实行分类分级保护。

国家对珍贵、濒危的野生动物实行重点保护。国家重点保护的野生动物分为一级保护野生动物和二级保护野生动物。国家重点保护野生动物名录，由国务院野生动物保护主管部门组织科学评估后制定，并每五年根据评估情况确定对名录进行调整。国家重点保护野生动物名录报国务院批准公布。

地方重点保护野生动物，是指国家重点保护野生动物以外，由省、自治区、直辖市重点保护的野生动物。地方重点保护野生动物名录，由省、自治区、直辖市人民政府组织科学评估后制定、调整并公布。

有重要生态、科学、社会价值的陆生野生动物名录，由国务院野生动物保护主管部门组织科学评估后制定、调整并公布。

第十一条　县级以上人民政府野生动物保护主管部门，应当定期组织或者委托有关科学研究机构对野生动物及其栖息地状况进行调查、监测和评估，建立健全野生动物及其栖息地档案。

对野生动物及其栖息地状况的调查、监测和评估应当包括下列内容：

（一）野生动物野外分布区域、种群数量及结构；

（二）野生动物栖息地的面积、生态状况；

（三）野生动物及其栖息地的主要威胁因素；

（四）野生动物人工繁育情况等其他需要调查、监测和评估的内容。

第十二条　国务院野生动物保护主管部门应当会同国务院有关部门，根据野生动物及其栖息地状况的调查、监测和评估结果，确定并发布野生动物重要栖息地名录。

省级以上人民政府依法划定相关自然保护区域，保护野生动物及其重要栖息地，保护、恢复和改善野生动物生存环境。对不具备划定相关自然保护区域条件的，县级以上人民政府可以采取划定禁猎（渔）区、规定禁猎（渔）期等其他形式予以保护。

禁止或者限制在相关自然保护区域内引入外来物种、营造单一纯林、过量施洒农药等人为干扰、威胁野生动物生息繁衍的行为。

相关自然保护区域，依照有关法律法规的规定划定和管理。

第十三条　县级以上人民政府及其有关部门在编制有关开发利用规划时，应当充分考虑野生动物及其栖息地保护的需要，分析、预测和评估规划实施可能对野生动物及其栖息地保护产生的整体影响，避免或者减少规划实施可能造成的不利后果。

禁止在相关自然保护区域建设法律法规规定不得建设的项目。机场、铁路、公路、水利水电、围堰、填海等建设项目的选址选线，应当避让相关自然保护区域、野生动物迁徙洄游通道；无法避让的，应当采取修建野生动物通道、过鱼设施等措施，消除或者减少对野生动物的不利影响。

建设项目可能对相关自然保护区域、野生动物迁徙洄游通道产生影响的，环境影响评价文件的审批部门在审批环境影响评价文件时，涉及国家重点保护野生动物的，应当征求国务院野生动物保护主管部门意见；涉及地方重点保护野生动物的，应当征求省、自治区、直辖市人民政府野生动物保护主管部门意见。

第十七条 国家加强对野生动物遗传资源的保护，对濒危野生动物实施抢救性保护。

国务院野生动物保护主管部门应当会同国务院有关部门制定有关野生动物遗传资源保护和利用规划，建立国家野生动物遗传资源基因库，对原产我国的珍贵、濒危野生动物遗传资源实行重点保护。

第十九条 因保护本法规定保护的野生动物，造成人员伤亡、农作物或者其他财产损失的，由当地人民政府给予补偿。具体办法由省、自治区、直辖市人民政府制定。有关地方人民政府可以推动保险机构开展野生动物致害赔偿保险业务。

有关地方人民政府采取预防、控制国家重点保护野生动物造成危害的措施以及实行补偿所需经费，由中央财政按照国家有关规定予以补助。

第三章 野生动物管理

第二十条 在相关自然保护区域和禁猎（渔）区、禁猎（渔）期内，禁止猎捕以及其他妨碍野生动物生息繁衍的活动，但法律法规另有规定的除外。

野生动物迁徙洄游期间，在前款规定区域外的迁徙洄游通道内，禁止猎捕并严格限制其他妨碍野生动物生息繁衍的活动。迁徙洄游通道的范围以及妨碍野生动物生息繁衍活动的内容，由县级以上人民政府或者其野生动物保护主管部门规定并公布。

第二十一条 禁止猎捕、杀害国家重点保护野生动物。

因科学研究、种群调控、疫源疫病监测或者其他特殊情况，需要猎捕国家一级保护野生动物的，应当向国务院野生动物保护主管部门申请特许猎捕证；需要猎捕国家二级保护野生动物的，应当向省、自治区、直辖市人民政府野生动物保护主管部门申请特许猎捕证。

第二十二条 猎捕非国家重点保护野生动物的，应当依法取得县级以上地方人民政府野生动物保护主管部门核发的狩猎证，并且服从猎捕量限额管理。

第二十三条 猎捕者应当按照特许猎捕证、狩猎证规定的种类、数量、地点、工具、方法和期限进行猎捕。

持枪猎捕的，应当依法取得公安机关核发的持枪证。

第二十四条 禁止使用毒药、爆炸物、电击或者电子诱捕装置以及猎套、猎夹、地枪、排铳等工具进行猎捕，禁止使用夜间照明行猎、歼灭性围猎、捣毁巢穴、火攻、烟熏、网捕等方法进行猎捕，但因科学研究确需网捕、电子诱捕的除外。

前款规定以外的禁止使用的猎捕工具和方法，由县级以上地方人民政府规定并公布。

第二十五条 国家支持有关科学研究机构因物种保护目的人工繁育国家重点保护野生动物。

前款规定以外的人工繁育国家重点保护野生动物实行许可制度。人工繁育国家重点保护野生动物的，应当经省、自治区、直辖市人民政府野生动物保护主管部门批准，取得人工繁育许可证，但国务院对批准机关另有规定的除外。

人工繁育国家重点保护野生动物应当使用人工繁育子代种源，建立物种系谱、繁育档案和个体数据。因物种保护目的确需采用野外种源的，适用本法第二十一条和第二十三条的规定。

本法所称人工繁育子代，是指人工控制条件下繁殖出生的子代个体且其亲本也在人工控制条件下出生。

第二十七条 禁止出售、购买、利用国家重点保护野生动物及其制品。

因科学研究、人工繁育、公众展示展演、文物保护或者其他特殊情况，需要出售、购买、利用国家重点保护野生动物及其制品的，应当经省、自治区、直辖市人民政府野生动物保护主管部门批准，并按照规定取得和使用专用标识，保证可追溯，但国务院对批准机关另有规定的除外。

实行国家重点保护野生动物及其制品专用标识的范围和管理办法，由国务院野生动物保护主管部门规定。

出售、利用非国家重点保护野生动物的，应当提供狩猎、进出口等合法来源证明。

出售本条第二款、第四款规定的野生动物的，还应当依法附有检疫证明。

第二十八条 对人工繁育技术成熟稳定的国家重点保护野生动物，经科学论证，纳入国务院野生动物保护主管部门制定的人工繁育国家重点保护野生动物名录。对列入名录的野生动物及其制品，可以凭人工繁育许可证，按照省、自治区、直辖市人民政府野生动物保护主管部门核验的年度生产数量直接取得专用标识，凭专用标识出售和利用，保证可追溯。

对本法第十条规定的国家重点保护野生动物名录进行调整时，根据有关野外种群保护情况，可以对前款规定的有关人工繁育技术成熟稳定野生动物的人工种群，不再列入国家重点保护野生动物名录，实行与野外种群不同的管理措施，但应当依照本法第二十五条第二款和本条第一款的规定取得人工繁育许可证和专用标识。

第二十九条 利用野生动物及其制品的，应当以人工繁育种群为主，有利于野外种群养护，符合生态文明建设的要求，尊重社会公德，遵守法律法规和国家有关规定。

野生动物及其制品作为药品经营和利用的，还应当遵守有关药品管理的法律法规。

第三十条 禁止生产、经营使用国家重点保护野生动物及其制品制作的食品，或者使用没有合法来源证明的非国家重点保护野生动物及其制品制作的食品。

禁止为食用非法购买国家重点保护的野生动物及其制品。

第三十一条 禁止为出售、购买、利用野生动物或者禁止使用的猎捕工具发布广告。禁止为违法出售、购买、利用野生动物制品发布广告。

第三十二条 禁止网络交易平台、商品交易市场等交易场所，为违法出售、购买、利用野生动物及其制品或者禁止使用的猎捕工具提供交易服务。

第三十三条 运输、携带、寄递国家重点保护野生动物及其制品、本法第二十八条第二款规定的野生动物及其制品出县境的，应当持有或者附有本法第二十一条、第二十五条、第二十七条或者第二十八条规定的许可证、批准文件的副本或者专用标识，以及检疫证明。

运输非国家重点保护野生动物出县境的，应当持有狩猎、进出口等合法来源证明，以及检疫证明。

第三十五条 中华人民共和国缔结或者参加的国际公约禁止或者限制贸易的野生动物或者其制品名录，由国家濒危物种进出口管理机构制定、调整并公布。

进出口列入前款名录的野生动物或者其制品的，出口国家重点保护野生动物或者其制品的，应当经国务院野生动物保护主管部门或者国务院批准，并取得国家濒危物种进出口管理机构核发的允许进出口证明书。海关依法实施进出境检疫，凭允许进出口证明书、检疫证明按照规定办理通关手续。

涉及科学技术保密的野生动物物种的出口，按照国务院有关规定办理。

列入本条第一款名录的野生动物，经国务院野生动物保护主管部门核准，在本法适用范围内可以按照国家重点保护的野生动物管理。

第三十六条　国家组织开展野生动物保护及相关执法活动的国际合作与交流；建立防范、打击野生动物及其制品的走私和非法贸易的部门协调机制，开展防范、打击走私和非法贸易行动。

第三十七条　从境外引进野生动物物种的，应当经国务院野生动物保护主管部门批准。从境外引进列入本法第三十五条第一款名录的野生动物，还应当依法取得允许进出口证明书。海关依法实施进境检疫，凭进口批准文件或者允许进出口证明书以及检疫证明按照规定办理通关手续。

从境外引进野生动物物种的，应当采取安全可靠的防范措施，防止其进入野外环境，避免对生态系统造成危害。确需将其放归野外的，按照国家有关规定执行。

第三十八条　任何组织和个人将野生动物放生至野外环境，应当选择适合放生地野外生存的当地物种，不得干扰当地居民的正常生活、生产，避免对生态系统造成危害。随意放生野生动物，造成他人人身、财产损害或者危害生态系统的，依法承担法律责任。

第三十九条　禁止伪造、变造、买卖、转让、租借特许猎捕证、狩猎证、人工繁育许可证及专用标识，出售、购买、利用国家重点保护野生动物及其制品的批准文件，或者允许进出口证明书、进出口等批准文件。

前款规定的有关许可证书、专用标识、批准文件的发放情况，应当依法公开。

第四十条　外国人在我国对国家重点保护野生动物进行野外考察或者在野外拍摄电影、录像，应当经省、自治区、直辖市人民政府野生动物保护主管部门或者其授权的单位批准，并遵守有关法律法规规定。

第四章　法律责任（略）

第五章　附则（略）

二、《中华人民共和国野生动物保护法》导读

（一）《中华人民共和国野生动物保护法》修改的必要性及过程

1. 修改的必要性。自 1989 年 3 月 1 日《中华人民共和国野生动物保护法》（以下简称《野生动物保护法》）实施以来，我国野生动物保护事业得到发展，全国已基本形成野生动物的野外保护、拯救繁育、执法监管和科技支撑体系。国家重点保护陆生野生动物种群数量总体保持稳定；大熊猫、朱鹮、藏羚羊和扬子鳄等重点保护物种种群数量增长，基本摆脱濒危状态；栖息地保护范围逐步扩大，到 2014 年底，我国已建立自然保护区 2 729 个，约占陆地国土总面积的 15%，保护了 85% 左右的野生动物种群。同时，为了适应科学研究、科普教育、中医药等社会需求，各地野生动物人工繁育产业获得一定发展，并逐步规范化、规模化。在各级政府努力和社会倡导下，公众野生动物保护意识不断提高，近年来滥食滥用野生动物的现象有所遏制。

但总体上我国野生动物保护形势依然十分严峻。违法猎捕、杀害、买卖野生动物在很多地方仍然不同程度地存在；滥食滥用野生动物的陋习在一些地区还相当盛行；野生动物及其制品走私和非法贸易的问题在边境地区时有发生，不仅威胁生态安全，还危及人体健康，败坏社会风气，有损国家声誉；野生动物栖息地侵占破坏情况比较严重，成为野生动物种群减少的直接原因；长江等重要水域生态系统受到严重破坏，白暨豚已经功能性灭绝，江豚、中华鲟等重点保护物种极度濒危。在这种形势下，现行《野生动物保护法》已经不能完全适应现实需要，亟待围绕法律中存在的几个方面的突出问题加以修改。

2. 修改过程。2013 年 9 月，十二届全国人大常委会将《野生动物保护法》修改列入立法规划，由全国人大环资委负责牵头起草和提请审议。法工委按照任务、时间、组织、责任四落实的要求，成立了法律修改领导小组，制定了工作方案。按照科学立法、民主立法的要求，领导小组先后多次听取国务院有关部门对法律的修改建议；赴海南、广西、云南、黑龙江、吉林、湖北等地开展调研，征求地方政府和社会各界对法律的修改意见；听取中国科学院动物所、水生所、北京林业大学、东北林业大学等单位的专家讲座；围绕栖息地保护、人工繁育和损害补偿等重大问题召开专题论证会和开展实地调查；

并征求了各省（区、市）人大和中央、国务院有关部门、社会团体等单位的意见。2016 年 7 月 2 日第十二届全国人民代表大会常务委员会第二十一次会议修订了《野生动物保护法》，此次修改以生态文明建设和依法治国为指导，根据党的十八届五中全会精神，按照保护优先、突出重点、分类管理、强化责任的原则进行修正。根据 2018 年 10 月 26 日第十三届全国人民代表大会常务委员会第六次会议《关于修改〈中华人民共和国野生动物保护法〉等十五部法律的决定》再次修正。

（二）修改的主要内容

1. 严格禁止违法经营利用及食用野生动物。根据党的十八届五中全会“强化野生动植物进出口管理，严防外来有害物种入侵。严厉打击象牙等野生动植物制品非法交易”的要求，针对现行法律中对违法经营利用野生动物缺乏明确监管措施和有效处罚规定等问题，新法规定利用、食用野生动物及其制品应当遵守法律法规，符合公序良俗；增加了对出售、收购、利用、运输非国家重点保护野生动物的管理及处罚规定；增加了对违法出售、收购、利用野生动物及其制品发布广告或者相关信息、提供交易场所的禁止性规定；建立了打击野生动物走私和非法贸易的部门协调机制；明确对违法经营利用、食用及走私国家重点保护野生动物及其制品的，依照刑法有关规定追究其刑事责任。

2. 明确栖息地保护和野生动物保护名录调整条件和程序。针对现行法律中栖息地保护有关条款过于原则，野生动物保护和栖息地保护缺乏衔接，国家重点保护的野生动物名录长期得不到调整等问题，新法在立法目的中增加了保护野生动物栖息地的内容；增加了保护有重要生态价值的野生动物、发布野生动物重要栖息地名录、防止规划和建设项目破坏野生动物栖息地的规定；细化了对野生动物及其栖息地的调查、监测和评估制度；明确对国家重点保护的野生动物名录定期评估、调整和公布。

3. 全面加强人工繁育管理。针对现行法律中对野外种群和人工繁育种群缺乏分类管理、对人工繁育产业缺乏具体管理要求和措施等问题，新法明确对人工繁育国家重点保护野生动物实行许可制度；规定人工繁育国家重点保护野生动物的，应当根据野生动物习性确保其具有必要的活动空间和生息繁衍、卫生健康条件，具备与其繁育目的、种类、发展规模相适应的场所、设施、技术和资金，并符合有关技术标准，不得虐待野生动物。

4. 关于野生动物保护资金。针对现行法律中对野生动物保护中央和地方事权与责任划分不清、扶持政策规定不完善的问题，新法规定各级人民政府应当加强对野生动物及其栖息地的保护，制定规划和措施，并将野生动物保护经费纳入预算；对因保护野生动物造成的损害，规定由当地人民政府给予补偿或者实行相关政策性保险制度，中央财政予以相应补助，明确了中央政府相应的财政支出责任。

（三）《野生动物保护法》亮点

1. 认可了实质性的“动物福利”。新法以生态文明为指导，将依德与依法保护野生动物相结合，认可了实质性的动物福利，明确提出不得虐待野生动物，对待野生动物不得违反社会公德。

其一，虽然新法没有明确写出“动物福利”这四个字，但是在第二十六条中却规定了实质性的“动物福利”保护内容：“人工繁育国家重点保护野生动物……根据野生动物习性确保其具有必要的活动空间和生息繁衍、卫生健康条件，具备与其繁育目的、种类、发展规模相适应的场所、设施、技术，符合有关技术标准和防疫要求。”

其二，第二十六条明确规定“不得虐待野生动物”。“禁止虐待动物”这一规定最早出现于清末时期京城的城市管理规定之中，民国时期也有相关规定。新法增设此规定，是我国反虐待动物史上的一个里程碑。

其三，新法第二十九条规定“利用野生动物及其制品的，应当以人工繁育种群为主，有利于野外种群养护，符合生态文明建设的要求，尊重社会公德，遵守法律法规和国家有关规定”。这些进步将为下一步研究制定《反虐待动物法》奠定基础。

2. 加强了野生动物栖息地的保护。新法将第二章的标题“野生动物保护”改为“野生动物及其栖息地保护”，实现了保护对象的全面性、系统性和相关性。如在制定规划的时候，对野生动物栖息地、迁徙通道的影响要进行论证；建设铁路、桥梁等工程时，可能会破坏一些野生动物的栖息地和迁徙通道，应该采取一些补救的措施。为了保护野生动物栖息地，新法还规定国家林业行政主管部门要确定并发布野生动物重要栖息地名录。另外，很多野生动物的消失和它们的栖息地碎片化有很大关系，所以必须促进野生动物栖息地的整体化。目前我国正在根据国家公园改革方案，研究国家公园立法，这对于整合自然保护区、湿地公园、森林公园、野生动物保护栖息地等相关区域是一个利好。

3. 把“驯养繁殖”改为“人工繁育”。因为一些野生动物是难以驯养的，所以与“驯养繁殖”相比较，“人工繁育”一词要科学一些。为此，驯养繁殖许可证也改为了人工繁殖许可证。人工繁育分为公益性质和商业性质两类，新法对商业性人工繁育进行了收紧，采取了名录制。在收紧的同时又有点放宽，即对于技术成熟稳定的一些国家重点保护野生动物品种，可以不按照野外野生动物的品种进行管理。

4. 限制和规范了野生动物的利用。其一，新法把现行法的“合理利用”改为“规范利用”，即把“国家对野生动物实行加强资源保护、积极驯养繁殖、合理开发利用的方针，鼓励开展野生动物科学研究”改为“国家对野生动物实行保护优先、规范利用、严格监管的原则，鼓励开展野生动物科学研究，培育公民保护野生动物的意识，促进人与自然和谐发展”。体现了立法对野生动物保护的生态效果、社会效果及全社会共治作用的重视。在具体规定上，新法第三十条明确规定：“禁止生产、经营使用国家重点保护野生动物及其制品制作的食品，或者使用没有合法来源证明的非国家重点保护野生动物及其制品制作的食品。禁止为食用非法购买国家重点保护的野生动物及其制品。”其二，新法把“三有”动物的判定标准“有益的或者有重要经济、科学研究价值”修改为“有重要生态、科学、社会价值”。删掉了经济价值的判定标准，意味着利用野生动物在我们国家会越来越规范，条件或者限制会越来越严格，保护的野生动物品种会越来越多。

5. 重视对野生动物所致损害的补偿。目前，野生动物伤人和毁坏财物的案子很多，对财产和人身伤害的补偿，现行法仅规定“因保护国家和地方重点保护野生动物，造成农作物或者其他损失的，由当地政府给予补偿。补偿办法由省、自治区、直辖市政府制定”，而很多地方政府由于资金短缺，所以给予受害民众的经济补偿往往是不充分的。野生动物资源属于国家所有，受保护的野生动物伤害了群众，由群众自己承担全部或者部分损失是不科学的。而新法规定“有关地方人民政府可以推动保险机构开展野生动物致害赔偿保险业务”，通过保险制度来部分解决损害的补偿。另外，新法还规定“有关地方人民政府采取预防、控制国家重点保护野生动物造成危害的措施以及实行补偿所需经费，由中央财政按照国家有关规定予以补助”，解决了地方资金紧缺和对损失补偿不充分的现实问题。

6. 提出了各方参与保护的制度和机制。新法提出了各方参与保护的制度和机制，如规定国家鼓励公民、法人和其他组织依法通过捐赠、资助、志愿服务等方式参与野生动物保护活动，支持野生动物保护公益事业；各级人民政府应当加强野生动物保护的宣传教育和科学知识普及工作，鼓励和支持基层群众性自治组织、社会组织、企业事业单位、志愿者开展野生动物保护法律法规和保护知识的宣传活动；教育行政部门、学校应当对学生进行野生动物保护知识教育；新闻媒体应当开展野生动物保护法律法规和保护知识的宣传，对违法行为进行舆论监督。

7. 增加了四种违法行为的情形。和现行法律相比，新法增加了违法行为的情形：其一，不得提供违法交易的平台，如“禁止网络交易平台、商品交易市场等交易场所，为违法出售、购买、利用野生动物及其制品或者禁止使用的猎捕工具提供交易服务”。其二，不得违法生产和购买以动物为材料的食品，如“禁止生产、经营使用国家重点保护野生动物及其制品制作的食品，或者使用没有合法来源证明的非国家重点保护野生动物及其制品制作的食品。禁止为食用非法购买国家重点保护的野生动物及其制品”。其三，禁止一些广告行为，如“禁止为出售、购买、利用野生动物或者禁止使用的猎捕工具发布广告。禁止为违法出售、购买、利用野生动物制品发布广告”。其四，规定了不得违法放生，如“任何组织和个人将野生动物放生至野外环境，应当选择适合放生地野外生存的当地物种，不得干扰当地居民的正常生活、生产，避免对生态系统造成危害。随意放生野生动物，造成他人人身、财产损害或者危害生态系统的，依法承担法律责任”。

8. 法律责任更加严厉。和现行法律相比，新法规定的法律责任更加严厉：其一，除了规定没收违法所得外，还规定了按照货值多少倍来处罚的措施，如“违反本法第十五条第三款规定，以收容救护为名买卖野生动物及其制品的，由县级以上人民政府野生动物保护主管部门没收野生动物及其制品、违法所得，并处野生动物及其制品价值二倍以上十倍以下的罚款”。其二，立法修改结合了目前的社会管理实际，引进了诚信管理的有效方法，如“将有关违法信息记入社会诚信档案，向社会公布”。其三，对失职渎职的政府官员，规定了撤职、开除和引咎辞职等严厉的法律责任。

第三章　云南贯彻执行“生态文明建设排头兵”战略相关行政法规导读

第一节　中华人民共和国野生植物保护条例

【说明】1996年9月30日中华人民共和国国务院令第204号发布，根据2017年10月7日《国务院关于修改部分行政法规的决定》修订。

一、《中华人民共和国野生植物保护条例》文本摘要

第一章　总　则

第二条　在中华人民共和国境内从事野生植物的保护、发展和利用活动，必须遵守本条例。

本条例所保护的野生植物，是指原生地天然生长的珍贵植物和原生地天然生长并具有重要经济、科学研究、文化价值的濒危、稀有植物。

药用野生植物和城市园林、自然保护区、风景名胜区内的野生植物的保护，同时适用有关法律、行政法规。

第八条　国务院林业行政主管部门主管全国林区内野生植物和林区外珍贵野生树木的监督管理工作。国务院农业行政主管部门主管全国其他野生植物的监督管理工作。

国务院建设行政部门负责城市园林、风景名胜区内野生植物的监督管理工作。国务院环境保护部门负责对全国野生植物环境保护

工作的协调和监督。国务院其他有关部门依照职责分工负责有关的野生植物保护工作。

县级以上地方人民政府负责野生植物管理工作的部门及其职责，由省、自治区、直辖市人民政府根据当地具体情况规定。

第二章 野生植物保护

第九条 国家保护野生植物及其生长环境。禁止任何单位和个人非法采集野生植物或者破坏其生长环境。

第十条 野生植物分为国家重点保护野生植物和地方重点保护野生植物。

国家重点保护野生植物分为国家一级保护野生植物和国家二级保护野生植物。国家重点保护野生植物名录，由国务院林业行政主管部门、农业行政主管部门（以下简称国务院野生植物行政主管部门）商国务院环境保护、建设等有关部门制定，报国务院批准公布。

地方重点保护野生植物，是指国家重点保护野生植物以外，由省、自治区、直辖市保护的野生植物。地方重点保护野生植物名录，由省、自治区、直辖市人民政府制定并公布，报国务院备案。

第十一条 在国家重点保护野生植物物种和地方重点保护野生植物物种的天然集中分布区域，应当依照有关法律、行政法规的规定，建立自然保护区；在其他区域，县级以上地方人民政府野生植物行政主管部门和其他有关部门可以根据实际情况建立国家重点保护野生植物和地方重点保护野生植物的保护点或者设立保护标志。

禁止破坏国家重点保护野生植物和地方重点保护野生植物的保护点的保护设施和保护标志。

第十二条 野生植物行政主管部门及其他有关部门应当监视、监测环境对国家重点保护野生植物生长和地方重点保护野生植物生长的影响，并采取措施，维护和改善国家重点保护野生植物和地方重点保护野生植物的生长条件。由于环境影响对国家重点保护野生植物和地方重点保护野生植物的生长造成危害时，野生植物行政主管部门应当会同其他有关部门调查并依法处理。

第十三条 建设项目对国家重点保护野生植物和地方重点保护野生植物的生长环境产生不利影响的，建设单位提交的环境影响报告书中必须对此作出评价；环境保护部门在审批环境影响报告书时，应当征求野生植物行政主管部门的意见。

第十四条 野生植物行政主管部门和有关单位对生长受到威胁

的国家重点保护野生植物和地方重点保护野生植物应当采取拯救措施，保护或者恢复其生长环境，必要时应当建立繁育基地、种质资源库或者采取迁地保护措施。

第三章　野生植物管理

第十五条　野生植物行政主管部门应当定期组织国家重点保护野生植物和地方重点保护野生植物资源调查，建立资源档案。

第十六条　禁止采集国家一级保护野生植物。因科学研究、人工培育、文化交流等特殊需要，采集国家一级保护野生植物的，应当按照管理权限向国务院林业行政主管部门或者其授权的机构申请采集证；或者向采集地的省、自治区、直辖市人民政府农业行政主管部门或者其授权的机构申请采集证。

采集国家二级保护野生植物的，必须经采集地的县级人民政府野生植物行政主管部门签署意见后，向省、自治区、直辖市人民政府野生植物行政主管部门或者其授权的机构申请采集证。

采集城市园林或者风景名胜区内的国家一级或者二级保护野生植物的，须先征得城市园林或者风景名胜区管理机构同意，分别依照前两款的规定申请采集证。

采集珍贵野生树木或者林区内、草原上的野生植物的，依照森林法、草原法的规定办理。

野生植物行政主管部门发放采集证后，应当抄送环境保护部门备案。

采集证的格式由国务院野生植物行政主管部门制定。

第十七条　采集国家重点保护野生植物的单位和个人，必须按照采集证规定的种类、数量、地点、期限和方法进行采集。

县级人民政府野生植物行政主管部门对在本行政区域内采集国家重点保护野生植物的活动，应当进行监督检查，并及时报告批准采集的野生植物行政主管部门或者其授权的机构。

第十八条　禁止出售、收购国家一级保护野生植物。

出售、收购国家二级保护野生植物的，必须经省、自治区、直辖市人民政府野生植物行政主管部门或者其授权的机构批准。

第十九条　野生植物行政主管部门应当对经营利用国家二级保护野生植物的活动进行监督检查。

第二十条　出口国家重点保护野生植物或者进出口中国参加的国际公约所限制进出口的野生植物的，应当按照管理权限经国务院林业行政主管部门批准，或者经进出口者所在地的省、自治区、直辖市人民政府农业行政主管部门审核后报国务院农业行政主管部门批准，并取得国家濒危物种进出口管理机构核发的允许进出口证明书或者标签。海关凭允许进出口证明书或者标签查验放行。国务院野生植物行政主管部门应当将有关野生植物进出口的资料抄送国务院环境保护部门。

禁止出口未定名的或者新发现并有重要价值的野生植物。

第二十一条　外国人不得在中国境内采集或者收购国家重点保护野生植物。

外国人在中国境内对农业行政主管部门管理的国家重点保护野生植物进行野外考察的，应当经农业行政主管部门管理的国家重点保护野生植物所在地的省、自治区、直辖市人民政府农业行政主管部门批准。

第四章　法律责任（略）

第五章　附则（略）

二、《中华人民共和国野生植物保护条例》导读

（一）《中华人民共和国野生植物保护条例》主要内容

《中华人民共和国野生植物保护条例》（以下简称《野生植物保护条例》）于1996年9月30日经中华人民共和国国务院令第204号发布。根据2017年10月7日《国务院关于修改部分行政法规的决定》修订，《野生植物保护条例》共5章32条，主要包括如下内容。

1. 野生植物的定义。野生植物是指原生地天然生长的珍贵植物和原生地天然生长并具有重要经济、科学研究、文化价值的濒危、稀有植物。

2. 关于野生植物的监管体制。《野生植物保护条例》第八条规定：“国务院林业行政主管部门主管全国林区内野生植物和林区外珍贵野生树木的监督管理工作。国务院农业行政主管部门主管全国其他野生植物的监督管理工作。国务院建设行政部门负责城市园林、风景名胜区内野生植物的监督管理工作。国务院环境保护部门负责对全国野生植物环境保护工作的协调和监督。国务院其他有关部门依照职责分工负责有关的野生植物保护工作。县级以上地方人民政府

负责野生植物管理工作的部门及其职责，由省、自治区、直辖市人民政府根据当地具体情况规定。”本条对野生植物横向和纵向的监督管理体制作出了明确规定。

3. 关于《野生植物保护条例》保护的对象。《野生植物保护条例》第九条规定，“国家保护野生植物及其生长环境。禁止任何单位和个人非法采集野生植物或者破坏其生长环境。”第十条规定，“野生植物分为国家重点保护野生植物和地方重点保护野生植物。国家重点保护野生植物分为国家一级保护野生植物和国家二级保护野生植物。国家重点保护野生植物名录，由国务院林业行政主管部门、农业行政主管部门商国务院环境保护、建设等有关部门制定，报国务院批准公布。地方重点保护野生植物，是指国家重点保护野生植物以外，由省、自治区、直辖市保护的野生植物。地方重点保护野生植物名录，由省、自治区、直辖市人民政府制定并公布，报国务院备案。”

4. 野生植物的管理措施。《野生植物保护条例》第十六条规定，“禁止采集国家一级保护野生植物。因科学研究、人工培育、文化交流等特殊需要，采集国家一级保护野生植物的，应当按照管理权限向国务院林业行政主管部门或者其授权的机构申请采集证；或者向采集地的省、自治区、直辖市人民政府农业行政主管部门或者其授权的机构申请采集证。采集国家二级保护野生植物的，必须经采集地的县级人民政府野生植物行政主管部门签署意见后，向省、自治区、直辖市人民政府野生植物行政主管部门或者其授权的机构申请采集证。采集城市园林或者风景名胜区内的国家一级或者二级保护野生植物的，须先征得城市园林或者风景名胜区管理机构同意，分别依照前两款的规定申请采集证。采集珍贵野生树木或者林区内、草原上的野生植物的，依照《森林法》《草原法》的规定办理。野生植物行政主管部门发放采集证后，应当抄送环境保护部门备案。采集证的格式由国务院野生植物行政主管部门制定。”第十八条规定，“禁止出售、收购国家一级保护野生植物。出售、收购国家二级保护野生植物的，必须经省、自治区、直辖市人民政府野生植物行政主管部门或者其授权的机构批准。”第二十条规定，“出口国家重点保护野生植物或者进出口中国参加的国际公约所限制进出口的野生植物的，应当按照管理权限经国务院林业行政主管部门批准，或者经进出口者所在地的省、自治区、直辖市人民政府农业行政主管部门审核后报国务院农业行政主管部门批准，并取得国家濒危物种进出口管理机构核发的允许进出口证明书或者标签。海关凭允许进出口证明书或者标签查验放行。国务院野生植物行政主管部门应当将有关野生植物进出口的资料抄送国务院环境保护部门。禁止出口未定名的或者新发现并有重要价值的野生植物。"

(二)《野生植物保护条例》主要修改内容

1．完善野生植物采集审批制度。将《野生植物保护条例》第十六条第一款修改为："禁止采集国家一级保护野生植物。因科学研究、人工培育、文化交流等特殊需要，采集国家一级保护野生植物的，应当按照管理权限向国务院林业行政主管部门或者其授权的机构申请采集证；或者向采集地的省、自治区、直辖市人民政府农业行政主管部门或者其授权的机构申请采集证。"

2．严格野生植物出口监管。将第二十条第一款修改为："出口国家重点保护野生植物或者进出口中国参加的国际公约所限制进出口的野生植物的，应当按照管理权限经国务院林业行政主管部门批准，或者经进出口者所在地的省、自治区、直辖市人民政府农业行政主管部门审核后报国务院农业行政主管部门批准，并取得国家濒危物种进出口管理机构核发的允许进出口证明书或者标签。海关凭允许进出口证明书或者标签查验放行。国务院野生植物行政主管部门应当将有关野生植物进出口的资料抄送国务院环境保护部门。"

3．严格管外国人野外考察行为。将第二十一条第二款修改为："外国人在中国境内对农业行政主管部门管理的国家重点保护野生植物进行野外考察的，应当经农业行政主管部门管理的国家重点保护野生植物所在地的省、自治区、直辖市人民政府农业行政主管部门批准。"

第二节　中华人民共和国自然保护区条例

【说明】1994年10月9日中华人民共和国国务院令第167号发布，根据2011年1月8日《国务院关于废止和修改部分行政法规的决定》第一次修订，根据2017年10月7日《国务院关于修改部分行政法规的决定》第二次修订。

一、《中华人民共和国自然保护区条例》文本摘要

第一章　总　则

第二条　本条例所称自然保护区，是指对有代表性的自然生态系统、珍稀濒危野生动植物物种的天然集中分布区、有特殊意义的自然遗迹等保护对象所在的陆地、陆地水体或者海域，依法划出一定面积予以特殊保护和管理的区域。

第三条　凡在中华人民共和国领域和中华人民共和国管辖的其他海域内建设和管理自然保护区，必须遵守本条例。

第八条　国家对自然保护区实行综合管理与分部门管理相结合的管理体制。

国务院环境保护行政主管部门负责全国自然保护区的综合管理。

国务院林业、农业、地质矿产、水利、海洋等有关行政主管部门在各自的职责范围内，主管有关的自然保护区。

县级以上地方人民政府负责自然保护区管理的部门的设置和职责，由省、自治区、直辖市人民政府根据当地具体情况确定。

第二章　自然保护区的建设

第十条　凡具有下列条件之一的，应当建立自然保护区：

（一）典型的自然地理区域、有代表性的自然生态系统区域以及已经遭受破坏但经保护能够恢复的同类自然生态系统区域；

（二）珍稀、濒危野生动植物物种的天然集中分布区域；

（三）具有特殊保护价值的海域、海岸、岛屿、湿地、内陆水域、森林、草原和荒漠；

（四）具有重大科学文化价值的地质构造、著名溶洞、化石分布区、冰川、火山、温泉等自然遗迹；

（五）经国务院或者省、自治区、直辖市人民政府批准，需要予以特殊保护的其他自然区域。

第十一条　自然保护区分为国家级自然保护区和地方级自然保护区。

在国内外有典型意义、在科学上有重大国际影响或者有特殊科学研究价值的自然保护区，列为国家级自然保护区。

除列为国家级自然保护区的外，其他具有典型意义或者重要科学研究价值的自然保护区列为地方级自然保护区。地方级自然保护

区可以分级管理，具体办法由国务院有关自然保护区行政主管部门或者省、自治区、直辖市人民政府根据实际情况规定，报国务院环境保护行政主管部门备案。

第十二条 国家级自然保护区的建立，由自然保护区所在的省、自治区、直辖市人民政府或者国务院有关自然保护区行政主管部门提出申请，经国家级自然保护区评审委员会评审后，由国务院环境保护行政主管部门进行协调并提出审批建议，报国务院批准。

地方级自然保护区的建立，由自然保护区所在的县、自治县、市、自治州人民政府或者省、自治区、直辖市人民政府有关自然保护区行政主管部门提出申请，经地方级自然保护区评审委员会评审后，由省、自治区、直辖市人民政府环境保护行政主管部门进行协调并提出审批建议，报省、自治区、直辖市人民政府批准，并报国务院环境保护行政主管部门和国务院有关自然保护区行政主管部门备案。

跨两个以上行政区域的自然保护区的建立，由有关行政区域的人民政府协商一致后提出申请，并按照前两款规定的程序审批。

建立海上自然保护区，须经国务院批准。

第十四条 自然保护区的范围和界线由批准建立自然保护区的人民政府确定，并标明区界，予以公告。

确定自然保护区的范围和界线，应当兼顾保护对象的完整性和适度性，以及当地经济建设和居民生产、生活的需要。

第十六条 自然保护区按照下列方法命名：

国家级自然保护区：自然保护区所在地地名加“国家级自然保护区”。

地方级自然保护区：自然保护区所在地地名加“地方级自然保护区”。

有特殊保护对象的自然保护区，可以在自然保护区所在地地名后加特殊保护对象的名称。

第十八条 自然保护区可以分为核心区、缓冲区和实验区。

自然保护区内保存完好的天然状态的生态系统以及珍稀、濒危动植物的集中分布地，应当划为核心区，禁止任何单位和个人进入；除依照本条例第二十七条的规定经批准外，也不允许进入从事科学研究活动。

核心区外围可以划定一定面积的缓冲区，只准进入从事科学研究观测活动。

缓冲区外围划为实验区，可以进入从事科学试验、教学实习、参观考察、旅游以及驯化、繁殖珍稀、濒危野生动植物等活动。

原批准建立自然保护区的人民政府认为必要时，可以在自然保护区的外围划定一定面积的外围保护地带。

第三章　自然保护区的管理

第二十一条　国家级自然保护区，由其所在地的省、自治区、直辖市人民政府有关自然保护区行政主管部门或者国务院有关自然保护区行政主管部门管理。地方级自然保护区，由其所在地的县级以上地方人民政府有关自然保护区行政主管部门管理。

有关自然保护区行政主管部门应当在自然保护区内设立专门的管理机构，配备专业技术人员，负责自然保护区的具体管理工作。

第二十二条　自然保护区管理机构的主要职责是：

（一）贯彻执行国家有关自然保护的法律、法规和方针、政策；

（二）制定自然保护区的各项管理制度，统一管理自然保护区；

（三）调查自然资源并建立档案，组织环境监测，保护自然保护区内的自然环境和自然资源；

（四）组织或者协助有关部门开展自然保护区的科学研究工作；

（五）进行自然保护的宣传教育；

（六）在不影响保护自然保护区的自然环境和自然资源的前提下，组织开展参观、旅游等活动。

第二十五条　在自然保护区内的单位、居民和经批准进入自然保护区的人员，必须遵守自然保护区的各项管理制度，接受自然保护区管理机构的管理。

第二十六条　禁止在自然保护区内进行砍伐、放牧、狩猎、捕捞、采药、开垦、烧荒、开矿、采石、挖沙等活动；但是，法律、行政法规另有规定的除外。

第二十七条　禁止任何人进入自然保护区的核心区。因科学研究的需要，必须进入核心区从事科学研究观测、调查活动的，应当事先向自然保护区管理机构提交申请和活动计划，并经自然保护区管理机构批准；其中，进入国家级自然保护区核心区的，应当经省、自治区、直辖市人民政府有关自然保护区行政主管部门批准。

自然保护区核心区内原有居民确有必要迁出的，由自然保护区所在地的地方人民政府予以妥善安置。

第二十八条　禁止在自然保护区的缓冲区开展旅游和生产经营

活动。因教学科研的目的，需要进入自然保护区的缓冲区从事非破坏性的科学研究、教学实习和标本采集活动的，应当事先向自然保护区管理机构提交申请和活动计划，经自然保护区管理机构批准。

从事前款活动的单位和个人，应当将其活动成果的副本提交自然保护区管理机构。

第二十九条 在自然保护区的实验区内开展参观、旅游活动的，由自然保护区管理机构编制方案，方案应当符合自然保护区管理目标。

在自然保护区组织参观、旅游活动的，应当严格按照前款规定的方案进行，并加强管理；进入自然保护区参观、旅游的单位和个人，应当服从自然保护区管理机构的管理。

严禁开设与自然保护区保护方向不一致的参观、旅游项目。

第三十一条 外国人进入自然保护区，应当事先向自然保护区管理机构提交活动计划，并经自然保护区管理机构批准；其中，进入国家级自然保护区的，应当经省、自治区、直辖市环境保护、海洋、渔业等有关自然保护区行政主管部门按照各自职责批准。

进入自然保护区的外国人，应当遵守有关自然保护区的法律、法规和规定，未经批准，不得在自然保护区内从事采集标本等活动。

第三十二条 在自然保护区的核心区和缓冲区内，不得建设任何生产设施。在自然保护区的实验区内，不得建设污染环境、破坏资源或者景观的生产设施；建设其他项目，其污染物排放不得超过国家和地方规定的污染物排放标准。在自然保护区的实验区内已经建成的设施，其污染物排放超过国家和地方规定的排放标准的，应当限期治理；造成损害的，必须采取补救措施。

在自然保护区的外围保护地带建设的项目，不得损害自然保护区内的环境质量；已造成损害的，应当限期治理。

限期治理决定由法律、法规规定的机关作出，被限期治理的企业事业单位必须按期完成治理任务。

第四章 法律责任（略）

第五章 附则（略）

二、《中华人民共和国自然保护区条例》导读

（一）《中华人民共和国自然保护区条例》主要规定

《中华人民共和国自然保护区条例》（以下简称《自然保护区条

例》）于1994年10月9日经中华人民共和国国务院令第167号发布，根据2017年10月7日国务院令第687号《国务院关于修改部分行政法规的决定》第二次修订，共5章44条，主要规定如下：

1. 关于自然保护区的管理体制。《自然保护区条例》第八条规定，“国家对自然保护区实行综合管理与分部门管理相结合的管理体制。国务院环境保护行政主管部门负责全国自然保护区的综合管理。国务院林业、农业、地质矿产、水利、海洋等有关行政主管部门在各自的职责范围内，主管有关的自然保护区。县级以上地方人民政府负责自然保护区管理的部门的设置和职责，由省、自治区、直辖市人民政府根据当地具体情况确定。”本条对自然保护的横向和纵向管理体制和部门做出了明确规定。

2. 关于设立自然保护区的条件。《自然保护区条例》第十条规定，建立自然保护区应具备如下条件：“（一）典型的自然地理区域、有代表性的自然生态系统区域以及已经遭受破坏但经保护能够恢复的同类自然生态系统区域；（二）珍稀、濒危野生动植物物种的天然集中分布区域；（三）具有特殊保护价值的海域、海岸、岛屿、湿地、内陆水域、森林、草原和荒漠；（四）具有重大科学文化价值的地质构造、著名溶洞、化石分布区、冰川、火山、温泉等自然遗迹；（五）经国务院或者省、自治区、直辖市人民政府批准，需要予以特殊保护的其他自然区域。”

3. 关于自然保护区的分区。自然保护区可以分为核心区、缓冲区和实验区。自然保护区内保存完好的天然状态的生态系统以及珍稀、濒危动植物的集中分布地，应当划为核心区，禁止任何单位和个人进入；除依照《自然保护区条例》第二十七条的规定经批准外，不允许进入从事科学研究活动。核心区外围可以划定一定面积的缓冲区，只准进入从事科学研究观测活动。缓冲区外围划为实验区，可以进入从事科学试验、教学实习、参观考察、旅游以及驯化、繁殖珍稀、濒危野生动植物等活动。原批准建立自然保护区的人民政府认为必要时，可以在自然保护区的外围划定一定面积的外围保护地带。

4. 明晰自然保护区管理机构的职责。自然保护区管理机构的主要职责有：“（一）贯彻执行国家有关自然保护的法律、法规和方针、政策；（二）制定自然保护区的各项管理制度，统一管理自然保护区；（三）调查自然资源并建立档案，组织环境监测，保护自然保护区内的自然环境和自然资源；（四）组织或者协助有关部门开展自然保护区的科学研究工作；（五）进行自然保护的宣传教育；（六）在不影响保护自然保护区的自然环境和自然资源的前提下，组织开展参观、旅游等活动。”

（二）《中华人民共和国自然保护区条例》修改法条

1. 将《自然保护区条例》第二十七条第一款修改为：“禁止任何人进入自然保护区的核心区。因科学研究的需要，必须进入核心区从事科学研究观测、调查活动的，应当事先向自然保护区管理机构提交申请和活动计划，并经自然保护区管理机构批准；其中，进入国家级自然保护区核心区的，应当经省、自治区、直辖市人民政府有关自然保护区行政主管部门批准。”

2. 将第二十九条第一款修改为：“在自然保护区的实验区内开展参观、旅游活动的，由自然保护区管理机构编制方案，方案应当符合自然保护区管理目标。”第二款修改为：“在自然保护区组织参观、旅游活动的，应当严格按照前款规定的方案进行，并加强管理；进入自然保护区参观、旅游的单位和个人，应当服从自然保护区管理机构的管理。”

3. 将第三十一条修改为：“外国人进入自然保护区，应当事先向自然保护区管理机构提交活动计划，并经自然保护区管理机构批准；其中，进入国家级自然保护区的，应当经省、自治区、直辖市环境保护、海洋、渔业等有关自然保护区行政主管部门按照各自职责批准。

进入自然保护区的外国人，应当遵守有关自然保护区的法律、法规和规定，未经批准，不得在自然保护区内从事采集标本等活动。”

4. 将第三十七条修改为：“自然保护区管理机构违反本条例规定，有下列行为之一的，由县级以上人民政府有关自然保护区行政主管部门责令限期改正；对直接责任人员，由其所在单位或者上级机关给予行政处分：

“（一）开展参观、旅游活动未编制方案或者编制的方案不符合自然保护区管理目标的；

“（二）开设与自然保护区保护方向不一致的参观、旅游项目的；

“（三）不按照编制的方案开展参观、旅游活动的；

“（四）违法批准人员进入自然保护区的核心区，或者违法批准外国人进入自然保护区的；

“（五）有其他滥用职权、玩忽职守、徇私舞弊行为的。”

第三节　建设项目环境保护管理条例

【说明】1998年11月29日中华人民共和国国务院令第253号发布，根据2017年7月16日《国务院关于修改〈建设项目环境保护管理条例〉的决定》修订。

一、《建设项目环境保护管理条例》文本摘要

第一章　总　则

第三条　建设产生污染的建设项目，必须遵守污染物排放的国家标准和地方标准；在实施重点污染物排放总量控制的区域内，还必须符合重点污染物排放总量控制的要求。

第四条　工业建设项目应当采用能耗物耗小、污染物产生量少的清洁生产工艺，合理利用自然资源，防止环境污染和生态破坏。

第二章　环境影响评价

第七条　国家根据建设项目对环境的影响程度，按照下列规定对建设项目的环境保护实行分类管理：

（一）建设项目对环境可能造成重大影响的，应当编制环境影响报告书，对建设项目产生的污染和对环境的影响进行全面、详细的评价；

（二）建设项目对环境可能造成轻度影响的，应当编制环境影响报告表，对建设项目产生的污染和对环境的影响进行分析或者专项评价；

（三）建设项目对环境影响很小，不需要进行环境影响评价的，应当填报环境影响登记表。

建设项目环境影响评价分类管理名录，由国务院环境保护行政主管部门在组织专家进行论证和征求有关部门、行业协会、企事业单位、公众等意见的基础上制定并公布。

第八条　建设项目环境影响报告书，应当包括下列内容：

（一）建设项目概况；

（二）建设项目周围环境现状；

（三）建设项目对环境可能造成影响的分析和预测；

（四）环境保护措施及其经济、技术论证；

（五）环境影响经济损益分析；

（六）对建设项目实施环境监测的建议；

（七）环境影响评价结论。

建设项目环境影响报告表、环境影响登记表的内容和格式，由国务院环境保护行政主管部门规定。

第九条 依法应当编制环境影响报告书、环境影响报告表的建设项目，建设单位应当在开工建设前将环境影响报告书、环境影响报告表报有审批权的环境保护行政主管部门审批；建设项目的环境影响评价文件未依法经审批部门审查或者审查后未予批准的，建设单位不得开工建设。

环境保护行政主管部门审批环境影响报告书、环境影响报告表，应当重点审查建设项目的环境可行性、环境影响分析预测评估的可靠性、环境保护措施的有效性、环境影响评价结论的科学性等，并分别自收到环境影响报告书之日起60日内、收到环境影响报告表之日起30日内，作出审批决定并书面通知建设单位。

环境保护行政主管部门可以组织技术机构对建设项目环境影响报告书、环境影响报告表进行技术评估，并承担相应费用；技术机构应当对其提出的技术评估意见负责，不得向建设单位、从事环境影响评价工作的单位收取任何费用。

依法应当填报环境影响登记表的建设项目，建设单位应当按照国务院环境保护行政主管部门的规定将环境影响登记表报建设项目所在地县级环境保护行政主管部门备案。

环境保护行政主管部门应当开展环境影响评价文件网上审批、备案和信息公开。

第十条 国务院环境保护行政主管部门负责审批下列建设项目环境影响报告书、环境影响报告表：

（一）核设施、绝密工程等特殊性质的建设项目；

（二）跨省、自治区、直辖市行政区域的建设项目；

（三）国务院审批的或者国务院授权有关部门审批的建设项目。

前款规定以外的建设项目环境影响报告书、环境影响报告表的审批权限，由省、自治区、直辖市人民政府规定。

建设项目造成跨行政区域环境影响，有关环境保护行政主管部门对环境影响评价结论有争议的，其环境影响报告书或者环境影响报告表由共同上一级环境保护行政主管部门审批。

第十一条　建设项目有下列情形之一的，环境保护行政主管部门应当对环境影响报告书、环境影响报告表作出不予批准的决定：

（一）建设项目类型及其选址、布局、规模等不符合环境保护法律法规和相关法定规划；

（二）所在区域环境质量未达到国家或者地方环境质量标准，且建设项目拟采取的措施不能满足区域环境质量改善目标管理要求；

（三）建设项目采取的污染防治措施无法确保污染物排放达到国家和地方排放标准，或者未采取必要措施预防和控制生态破坏；

（四）改建、扩建和技术改造项目，未针对项目原有环境污染和生态破坏提出有效防治措施；

（五）建设项目的环境影响报告书、环境影响报告表的基础资料数据明显不实，内容存在重大缺陷、遗漏，或者环境影响评价结论不明确、不合理。

第十二条　建设项目环境影响报告书、环境影响报告表经批准后，建设项目的性质、规模、地点、采用的生产工艺或者防治污染、防止生态破坏的措施发生重大变动的，建设单位应当重新报批建设项目环境影响报告书、环境影响报告表。

建设项目环境影响报告书、环境影响报告表自批准之日起满 5 年，建设项目方开工建设的，其环境影响报告书、环境影响报告表应当报原审批部门重新审核。原审批部门应当自收到建设项目环境影响报告书、环境影响报告表之日起 10 日内，将审核意见书面通知建设单位；逾期未通知的，视为审核同意。

审核、审批建设项目环境影响报告书、环境影响报告表及备案环境影响登记表，不得收取任何费用。

第十四条　建设单位编制环境影响报告书，应当依照有关法律规定，征求建设项目所在地有关单位和居民的意见。

第三章　环境保护设施建设

第十五条　建设项目需要配套建设的环境保护设施，必须与主体工程同时设计、同时施工、同时投产使用。

第十六条　建设项目的初步设计，应当按照环境保护设计规范的要求，编制环境保护篇章，落实防治环境污染和生态破坏的措施以及环境保护设施投资概算。

建设单位应当将环境保护设施建设纳入施工合同，保证环境保护设施建设进度和资金，并在项目建设过程中同时组织实施环境影响报告书、环境影响报告表及其审批部门审批决定中提出的环境保护对策措施。

第十七条 编制环境影响报告书、环境影响报告表的建设项目竣工后，建设单位应当按照国务院环境保护行政主管部门规定的标准和程序，对配套建设的环境保护设施进行验收，编制验收报告。

建设单位在环境保护设施验收过程中，应当如实查验、监测、记载建设项目环境保护设施的建设和调试情况，不得弄虚作假。

除按照国家规定需要保密的情形外，建设单位应当依法向社会公开验收报告。

第十九条 编制环境影响报告书、环境影响报告表的建设项目，其配套建设的环境保护设施经验收合格，方可投入生产或者使用；未经验收或者验收不合格的，不得投入生产或者使用。

前款规定的建设项目投入生产或者使用后，应当按照国务院环境保护行政主管部门的规定开展环境影响后评价。

第二十条 环境保护行政主管部门应当对建设项目环境保护设施设计、施工、验收、投入生产或者使用情况，以及有关环境影响评价文件确定的其他环境保护措施的落实情况，进行监督检查。

环境保护行政主管部门应当将建设项目有关环境违法信息记入社会诚信档案，及时向社会公开违法者名单。

第四章 法律责任（略）

第五章 附则（略）

二、《建设项目环境保护管理条例》导读

（一）《建设项目环境保护管理条例》修改背景及过程

1998 年 11 月 29 日，国务院颁布《建设项目环境保护管理条例》（以下简称《条例》），同日施行。《条例》实施近二十年，对贯彻建设项目环境影响评价制度以及环境保护设施与主体工程同时设计、同时施工、同时投产使用的“三同时”制度，防治环境污染，减少生态破坏，发挥了重要作用。随着“放管服”改革不断深入，对建设项目环境保护管理提出了简政放权，强化事中事后监管和责任追究等新的要求。现行《条例》已不能满足实际需要，暴露出较多问

题，亟待修改完善。主要包括：一是有关验收、试生产、环评前置审批等条款，已与《环境保护法》《大气污染防治法》《环境影响评价法》等上位法不一致；二是有关环评审批的内容与国务院简政放权、“放管服”改革要求不相适应，与环境管理转型要求存在较大差距。

《条例》自2013年正式启动修改工作，历时5年。其间，生态环境部作为起草单位，积极配合国务院法制办，完成了《条例》的起草、修改、调研和论证等工作。双方在修改过程中，依法多次征求国务院相关部门、地方人民政府、有关组织、企事业单位和社会公众意见，并就修改中的重大问题进行了充分的协商和论证。《条例》根据《国务院关于修改〈建设项目环境保护管理条例〉的决定》，经2017年6月21日国务院第177次常务会议通过，自2017年10月1日起施行。

（二）《条例》修改依据及核心内容

1.《条例》修改的主要依据。

（1）上位法。2016年7月，全国人大常委会审议通过修改后的《环境影响评价法》，将环评审批与企业投资项目审批脱钩，取消行业预审，并将环境影响登记表由审批制改为备案制，加大了对“未批先建”的处罚等。2014年新修改的《环境保护法》和2015年新修改的《大气污染防治法》均删除了建设项目环境保护设施竣工验收的规定。上述这些上位法中已经修改的内容，是本次《条例》修改的重要依据之一。

（2）有关“放管服”改革文件。2013年以来党中央、国务院印发了一系列有关“放管服”改革文件，要求转变政府职能，简政放权，强化事中事后监管。2014年12月，《精简审批事项规范中介服务实行企业投资项目网上并联核准制度的工作方案》，要求简化投资审批程序，将环评等行政审批事项，由前置“串联”审批改为“并联”审批。2015年10月11日国务院《关于第一批取消62项中央指定地方实施行政审批事项的决定》取消了省、市、县级环境保护行政主管部门实施的建设项目试生产审批事项。这些“放管服”改革系列要求，是本次《条例》修改又一重要依据。

2.《条例》修改的主要内容。

（1）删除有关行政审批事项。取消对环评单位的资质管理；将环评登记表由审批制改为备案制；将建设项目环保设施竣工验收由环保部门验收改为建设单位自主验收。

（2）简化环评程序。删除建设项目投产前试生产、环评审批前必须经水利部门审查水土保持方案、行业预审等审批前置条件、环评审批文件作为投资项目审批、工商执照前置条件等规定。

（3）细化环评审批要求。明确环保部门不予批准的五种情形，环保部门在环评审批中应当重点审查的内容，包括建设项目的环境可行性、环境影响分析预测评估的可靠性、环境保护措施的有效性、环境影响评价结论的科学性。同时，为保证审查的公正性和科学性，增设环保部门组织技术机构对环评文件进行技术评估，并规定不得收取建设单位、环评单位的任何费用的规定。

（4）强化事中事后监管。一是进一步明确建设单位在设计、施工阶段的环保责任，规定建设单位在设计阶段要落实环保措施与环保投资，在施工阶段要保证环保设施建设进度与资金。新增建设项目竣工后环保设施验收的程序和要求，规定建设单位应当按照环境保护部规定的标准和程序验收环保设施，验收合格后方可投产使用。二是新增环保部门加强对建设项目环保措施落实情况进行监督检查的规定。

（5）加大处罚力度。一是明确建设项目“未批先建”应依据《环境影响评价法》予以处罚。新增对未落实环保对策措施、环保投资概算或未依法开展环境影响后评价的处罚，规定了 20 万元以上 100 万元以下的罚款。二是严厉打击对环保设施未建成、未经验收或经验收不合格投入生产使用、在验收中弄虚作假等违法行为，有违法行为的，处“20 万元以上 100 万元以下的罚款”；逾期不改的，加重罚款数额，提升至“100 万元以上 200 万元以下”；并将原来仅对建设单位“单罚”改为同时对建设单位和相关责任人“双罚”，还规定了责令限期改正、责令停产或关闭等法律责任。三是新增了对技术评估机构违法收费的处罚，处以退还违法所得以及违法所得 1 倍以上 3 倍以下罚款。四是新增了信用惩戒，规定环保部门应当将建设项目有关环境违法信息记入社会诚信档案。

（6）强化信息公开和公众参与。一是针对环保部门，新增了环境保护部制定建设项目环境保护分类管理名录要组织论证、充分征求意见并公布，环保部门应当开展环境影响评价文件网上审批、备案和信息公开，环保部门及时向社会公开违法者名单等规定。二是针对建设单位，规定了建设单位应当依法向社会公开验收报告，未依法公开验收报告的，由环保部门责令公开，处 5 万元以上 20 万元以下的罚款，并予以公告。

第四章　云南贯彻执行“生态文明建设排头兵”战略相关地方性法规导读

第一节　云南省创建生态文明建设排头兵促进条例

一、《云南省创建生态文明建设排头兵促进条例》文本摘要

第一章　总　则

第一条　为了推进生态文明建设，筑牢国家西南生态安全屏障，维护生物安全和生态安全，践行绿水青山就是金山银山的理念，推动绿色循环低碳发展，实现人与自然和谐共生，满足人民日益增长的优美生态环境需要，努力把云南建设成为全国生态文明建设排头兵、中国最美丽省份，根据有关法律、法规，结合本省实际，制定本条例。

第二条　本省行政区域内创建生态文明建设排头兵的相关活动，适用本条例。

本条例所称生态文明建设排头兵，是指以习近平生态文明思想为指导，把生态文明建设放在突出的战略位置，融入经济建设、政治建设、文化建设、社会建设各方面和全过程，建立健全生态文明体系，全面提升全社会的生态文明意识，弘扬民族优秀生态文化，推动我省生态文明建设达到全国领先水平。

第三条　生态文明建设应当坚持党的领导，贯彻落实创新、协调、绿色、开放、共享的发展理念，尊重自然、顺应自然、保护自然，坚持生态惠民、生态利民、生态为民，坚持节约优先、保护优先、自然恢复为主的方针，遵循科学规划、区域统筹、分类指导、整

体推进、社会参与、共建共享的原则。

第四条 省人民政府负责全省创建生态文明建设排头兵工作，建立生态文明建设联席会议制度和督察制度，统筹协调解决生态文明建设重大问题。

州（市）、县（市、区）和乡（镇）人民政府负责本行政区域生态文明建设工作。

县级以上人民政府发展改革部门作为生态文明建设综合协调机构，具体负责生态文明建设的指导、协调和监督管理；其他有关部门按照各自职责做好生态文明建设工作。

第五条 各级人民政府应当处理好生态文明建设与人民群众生产、生活的关系，保障人民群众合法权益和生命健康安全，提升人民群众在生态文明建设中的获得感、幸福感、安全感。

第六条 县级以上人民政府应当构建以生态价值观念为准则的生态文化体系，普及生态文明知识，倡导生态文明行为，弘扬生态文化，提高全民生态文明素质。

第七条 生态文明建设是全社会的共同责任，鼓励和引导公民、法人和其他组织参与生态文明建设，并保障其享有知情权、参与权和监督权。

企业和其他生产经营者应当遵守生态文明建设法律、法规，实施生态环境保护措施，承担生态环境保护企业主体责任。

第二章 规划与建设

第八条 县级以上人民政府应当将生态文明建设纳入国民经济和社会发展规划及年度计划。

第九条 省人民政府负责编制全省生态文明建设排头兵规划并组织实施。

州（市）人民政府根据全省生态文明建设排头兵规划编制本行政区域生态文明建设规划并组织实施。

县（市、区）人民政府根据上级的规划编制本行政区域生态文明建设行动计划并组织实施。

第十条 县级以上人民政府应当建立健全国土空间规划和用途统筹协调管控制度，统筹划定落实生态保护红线、永久基本农田、城镇开发边界，落实主体功能区战略，科学布局生产、生活、生态空间，严守城镇、农业、生态空间，规范空间开发秩序和强度，提高空间资源利用效率和综合承载能力。

第十一条　各级人民政府应当落实生态保护红线主体责任，建立生态保护红线管控和激励约束机制，健全生态保护红线的调整机制，将生态保护红线作为有关规划编制和政府决策的重要依据。

第十二条　各级人民政府应当根据资源环境承载能力，合理规划城镇功能布局，减少对自然生态的干扰和损害，保持城镇特色风貌，改善城镇人居环境，建设美丽城镇。

各级人民政府应当加强乡村规划管理，改善农村基础设施、公共服务设施和人居环境，实施乡村振兴、扶贫开发，推动农村特色产业发展和农民增收致富，建设美丽乡村。

第十三条　县级以上人民政府应当组织开展生态文明建设示范创建活动，建立生态文明建设教育基地，开展爱国卫生运动，并与文明城市、园林城市、卫生城市等创建活动相结合。

第三章　保护与治理

第十四条　县级以上人民政府应当建立和完善源头预防、过程控制、损害赔偿、责任追究的生态环境保护体系，健全生态保护和修复制度，统筹山水林田湖草一体化保护和修复，完善污染防治区域联动机制。

县级以上人民政府应当建立和完善自然资源统一调查、评价、监测制度，健全自然资源监管体制。

第十五条　县级以上人民政府应当加强本行政区域内生物多样性保护，完善生物多样性保护网络，防治外来物种入侵，对具有代表性的自然生态系统区域和珍稀、濒危、特有野生动植物自然分布区域予以重点保护。

县级以上人民政府应当健全执法管理体制，明确执法责任主体，落实执法管理责任，加强协调配合，加大监督检查和责任追究力度，加强对动物防疫活动的管理，依法保护野生动物资源，全面禁止和惩治非法野生动物交易行为，革除滥食野生动物的陋习，防范、打击边境地区野生动物及其制品走私和非法贸易行为。

第十六条　省人民政府应当构建以国家公园为主体的自然保护地体系，健全国家公园保护制度的执行机制，规范保护地分类管理，保护自然生态系统的原真性、完整性。

第十七条　县级以上人民政府应当加强森林资源保护与管理，加大退耕还林力度，开展国土绿化，保护古树名木，加强森林火灾和林业有害生物防控，提高森林覆盖率及生态系统质量和稳定性。

第十八条 县级以上人民政府应当加强草原保护与治理，实行基本草原保护制度，建立退化草原修复机制，实施退化草原禁牧、休牧和划区轮牧，加大退牧还草和岩溶地区草地治理力度。

第十九条 县级以上人民政府应当加强湿地保护与修复，建立湿地保护管理体系，实行湿地面积总量管控，严格湿地用途管理。

第二十条 县级以上人民政府应当加强耕地保护和管理，坚守耕地红线和永久基本农田控制线，严控新增建设占用耕地，严格落实耕地占补平衡，加强耕地数量、质量、生态保护。

第二十一条 县级以上人民政府应当划定并公告水土流失重点预防区和治理区，因地制宜采取有利于保护水土资源、实施生态修复等各种措施，预防和治理水土流失。

石漠化地区的人民政府应当持续推进石漠化综合治理工程，把石漠化治理与退耕还林、防护林种植、水土保持、人畜饮水工程等相结合，改善区域生态环境。

第二十二条 县级以上人民政府应当组织开展气候资源调查和气候承载力、气候资源可开发利用潜力评估，确定气候资源多样性保护重点，合理规划产业布局、产业聚集区和重点建设工程项目，对脆弱气候区域采取限制开发量、修复气候环境等保护措施。

第二十三条 县级以上人民政府应当严格执行水环境质量、水污染物排放等标准，加强水污染防治、监测和饮用水水源地保护；处理好水资源开发与保护关系，以水定需、量水而行、因水制宜，促进水环境质量持续改善。

第二十四条 实行省、州（市）、县（市、区）、乡（镇）、村五级河（湖）长制。各级河（湖）长应当落实河（湖）长制的各项工作制度，按照职责分工组织实施河（湖）管理保护工作。

省人民政府生态环境部门应当会同有关部门建立重要江河、湖泊流域水环境保护联合协调机制，实行统一规划、统一标准、统一监测、统一防治。

第二十五条 县级以上人民政府应当加强对工业、燃煤、机动车、扬尘等污染源的综合防治，实行重点大气污染物排放总量控制制度，推行区域大气污染联合防治，控制、削减大气污染物排放量。

第二十六条 县级以上人民政府应当加强土壤污染防治、风险管控和修复，实施农用地分类管理和建设用地准入管理。州（市）人民政府生态环境部门应当制定本行政区域内土壤污染重点监管单位名录，并向社会公开。

第二十七条 各级人民政府应当调整优化农业产业结构，加大农业面源污染防治力度，鼓励使用高效、低毒、低残留农药，扩大有机肥施用，落实畜禽水产养殖污染防治责任，推进标准化养殖和植物病虫害绿色防控。

第二十八条 县级以上人民政府应当加强固体废物污染、噪声污染、光污染防治，完善管理制度，促进固体废物综合利用和无害化处置，防止或者减少对人民群众生产、生活和健康的影响。

县级以上人民政府应当采取有效措施，加强放射性污染防治，建立放射性污染监测制度，预防发生可能导致放射性污染的各类事故。

第二十九条 省人民政府应当制定生活垃圾分类实施方案，推进生活垃圾减量化、资源化、无害化处理处置。各级人民政府应当落实生活垃圾分类的目标任务、配套政策、具体措施，加快建立分类投放、收集、运输、处置的垃圾处理系统。

第三十条 各级人民政府应当采取措施，推进厕所革命，科学规划、合理布局城乡公厕、旅游厕所，加大对现有城乡公厕、旅游厕所和农村无害化卫生户厕的改造、管理力度，推进多元化建设运营模式和公厕云平台建设。

第三十一条 县级以上人民政府应当加强城乡公益性节地生态安葬设施建设，建立节地生态安葬奖补制度，推行节地生态安葬方式，对铁路、公路、河道沿线和水源保护区、风景旅游区、开发区、城镇周边等范围的散埋乱葬坟墓进行综合治理。

第三十二条 县级以上人民政府应当建立突发环境事件应对机制，指导督促企业事业单位制定突发环境事件应急预案，依法公开相关信息，及时启动应急处置措施，防止或者减少突发环境事件对人民群众生产、生活和健康的影响。

县级以上人民政府应当建立环境风险管理的长效机制，鼓励化学原料、化学制品和产生有毒有害物质的高环境风险企业投保环境污染责任保险。

第四章 促进绿色发展

第三十三条 县级以上人民政府应当贯彻高质量发展要求，坚持开放型、创新型和高端化、信息化、绿色化产业发展导向，改造提升传统产业，培育壮大重点支柱产业，发展战略性新兴产业、现代服务业，构建云南特色现代产业体系。

第三十四条 县级以上人民政府应当统筹建立清洁低碳、安全高效的能源体系，推进绿色能源开发利用、全产业链发展，科学规划并有序开发利用水能、太阳能、风能、生物质能、地热能等可再生能源，发展清洁载能产业，促进能源产业高质量发展。

第三十五条 县级以上人民政府应当建立农业绿色发展推进机制，发展绿色有机生产基地，健全农产品质量安全标准体系和绿色食品安全追溯体系，促进绿色食品产业发展。

第三十六条 县级以上人民政府应当科学发展生物制造、生物化工等产业，鼓励支持中药材绿色化、生态化、规范化种植加工和中药饮片发展，发展高端医疗产业集群；规划建设集健康、养生、养老、休闲、旅游等功能于一体的康养基地。

第三十七条 县级以上人民政府应当把绿色发展理念贯彻到交通基础设施建设、运营和养护全过程，提升交通基础设施、运输装备和运输组织的绿色技术水平，推进集约运输、绿色运输和交通循环经济建设。

县级以上人民政府应当建设立体化、智能化城市交通网络，鼓励节能与新能源交通运输工具的应用。

第三十八条 县级以上人民政府应当加强旅游市场监管，合理规划促进全域旅游发展，鼓励发展生态旅游、乡村旅游，推进旅游开发与生态保护深度融合。

第三十九条 县级以上人民政府应当建立全面覆盖、科学规范、管理严格的资源总量管理和全面节约制度，加强重点用能单位能耗在线监测，鼓励企业开展节能、节水等技术改造和技术研发，开发节能环保型产品，加强节能环保新技术应用推广。

第四十条 县级以上人民政府应当建立矿产资源节约集约开发机制，推进绿色矿山建设，建立矿山地质环境保护和土地复垦制度，指导、监督矿业权人依法保护矿山环境，履行矿山地质环境保护和土地复垦义务。

第四十一条 县级以上人民政府应当按照减量化、再利用、资源化原则推进循环经济发展，构建循环型工业、循环型农业、循环型服务业体系。

各类开发区、产业园区、高新技术园区管理机构应当加强园区循环化改造，开展园区产业废物交换利用、能量梯级利用、水循环利用和污染物集中处理。

第四十二条 各级人民政府应当完善再生资源回收利用体系建设，建立统一收集、专类回收和集中定点处理制度，推进餐厨废弃物、建筑废弃物、农林废弃物资源化利用，推进再生资源回收和利用行业规范发展。鼓励社会资本投资废弃物收集、处理和资源化利用。

第四十三条 省人民政府应当建立和完善生态保护补偿机制，科学制定补偿标准，推动森林、湖泊、河流、湿地、耕地、草原等重点领域和禁止开发区域、重点生态功能区等重要区域生态保护补偿全覆盖，完善生态保护成效与资金分配挂钩的激励约束机制，逐步实行多元化生态保护补偿。

第四十四条 县级以上人民政府应当采取措施推进绿色消费，加强对绿色产品标准、认证、标识的监管；鼓励消费者购买和使用高效节能节水节材产品，不使用或者减少使用一次性用品；鼓励生产者简化产品包装，避免过度包装造成的资源浪费和环境污染。

国家机关、事业单位和团体组织在进行政府采购时应当按照国家有关规定优先采购或者强制采购节能产品、环境标志产品。

第四十五条 县级以上人民政府应当推动绿色建筑发展，推广新型建造方式，推进既有建筑节能改造，建立和完善第三方评价认定制度，实行绿色装配式建筑技术与产品评价评估认定、绿色建材质量追溯制度，鼓励使用绿色建材、新型墙体材料、节能设备和节水器具。

第四十六条 各级人民政府应当弘扬民族优秀生态文化，支持体现民族传统建筑风格的生态旅游村、特色小镇、特色村寨的建设和保护，推进建设民族传统文化生态保护区，实施民族文化遗产保护工程。

各级人民政府应当支持民族生态文化的合理开发利用，打造民族生态文化品牌，鼓励开发具有民族生态文化特色的传统工艺品、服饰、器皿等商品。

第五章 促进社会参与

第四十七条 各级人民政府应当建立健全生态文明建设社会参与机制，完善信息公开制度，鼓励和引导公民、法人和其他组织对生态文明建设提出意见建议，进行监督。

对涉及公众权益和公共利益的生态文明建设重大决策或者可能对生态环境产生重大影响的建设项目，有关部门在决策前应当听取公众意见。

第四十八条 各级各类学校、教育培训机构应当把生态文明建设纳入教育、培训的内容，编印、制作具有地方特色的生态文明建设读本、多媒体资料。

报刊、广播、电视和网络等媒体应当加强生态文明建设宣传和舆论引导，开展形式多样的公益性宣传。

工会、共青团、妇联、科协、基层群众性自治组织、社会组织应当参与生态文明建设的宣传、普及、引导等工作。鼓励志愿者参与生态文明建设的宣传教育、社会实践等活动。

第四十九条 公民、法人和其他组织都有义务保护生态环境和自然资源，有权对污染环境、破坏生态、损害自然资源的行为进行制止和举报。

第五十条 鼓励和引导公民、法人和其他组织践行生态文明理念，自觉增强生态保护和公共卫生安全意识，在衣、食、住、行、游等方面倡导文明健康、绿色环保的生活方式和消费方式。

鼓励村（居）民委员会、社区、住宅小区的村规民约或者自治公约规定生态文明建设自律内容，倡导绿色生活。

第六章 保障与监督

第五十一条 县级以上人民政府应当建立健全生态文明建设资金保障机制，将生态文明建设工作经费纳入本级财政预算；鼓励社会资本参与生态文明建设。

省级财政应当完善能源节约和资源循环利用、保护生态环境、生态功能区转移支付和城乡人居环境综合整治等方面的财政投入、分配、监督和绩效评价机制。

第五十二条 省人民政府应当健全自然资源产权制度和资源有偿使用制度的执行机制，探索建立用能权、碳排放权、排污权、水权交易制度，推行环境污染第三方治理。

鼓励金融机构发展绿色信贷、绿色保险、绿色债券等绿色金融业务。

第五十三条 省人民政府应当建立生态文明建设领域科学技术人才引进和培养机制，支持生态文明建设领域人才开展科学技术研究、开发、推广和应用，加快生态文明建设领域人才队伍建设。

鼓励和支持高等院校、科研机构、相关企业加强生态文明建设领域的人才培养和科学技术研究、开发、成果转化。

第五十四条 省人民政府应当组织建立生态文明建设信息平台，加强相关数据共享共用，定期公布生态文明建设相关信息，推动全省信息化建设与生态文明建设深度融合，发挥大数据在生态文明建设中的监测、预测、保护、服务等作用。

第五十五条　省、州（市）人民政府应当将生态文明建设评价考核纳入高质量发展综合绩效评价体系，强化环境保护、自然资源管控、节能减排等约束性指标管理，落实政府监管责任。

县级以上人民政府应当建立健全生态环境监测和评价制度，推进生态环境保护综合行政执法。

第五十六条　县级以上人民政府应当落实生态环境损害责任终身追究制，建立完善领导干部自然资源资产离任（任中）审计制度，对依法属于审计监督对象、负有自然资源资产管理和生态环境保护责任的主要负责人进行自然资源资产离任（任中）审计。

第五十七条　县级以上人民政府应当加强对所属部门和下级人民政府开展生态文明建设工作的监督检查，督促有关部门和地区履行生态文明建设职责，完成生态文明建设目标。

第五十八条　县级以上人民政府应当每年向本级人民代表大会及其常务委员会报告生态文明建设工作，依法接受监督。

县级以上人民代表大会及其常务委员会应当加强对生态文明建设工作的监督，检查督促生态文明建设工作推进落实情况。

第五十九条　对生态文明建设工作中做出显著成绩的单位和个人，县级以上人民政府应当按照国家和省有关规定予以表彰或者奖励。

第六十条　县级以上人民政府生态环境部门和其他负有生态环境保护监督管理职责的部门应当将企业事业单位和其他生产经营者的环境违法信息记入社会诚信档案，对其环境信用等级进行评价，及时公开环境信用信息。

第六十一条　检察机关、负有生态环境保护监督管理职责的部门及其他机关、社会组织、企业事业单位应当支持符合法定条件的社会组织对污染环境、破坏生态，损害社会公共利益的行为依法提起环境公益诉讼。

第七章　法律责任

第六十二条　国家机关及其工作人员未履行本条例规定职责或者有其他滥用职权、玩忽职守、徇私舞弊行为的，由有关部门或者监察机关责令改正，对直接负责的主管人员和其他直接责任人员依法给予处分；构成犯罪的，依法追究刑事责任。

第六十三条　因污染环境、破坏生态造成生态环境损害的，应当依法承担生态环境损害赔偿责任；构成犯罪的，依法追究刑事责任。

第六十四条 违反本条例规定的其他行为，依照有关法律、法规的规定予以处罚。

第八章 附 则

第六十五条 省人民政府应当根据本条例制定实施细则。

第六十六条 本条例自 2020 年 7 月 1 日起施行。

二、《云南省创建生态文明建设排头兵促进条例》导读

（一）《云南省创建生态文明建设排头兵促进条例》的立法背景

为深入贯彻落实习近平生态文明思想和习近平总书记对云南工作的重要指示精神，坚定不移走绿色发展道路，努力成为全国生态文明建设排头兵，在省委、省政府的高度重视下，我省生态文明建设各项工作稳步推进，成效显著。在地方立法方面，我省近年陆续出台《云南省生物多样性保护条例》《云南省大气污染防治条例》等地方性法规，及时修改九大高原湖泊保护条例，对涉及生态文明建设的现行法规规章开展多次清理，这些举措对推进我省生态文明建设各项工作的制度化、法治化、规范化发挥了重要作用。但是，工作中依然存在一些亟待解决的问题：一是为实现我省"三个定位"的发展战略目标，落实争当生态文明建设排头兵的任务，从立法层面高位推动生态文明建设，需要出台一部综合性的法规，对我省生态文明建设方面的专项立法进行统领。二是在长期的生态文明建设工作中，我省积累了大量实践证明符合省情、行之有效的管理经验，有必要通过地方立法及时将这些制度措施和改革成果固化下来。三是贵州、青海、福建、江西等省已分别制定相关促进条例或者出台人大决议，取得了较好的管理效果和社会效果，为我省开展地方立法提供了有益的经验。因此，及时制定我省生态文明建设排头兵促进条例，对我省加快转变经济发展方式、提高发展质量和效益、筑牢国家生态安全屏障、建设中国最美丽省份具有重要意义。

（二）制定经过及思路

按照省人民政府安排，省发展改革委牵头起草了草案送审稿。省司法厅按照立法程序的规定，向各州、市和省直有关部门书面征求了意见，会同省发展改革委赴红河州、普洱市开展了立法调研，赴广东

省东莞市进行了立法学习考察，两次上网向社会公开征求意见，两次召开部门座谈会和专家论证会。在草案的审查过程中充分吸收采纳了社会各界的意见和建议，省人大有关委员会也提前介入，全程参加草案起草审查。在报省人民政府领导审批同意后，于2019年8月19日省人民政府第45次常务会议讨论通过，形成省人民政府议案，提请省人大常委会审议。

草案在借鉴外省经验的基础上，内容重点突出了全面性、延续性和促进性3个方面：一是全面性。目前国家没有开展生态文明建设的统一立法，但涉及生态文明建设工作的专项立法很多。草案没有过多重复相关法律法规的具体规定，而是力求实现对我省生态文明建设各项工作的全覆盖，重点突出相关工作的整体推进和相互协调，在充分发挥立法引领保障作用的同时，较好地衔接了现行法律法规，并为今后的单项立法留出了空间。二是延续性。在明确“努力成为生态文明建设排头兵”的战略定位之后，我省已经出台了《中共云南省委 云南省人民政府关于努力成为生态文明建设排头兵的实施意见》(云发〔2015〕23号)、《云南省生态文明建设排头兵规划（2016—2020年）》等大量具体政策措施。草案在结合省委、省政府最新要求的基础上，重在将这些政策措施法治化，实现立法对政策的上升和延续。三是促进性。草案充分体现“促进条例”的特点，定位为指导性、引领性法规，不是规范某一单项领域的实施性立法，内容上多为宣言性、倡导性、原则性的条款，以达到对生态文明建设的制度和方略进行统筹、引领，唤醒全社会生态文明建设法治意识的立法目的。

(三)《云南省创建生态文明建设排头兵促进条例》的主要内容

《云南省创建生态文明建设排头兵促进条例》（以下简称《促进条例》）于2020年5月12日云南省第十三届人民代表大会第三次会议通过，2020年7月1日起施行，共8章66条，包括总则、规划与建设、保护与治理、促进绿色发展、促进社会参与、保障与监督、法律责任和附则。

1. 关于规划建设。规划是政府阐明战略意图、明确工作重点、引导规范市场主体行为，履行经济调节、市场监管、社会管理、公共服务、生态环境保护职能的重要依据。为了保证生态文明建设排头兵各项工作的连续性、稳定性，《促进条例》规定：一是明确生态文明建设应当纳入国民经济和社会发展规划及年度计划。二是明确省、州市、县三级人民政府应当分别编制生态文明建设排头兵规划、生态文明建设规划和生态文明建设行动计划并组织实施。三是从优化空间格局、落实生态保护红线属地管理主体责任等方面对政府的规划管控提出了要求。四是对政府通过规划等手段统筹推进生态文明建设等方面的责任进行了明确。

2. 关于保护治理。保护和改善环境，防治污染和其他公害是生态文明建设的主阵地，是最普惠的民生福祉。为此《促进条例》做了以下制度设计：一是在我省已经开展或者正在开展专项立法的生物多样性保护、森林保护、湿地保护、气候资源保护、大气污染防治、水土保持等方面作了衔接性规定，具体管理主要通过相关专项立法进行规范。二是对我省尚未开展专项立法，但法律、行政法规已有明确要求的草原保护、耕地保护、水污染防治、农业面源污染防治、固体废弃物污染防治、噪声污染防治、放射性污染防治等方面的内容，在与上位法充分衔接的基础上，结合我省实际进行了适当细化。三是对国家和我省均未开展专项立法，但在保护和治理工作中切实需要的山水林田湖草综合治理、河（湖）长制、垃圾分类、“厕所革命”、生态殡葬、环境责任保险等工作，根据主管部门意见作出了相对具体的规定。

3. 关于促进绿色发展。坚持绿色发展是构建高质量现代化经济体系的必然要求，也是解决污染问题的根本之策。为了加快产业绿色转型升级，《促进条例》结合我省实际，在绿色能源、绿色食品、生物医药和大健康、全域旅游、资源节约、循环经济促进、废弃物资源化利用、生态补偿、民族生态文化传承等方面作出了较为具体的规定，基本涵盖了目前适合我省省情的绿色发展内容，有利于我省打造世界一流的“绿色能源牌”“绿色食品牌”“健康生活目的地牌”。同时，《促进条例》也对贯彻高质量发展要求，坚持开放型、创新型和高端化、信息化、绿色化“两型三化”产业发展导向，严格执行国家和省产业政策规定，改造提升传统产业，培育壮大重点支柱产业，加快发展战略性新兴产业，大力发展现代服务业，加快构建云南特色现代产业体系等方面提出了要求，以适应未来新的绿色发展需求。

4. 关于促进社会参与。为体现全社会共建共享要求：一是对建立健全社会参与、监督机制等作了规定；二是明确了各级各类学校、新闻媒体、人民团体、社会组织的教育、宣传普及义务；三是对公民、法人和其他组织，以及村（居）民委员会、社区、住宅小区等践行生态文明理念，倡导文明健康、绿色环保生活方式作了规定。此外，由于生态文明建设是一项系统工程，涉及面广，为体现《促进条例》的可操作性，保障《促进条例》有效实施，除了总则和法律责任外，在“保障与监督”一章和“附则”中，对建设资金投入、人才引进培养、信息平台建设、目标评价考核、损害责任追究、环境公益诉讼、人大监督和省人民政府制定实施细则等作了规定。

（四）《促进条例》的亮点

一是通篇贯彻了习近平生态文明思想和党中央关于生态文明建设一系列重大决策部署，特别是党的十九大和十九届四中全会精神为生态文明建设所指明的方向。二是充分体现了习近平总书记考察云南重要讲话精神和省委决策部署。三是及时回应了新冠肺炎疫情暴发后，用法治助力打赢疫情防控人民战争的新情况、新任务、新要求。四是综合统领了云南省生态文明建设的相关专项立法，是云南省生态文明建设方面的一部综合性、统领性、倡导性、促进性的地方性法规，提纲挈领、统分结合，织密了全省生态文明建设法治网络，落实了用最严格制度、最严密法治保护生态环境的要求。五是吸收固化了云南省长期行之有效的生态文明建设经验和改革成果。立足于云南省情，地方特色鲜明，也吸收借鉴了部分省（市、区）好的做法和经验，针对性和可操作性强。

第二节　云南省生物多样性保护条例

【说明】2018 年 9 月 21 日云南省第十三届人民代表大会常务委员会第五次会议通过。

一、《云南省生物多样性保护条例》文本摘要

第一章　总　则

第二条　本条例适用于本省行政区域内生物多样性的保护、利用和管理等活动。

本条例所称的生物多样性，是指生物（动物、植物、微生物）与环境形成的生态复合体以及与此相关的各种生态过程的总和，包含生态系统、物种和基因三个层次。

法律、法规对生物多样性保护另有规定的，从其规定。

第三条 生物多样性保护应当遵循保护优先、持续利用、公众参与、惠益分享、保护受益、损害担责的原则。

第四条 各级人民政府应当对本行政区域内的生物多样性保护负责。

企业事业单位和其他生产经营者应当采取资源利用效率高、对生物多样性影响小的绿色生产方式，防止、减少对生物多样性的破坏，对生物多样性所造成的损害依法承担责任。

公民应当增强生物多样性保护意识，采取低碳、循环、节俭的绿色生活方式，自觉抵制损害生物多样性的行为。

第八条 县级以上人民政府环境保护主管部门，对本行政区域内生物多样性保护工作实施综合管理。

县级以上人民政府林业、农业、水利、住房城乡建设、国土资源、卫生等行政主管部门依照有关法律法规的规定，对生物多样性保护工作实施监督管理。

第二章 监督管理

第十条 省、州（市）人民政府环境保护主管部门应当会同有关部门编制生物多样性保护规划或者计划，报本级人民政府批准并公布实施。

县级以上人民政府和有关部门组织制定有关规划时，应当与生物多样性保护规划或者计划衔接，分析、预测、评估可能对生物多样性保护产生的影响，提出预防或者减少不良影响的对策和措施。

第十一条 县级以上人民政府应当组织有关部门定期开展生物多样性资源普查和专项调查编目工作，建立健全生物多样性调查、监测、评估和预警预报等制度。

第十二条 省人民政府环境保护主管部门应当组织编制本行政区域生物物种名录、生物物种红色名录和生态系统名录，并向社会公布。

生物物种名录、生物物种红色名录和生态系统名录应当根据生物多样性调查、监测、评估情况适时更新。

第十三条 相关自然保护地管理机构应当将生物多样性保护工作纳入职能职责，加强生物多样性保护管理与基础设施建设，接受本级人民政府有关行政主管部门的指导和监督。

前款所称相关自然保护地包括与生物多样性保护有关的自然保护区、风景名胜区、国家公园、森林公园、重要湿地、世界自然遗产地、饮用水水源保护区、水产种质资源保护区等，以及其他依法划定的与生物多样性保护有关的区域。

第十五条 县级以上人民政府应当落实生态环境损害赔偿制度和生态保护补偿制度，建立损害者担责、保护者得到补偿的生物多样性保护机制。

县级以上人民政府可以组织开展生物多样性和生态系统服务功能价值评估。

第十七条 各级人民政府应当加强区域协作，建立健全生物多样性保护的信息共享、预警预报、应急处置、协同联动等工作机制。

支持在生物多样性保护领域开展国际合作，加强生物多样性保护政策、科学研究与相关技术的交流，建立跨境保护合作机制，鼓励开展有利于生物多样性保护的项目合作和人才培养。

第三章 物种和基因多样性保护

第十八条 县级以上人民政府应当加强对本行政区域内野生生物物种及其遗传资源的保护，完善就地保护、迁地保护、离体保存相结合的生物多样性保护体系和保护网络，对珍稀濒危物种、极小种群物种实施抢救性保护，对云南特有物种和在中国仅分布于云南的物种实施重点保护。

第十九条 县级以上人民政府应当加强野生生物物种资源及其原生境、栽培植物野生近缘种、家畜家禽近缘种的就地保护；珍稀、濒危等生物物种的天然集中分布区域，应当按照权限依法建立相关自然保护地。

不具备划定相关自然保护地条件的，县级以上人民政府可以采取建立种质资源保护区（地）、原生境保护小区（点），划定禁猎（渔、采、伐、牧）区，规定禁猎（渔、采、伐、牧）期等形式进行保护。

第二十二条 对生物遗传资源进行收集、科学研究和生物技术开发等活动，不得影响野生生物种群的遗传完整性。生物遗传资源的获取和利用不得损害人类健康、生态安全和生物多样性，不得对当地社会生产、生活造成损害；造成损害的，应当依法赔偿。

第二十三条 境内外组织或者个人对野生生物物种进行采集、收购、野外考察或者携带、邮寄出境，应当遵守有关法律法规规定；

有关主管部门应当建立健全信息共享机制，及时通报相关情况。

第二十四条 任何单位和个人不得擅自向自然保护区引进外来物种。确需引进的，应当依法办理审批手续，并按照有关技术规范进行试验。

第二十五条 禁止扩散、放生或者丢弃外来入侵物种。

任何单位和个人发现疑似外来物种的，应当及时向当地环境保护、林业、农业、卫生等行政主管部门或者相关自然保护地管理机构报告。接到报告的部门或者机构应当立即组织现场勘查，确认为本行政区域内新出现的外来入侵物种的，应当及时处置，向当地人民政府和上一级主管部门报告，并通报相邻地区。

接到报告的部门或者机构没有能力认定或者处置的，应当及时将有关情况转报具有认定和处置能力的部门。具有认定和处置能力的部门应当按照前款规定的程序及时处理。

第二十六条 县级以上人民政府有关行政主管部门以及相关自然保护地管理机构应当按照职责分工，对外来入侵物种和野生生物疫源疫病开展系统调查、监测、评估和预警等工作，并结合职责建立生态风险预警和应急响应机制，开展外来入侵物种和野生生物疫源疫病防治。

第四章 生态系统多样性保护

第二十九条 新建、改建、扩建建设项目以及开发自然资源，应当依法开展环境影响评价。对可能造成重要生态系统破坏、损害重要物种及其栖息地和生境的，应当制定专项保护、恢复和补偿方案，纳入环境影响评价。

在生物多样性保护优先区域的建设项目以及自然资源开发，应当评价对生物多样性的影响，并作为环境影响评价的重要组成部分。

第三十条 对已退化或者遭到破坏的具有代表性和重要经济、社会价值以及本省特有的生态系统，县级以上人民政府应当优先制定修复方案，进行治理和恢复。

修复方案应当包括治理和恢复的内容、方式、期限，必要时可以在一定范围内采取封闭保护措施。

第五章 公众参与和惠益分享

第三十一条 县级以上人民政府环境保护主管部门和其他负有生物多样性保护管理职责的部门，应当按照权限依法公开生物多样性保护有关信息，完善公众参与程序，为公民、法人和其他组织参与和监督生物多样性保护提供便利。

第三十二条　县级以上人民政府应当引导单位、个人使用再生产品、替代产品和其他有利于生物多样性保护的产品，减少对野生生物资源的依赖。

第三十三条　县级以上人民政府及其环境保护、林业、农业、卫生、文化等行政主管部门应当加强与生物多样性保护相关的传统知识、方法和技能的调查、收集、整理、保护。

鼓励涉及生物多样性利用的民族传统知识、技能依法申请专利、商标、地理标志产品保护，申报民族传统文化生态保护区、非物质文化遗产项目及其代表性传承人等，促进生物多样性的保护和利用、传统文化的传承和应用。

第三十四条　县级以上人民政府应当建立健全生物遗传资源及相关传统知识的获取与惠益分享制度，公平、公正分享其产生的经济效益。研究建立生物多样性保护与减贫相结合的激励机制，促进地方政府及基层群众参与分享生物多样性惠益。

第六章　法律责任

第三十五条　各级人民政府和负有生物多样性保护管理职责的部门有下列情形之一的，对直接负责的主管人员和其他直接责任人员依法给予处分；构成犯罪的，依法追究刑事责任：

（一）应当编制生物多样性保护规划或者计划没有编制，或者在编制中弄虚作假的；

（二）擅自变更生物多样性保护规划或者计划的；

（三）发现违反本条例的行为未及时依法处理的；

（四）其他滥用职权、徇私舞弊、玩忽职守的行为。

第七章　附　则

第三十九条　本条例中下列用语的含义：

（一）生态系统，是指植物、动物和微生物群落和它们的非生命环境作为一个生态单元交互作用形成的一个动态复合体；

（二）惠益分享，是指公正和公平分享利用生物遗传资源等生物多样性组成部分而产生的惠益，包括货币和非货币惠益、科技成果、技术转让和能力建设等；

（三）生物物种名录，是指有关生物多样性科研权威机构组织相关领域的专家，遵照公认的生物分类学体系和数据标准，对一个区域或者类群的生物物种进行核实和整理，并经生物多样性保护管理部门公开发布的物种数量及其名单；

（四）生物物种红色名录，是指有关生物多样性科研权威机构组织相关领域的专家，遵照国际上公认并广泛使用的方法和标准，根据物种濒危状况对一个区域的每一个生物物种评定相应的濒危等级，并经生物多样性保护管理部门公开发布的物种濒危状况及其名单；

（五）生态系统名录，是指有关生物多样性科研权威机构组织相关领域的专家，遵照国际上公认并广泛使用的方法和标准，对一个区域的生态系统进行核实和整理，并经生物多样性保护管理部门公开发布的生态系统名单；

（六）离体保存，是指利用现代技术，尤其是低温、超低温冷冻技术，将生物体的一部分，包括种子、胚或者胚胎、组织、细胞、脱氧核糖核酸（DNA）等进行长期储存，以保存物种的种质遗传资源；

（七）极小种群物种，是指分布地域狭窄或者呈间断分布，长期受到外界因素胁迫干扰，呈现出种群退化和数量持续减少，种群及个体数量都极少，已经低于稳定存活界限的最小生存种群，而随时濒临灭绝的野生动植物种类；

（八）生境，是指生物体或者生物群体自然分布地方或者地点；

（九）生物遗传资源，是指具有实际或者潜在价值的来自植物、动物、微生物或者其他来源的任何含有遗传功能单位的材料（不包括人类遗传资源）；

（十）外来物种，是指过去或者现在本自然保护地内无自然分布的物种、亚种或者以下的分类单元，包括其所有可能存活、继而繁殖的部分、配子或者繁殖体；

（十一）外来入侵物种，是指在当地的自然或者半自然生态系统中形成了自我再生能力、可能或者已经对生态环境、生产或者生活造成明显损害或者不利影响的外来物种；

（十二）生物多样性保护优先区域，是指根据物种的丰富和珍稀濒危程度、生态系统类型的代表性以及区域的不可替代性而划定的生物多样性保护的重点和关键区域。

二、《云南省生物多样性保护条例》导读

（一）《云南省生物多样性保护条例》制定的必要性

生物多样性是人类赖以生存的基本条件，是经济社会可持续发

展的基础，是生态安全和食物安全的重要保障，是国家的重要战略资源。云南属于全球34个物种最丰富的热点地区之一，生物多样性资源位居全国之首。加强生物多样性保护，是全面落实“五位一体”总体布局的重要抓手，是贯彻落实习近平总书记考察云南时提出的“一个跨越”“三个定位”“五个着力”要求的重要举措，是我省主动服务和融入国家发展战略的重要着力点，对我省努力成为全国生态文明建设排头兵和提升核心竞争力具有重要意义，既利当前、更惠长远，关系人民福祉、关系民族未来。在省委、省政府的高度重视下，我省生物多样性保护工作一直走在全国前列，先后出台了《云南省生物多样性保护西双版纳约定》《云南省人民政府关于加强滇西北生物多样性保护的若干意见》《云南省生物多样性保护战略与行动计划（2012—2030年）》等纲领性文件。在地方立法方面，近年来《云南省湿地保护条例》《云南省国家公园管理条例》等专项立法从不同角度对维护生物多样性和生态平衡，促进人与自然和谐发展发挥了重要作用，为我省建设国家重要的生物多样性宝库和西南生态安全屏障提供了法治保障。但是，在生物多样性保护工作中也出现了一些亟待解决的问题：一是生物多样性保护的管理依据不足，对未纳入珍稀濒危有关名录或者尚未发现其经济价值的生物物种和有关生态系统实施保护的管理依据还不够明确；二是管理制度需要进一步完善，在生物多样性保护规划、调查、监测、评估和外来物种管理、建设项目审批等方面的管理依据较为零散，整体统筹不够，缺少能够普遍适用的制度支撑；三是我省在长期的生物多样性保护工作中积累了大量行之有效的管理经验，需要上升为地方立法。为此，按照《中共中央　国务院关于加快推进生态文明建设的意见》《云南省全面深化生态文明体制改革总体实施方案》等重要文件和中央第七环境保护督察组反馈意见要求，结合我省生物多样性保护工作的需要，制定《云南省生物多样性保护条例》（以下简称《生物多样性保护条例》刻不容缓）。

（二）《生物多样性保护条例》要关注的重点问题

《生物多样性保护条例》于2018年9月21日云南省第十三届人民代表大会常务委员会第五次会议通过，2019年1月1日起施行，共7章40条，分为总则、监督管理、物种和基因多样性保护、生态系统多样性保护、公众参与和惠益共享、法律责任、附则。主要包括以下方面：

1. 关于生物多样性的概念。1992 年我国正式加入了《生物多样性公约》。2010 年国务院常务会议第 126 次会议审议通过的《中国生物多样性保护战略与行动计划（2011—2030 年）》对生物多样性进行了较为明确的定义：生物多样性是生物（动物、植物、微生物）与环境形成的生态复合体以及与此相关的各种生态过程的总和，包括生态系统、物种和基因三个层次。

2. 关于生物多样性保护工作的管理体制。生物多样性保护工作涉及大气、水、土地、森林、草原、湿地、野生生物、自然保护区、风景名胜区等诸多要素。由于保护对象的复杂性，单一行业主管部门难以协调其他有关部门有效开展生物多样性保护工作，需要明确牵头部门实施综合管理。在此情况下，根据省生态环境厅“三定”方案关于“组织协调生物多样性保护和生物物种资源保护工作”的规定，并参照《自然保护区条例》设定的管理模式，在《生物多样性保护条例》中明确了由环境保护主管部门实施综合管理和有关行政主管部门分部门管理相结合的管理机制。其中，环境保护主管部门实施的综合管理，主要体现在编制规划、完善制度、数据共享、重点区域划定等方面起到统筹和牵头的作用，并依照环境保护法、环境影响评价法及本条例等有关法律法规对生物多样性保护实施综合监管；有关行政主管部门的分部门管理，主要体现在林业、农业、水利、住房城乡建设、自然资源、卫生等行政主管部门依据森林法、草原法、渔业法、水土保持法、野生动物保护法、风景名胜区条例等法律法规分别履行生物多样性保护职责，协同配合，共同做好保护工作。

3. 细化具体保护措施。

（1）政府的监督管理责任方面。《生物多样性保护条例》明确了各级政府应当对本行政区域内生物多样性保护工作承担主体责任，主要从规划编制、制度完善、技术研发、生物产业发展、宣传教育等方面，较为全面地厘清了各级政府在生物多样性保护方面应该承担的责任和义务。

（2）物种和基因多样性保护方面。《生物多样性保护条例》以“就地保护”“迁地保护”“离体保存”三项对物种和基因的最有效的保护措施为切入点，从建立保护网络、编制物种名录、规范生物遗传资源收集研发活动、避免生物多样性资源流失、规范外来物种管理等方面提出要求并设定了管理制度。这样的制度设计在尽可能避免与现有法律法规简单重复和部门职能交叉的前提下，对物种和基因建立了较为全面和合理的保护制度，有效补充了有关专项立法的管理短板。

（3）生态系统多样性保护方面。《生物多样性保护条例》主要从区域保护的角度对生态系统多样性的保护工作进行了规范，主要体现在依法建立相关自然保护区域；划定生物多样性保护优先区域和生态保护红线；对生物多样性保护优先区域内开展建设进行限制；对已退化或者遭到破坏的有关生态系统，制定修复方案，进行治理和恢复等方面。

第三节　云南省大气污染防治条例

【说明】 2018年11月29日云南省第十三届人民代表大会常务委员会第七次会议通过。

一、《云南省大气污染防治条例》文本摘要

第一章　总　则

第三条　大气污染防治应当坚持保护优先、规划先行；源头治理、综合施策；公众参与、社会监督、损害担责的原则。

第四条　县级以上人民政府应当将大气污染防治工作纳入国民经济和社会发展规划，优化产业结构和布局，加大对大气污染防治的财政投入，加强大气污染防治资金的监督管理。

县级以上人民政府对本行政区域内的大气环境质量负责，根据本行政区域内大气环境质量制定大气污染防治规划，明确重点任务，采取控制措施，确保大气环境质量保持优良。乡（镇）人民政府和街道办事处根据上级人民政府要求，做好本辖区的大气污染防治工作。

第五条　省人民政府制定大气污染防治考核办法，对大气环境质量改善目标、大气污染防治重点任务完成情况进行考核，并向社会公开考核结果。

州（市）人民政府根据与省人民政府签订的大气污染防治目标责任书，将目标任务分解纳入县（市、区）人民政府及其负责人年

度考核评价内容，并向社会公开考核结果。

第六条 县级以上人民政府生态环境主管部门对大气污染防治实施统一监督管理，其他有关部门按照法律、法规规定和县级以上人民政府关于生态环境工作的职责分工，对大气污染防治实施监督管理。

第二章 大气污染防治的监督管理

第十条 本省实行重点大气污染物排放总量控制制度，逐步削减重点大气污染物排放总量。

省人民政府应当按照国务院下达的重点大气污染物排放总量控制目标和国务院生态环境主管部门规定的总量控制指标分解要求，将重点大气污染物排放总量控制指标和任务逐级分解落实，实施总量控制应当以大气环境承载力为基础。排污单位应当遵守重点大气污染物排放总量控制要求。

除国家确定的重点大气污染物外，省人民政府应当根据需要确定本省实施总量控制的其他重点大气污染物。

第十一条 有下列情形之一的，省人民政府生态环境主管部门应当会同有关部门约谈州（市）人民政府或者县（市、区）人民政府的主要负责人，约谈情况应当向社会公开：

（一）未达到大气环境质量标准的；

（二）未完成大气环境质量改善目标的；

（三）超过重点大气污染物排放总量控制指标的。

省人民政府生态环境主管部门应当督促被约谈地区的人民政府采取措施落实约谈要求，并暂停审批该地区新增重点大气污染物排放总量的建设项目环境影响评价文件。

第十二条 县级以上人民政府生态环境主管部门负责组织建设与管理本行政区域大气环境质量和大气污染源监测网，开展大气环境质量监测，统一发布本行政区域大气环境质量状况信息。

第十三条 州（市）人民政府应当根据本地实际情况，组织有关部门对本行政区域大气污染来源及其变化趋势进行研究分析，运用分析结果进行大气污染源排放控制。

第十四条 向大气排放污染物的企业事业单位和其他生产经营者应当按照有关规定设置大气污染物排放口。

根据国家规定开展自行监测的排污单位应当对监测数据的真实性、准确性负责，自行监测的原始记录保存期限不得少于3年。

重点排污单位应当按照规定安装使用大气污染物排放自动监测设施，与生态环境主管部门的监控平台联网，保证监测设备正常运行并依法公开排放信息。

第十七条　鼓励和支持环境公益诉讼。对向大气排放污染物，损害社会公共利益的行为，符合法律规定的机关和有关组织可以向人民法院提起环境公益诉讼。

第三章　大气污染防治措施

第十九条　县级以上人民政府应当采取措施优化能源结构，推广利用清洁能源。推进生产和生活领域的以气代煤、以电代煤、以电代柴。加快天然气基础设施建设，增加天然气使用量，实现煤炭减量替代。

支持现有各类工业园区与工业集中区有供热需求的实施热电联产或者集中供热改造，具备条件的工业园区实现集中供热。

各级人民政府应当加强民用散煤管理，增加优质煤炭和洁净型煤供应，推广节能环保型炉具。

第二十条　城市人民政府可以划定并公布高污染燃料禁燃区，并根据大气环境质量改善要求，逐步扩大高污染燃料禁燃区范围。

在禁燃区内，禁止销售、燃用高污染燃料；禁止新建、扩建燃用高污染燃料的设施，已建成的，应当在城市人民政府规定的期限内改用天然气、液化石油气、电或者其他清洁能源。

第二十一条　钢铁、有色金属、建材、石油、炼焦、化工、铁合金、火电等工业企业以及燃煤锅炉使用单位应当按照规定配套建设、使用和维护除尘、脱硫、脱硝等装置。

第二十二条　产生含挥发性有机物废气的生产和服务活动，应当在密闭空间或者设备中进行，并按照规定安装、使用污染防治设施；无法密闭的，应当采取措施减少废气排放。

工业涂装企业应当使用低挥发性有机物含量的涂料，并建立台账，记录生产原料、辅料的使用量、废弃量、去向以及挥发性有机物含量。台账保存期限不得少于 3 年。

第二十三条　储油储气库、加油加气站、原油成品油码头、原油成品油运输船舶和油罐车、气罐车等，应当按照国家有关规定安装油气回收装置并保持正常使用。

第二十四条　城市人民政府应当大力发展城市公共交通，加强城市步行和自行车交通系统建设，支持鼓励选用清洁能源为动力的机动车，引导公众绿色、低碳出行。

交通运输、公安机关交通管理等部门应当按照国务院、省人民政府的要求，限期完成对黄标车的淘汰和柴油车的污染治理。

第二十五条 在本省生产和销售新生产的机动车船和非道路移动机械的，应当符合国家排放标准。

第二十六条 县级以上人民政府生态环境主管部门应当会同交通运输、住房城乡建设、农业农村、水行政等有关部门对非道路移动机械的大气污染物排放状况进行监督检查，排放不合格的，不得使用。

第二十七条 本省生产、销售的机动车船、非道路移动机械燃料应当达到国家规定的标准。燃料销售者应当在其经营场所公布其所销售燃料的质量指标。

工信、商务、能源、应急管理、市场监管等有关管理部门按照职责对生产、销售环节燃料质量开展抽检等监督工作，并向社会公布抽检结果。

第二十八条 从事房屋建筑、市政基础设施建设、水利工程施工、道路建设工程施工、建（构）筑物拆除、园林绿化、物料运输和堆放等可能产生扬尘污染活动的，施工单位应当采取防尘抑尘措施，防止产生扬尘污染，建设单位应当对施工单位进行监管。

第二十九条 建设单位应当将防治扬尘污染的费用纳入工程造价，并在施工承包合同中明确施工单位扬尘污染防治责任。

第三十条 城市规划区施工单位应当制定工地扬尘污染防治方案，并遵守下列施工工地污染防治要求：

（一）公示施工现场负责人、环保监督员、扬尘污染控制措施、举报电话等信息，接受社会监督；

（二）在施工现场周边按照标准设置硬质围挡、采用喷淋等措施；

（三）对施工现场的物料堆放场所采用密闭式防尘网遮盖等措施，对其他裸露场地应进行覆盖，对土石方、建筑垃圾及时清运并进行资源化处理；

（四）施工车辆应当采取除泥、冲洗等除尘措施后方可驶出工地；

（五）道路挖掘施工应当及时覆盖破损路面，并采取洒水等措施防治扬尘污染；道路挖掘施工完成后应当及时修复路面。

第三十一条 对暂时不能开工的建设用地，建设单位应当对裸露地面进行覆盖；超过 3 个月的，应当进行绿化、铺装或者遮盖。

第三十二条　运输煤炭、垃圾、渣土、砂石、土方、灰浆等散装、流体物料的车辆应当采取密闭或者其他措施防止物料遗撒造成扬尘污染，并按照规定路线和时间行驶。

第三十三条　县级以上人民政府应当加强城市建成区和周边地区绿化，防治扬尘污染和土壤风蚀影响。

县级以上人民政府住房城乡建设等部门按照职责分别对市政河道以及河道沿线、公共用地的裸露地面以及其他城镇裸露地面，进行绿化或者透水铺装，减轻扬尘污染。

第三十四条　矿产资源开采、露天物料堆场等应当采用防风抑尘工艺、技术和设备，采取有效措施防治扬尘污染。

第三十五条　县级以上人民政府应当推进秸秆肥料化、饲料化、能源化等开发，实现秸秆综合利用。

在人口集中地区、机场周围、交通干线附近等依法划定的区域内禁止露天焚烧秸秆、落叶、垃圾等产生烟尘污染的物质。

第三十六条　向大气排放持久性有机污染物的企业事业单位和其他生产经营者以及废弃物焚烧设施的运营单位，应当按照国家有关规定采取有利于减少持久性有机污染物排放的技术方法和工艺，配备有效的净化装置，确保达标排放。

第三十七条　企业事业单位和其他生产经营者在生产经营活动中产生恶臭气体的，应当安装净化装置或者采取其他措施防止恶臭气体排放。

垃圾处理场、垃圾中转站、污水处理厂、橡胶制品生产、生物发酵、规模化畜禽养殖、屠宰等产生恶臭气体的单位应当科学选址，与机关、学校、医院、居民住宅区等人口集中地区和其他依法需要特殊保护的区域保持符合规定的防护距离。

第三十八条　排放油烟的餐饮服务业经营者应当安装油烟净化设施并保持正常使用，或者采取其他油烟净化措施，使油烟达标排放，并防止对附近居民的正常生活环境造成影响。

禁止在居民住宅楼、未配套设立专用烟道的商住综合楼以及商住综合楼内与居住层相邻的商业楼层内新建、改建、扩建产生油烟、异味、废气的餐饮服务项目。

县级以上人民政府可以划定并公布禁止露天烧烤的区域，任何单位和个人不得在禁止的区域内露天烧烤食品或者为露天烧烤食品提供场地。

第三十九条 服装干洗和机动车维修等经营者应当按照国家有关规定设置异味和废气处理装置等污染防治设施并保持正常使用，或者采取其他净化、处理措施，防止影响周边环境。

第四十条 鼓励和支持学校、医院、交通运输场站等公共场所建筑物的业主单位或者经营单位在室内装修竣工后，进行室内空气质量监测，并在显著位置公示监测结果。

第四章 重点区域大气污染联合防治和重污染天气应对

第四十一条 省人民政府生态环境主管部门根据主体功能区划、区域大气环境质量状况和大气污染传输扩散规律，划定大气污染防治重点区域，报省人民政府批准。

重点区域实行区域统筹、综合规划和联合防治等制度。

第四十二条 省人民政府生态环境主管部门会同气象主管机构等有关部门建立污染天气监测预警机制。

县级以上人民政府应当将重污染天气应对纳入突发事件应急管理体系。省、州（市）人民政府以及可能发生重污染天气的县级人民政府，应当制定重污染天气应急预案，重污染天气发生时，及时启动应急预案，采取有效应对措施，并向社会公布相关信息。

第五章 法律责任（略）

第六章 附则（略）

二、《云南省大气污染防治条例》导读

（一）《云南省大气污染防治条例》制定的必要性

2018年7月17日，全国人大常委会法制工作委员会下发了《关于加强加快大气污染防治和生态环境保护地方立法工作的意见》（法工委函〔2018〕58号），提出各省尚未制定大气污染防治方面地方性法规的，应当于2018年底前完成大气污染防治相关地方性法规的制定工作。云南省属于尚未制定大气污染防治相关的地方性法规的省份，为确保按期完成该项立法工作，省人大常委会和省政府高度重视，提出了立法时间表，要求9月份省人大常委会会议进行初审，11月份进行二审并提交表决。环资工委认为，为了贯彻落实省委、省政府把云南建设成为中国最美丽省份，打造绿色能源、绿色食品和健康

生活目的地“三张牌”的目标，应当尽快制定出台《云南省大气污染防治条例》（以下简称《大气防治条例》），用法律的武器、用法治的力量治理污染，全面加强生态环境保护，坚决打好污染防治攻坚战。

（二）起草和审查经过

按照省人民政府2018年立法工作计划的安排，省生态环境厅起草了草案送审稿。省司法厅按照立法程序的规定，向各州市、省直有关部门书面征求了意见，到文山州、红河州、西双版纳州开展了立法调研，赴贵州省、四川省进行了立法学习考察，召开了部门和相对人座谈会、专家论证会，上网向社会公开征求意见。在条例草案的审查过程中会同省环境保护厅与省人大常委会有关委员会共同研究修改，充分吸收采纳了社会各界的意见和建议，形成了现在的草案。在报省人民政府领导审批同意后，已经2018年9月10日省人民政府第18次常务会议讨论通过，形成省人民政府议案，提请省人大常委会审议。

（三）《大气防治条例》需要说明的几个问题

《大气防治条例》于2018年9月21日云南省第十三届人民代表大会常务委员会第七次会议通过，于2019年1月1日起施行，共6章53条，主要内容如下：

1. 关于大气污染防治的监管职责。《大气防治条例》在大气污染防治法规定的基础上，明确大气污染社会共治的理念和各级政府、部门的监管职责，一是明确了各级政府对本行政区域内的大气环境质量负责；二是明确了县级以上人民政府环境保护主管部门对大气污染防治实施统一监督管理，其他有关部门按照法律、法规的规定和县级以上人民政府关于环境保护工作的职责分工，对大气污染防治实施监督管理。

2. 关于强化大气污染防治的控制措施。随着经济社会的快速发展，大气环境污染已由单一因子污染转变为复合型污染，控制大气污染必须实施多部门协同、多污染源综合防治。《大气防治条例》强化了对能源消耗、工业、机动车船和非道路移动机械、扬尘、生活污染等领域的综合防治措施。一是针对能源和工业污染，提出了“以气代煤”“以电代煤”，强化挥发性有机物排放管理。二是针对扬尘防治主体责任未落实、防治措施不精细以及管理存在盲区的问题，落实了建筑工程建设单位、施工单位等相关单位对扬尘污染防治的主体责任，规范了施工扬尘、道路扬尘、矿山和堆场扬尘等的污染防治措施。三是针对与居民生活密切相关的民用散煤、露天烧烤、秸秆焚烧等污染源的控制作了相应的规范。

3. 关于完善大气污染防治的政策措施。针对社会普遍反映的大气污染监管乏力的问题，《大气防治条例》对大气污染防治法的相关规定进行了补充，进一步完善了我省大气污染防治监管体系。一是增加了承担大气环境保护职责的部门要建立健全投诉举报协调处理机制的规定，保护公众投诉举报的积极性，有效发挥社会监督作用。二是细化了省人民政府对有关部门和州市人民政府的大气污染防治目标责任书和大气污染防治计划完成情况进行考核的规定，强调考核结果向社会公开，强化政府层级监督。三是强化了排污者自行监测原始记录保存、恶臭气体防治等方面的要求。四是在大气污染防治法规定的法律责任基础上，对部分条款作了细化补充规定。

4. 关于体现云南特色问题。《大气防治条例》增加水电、天然气等清洁能源使用。一是县级以上人民政府应当增加水电、天然气等清洁能源的使用，推进以气代煤、以电代煤、以电代柴。二是增加生产和生活领域的天然气使用量，加快天然气基础设施建设。三是有条件的工业园区实现集中供热，鼓励现有的工业园区实施热电联产和集中供热改造。

第四节　云南省阳宗海保护条例

【说明】2019 年 11 月 28 日云南省第十三届人民代表大会常务委员会第十四次会议通过。

一、《云南省阳宗海保护条例》文本摘要

第一章　总　则

第三条　阳宗海保护应当遵循保护优先、科学规划、统一管理、综合防治、合理开发的原则，实现经济社会发展与生态环境保护相协调。

第四条　阳宗海最高运行水位为 1 769.90 米（1985 国家高程基

准，下同），最低运行水位为1 766.15米。

阳宗海水体水质按照《地表水环境质量标准》（GB 3838—2002）Ⅱ类标准保护。

阳宗海保护区大气质量按照《环境空气质量标准》（GB 3095—2012）二级标准保护。

第五条　阳宗海保护区是指昆明市宜良县汤池街道办事处、呈贡区七甸街道办事处和玉溪市澄江县阳宗镇所辖546平方公里的区域，其中阳宗海流域192平方公里的径流区为重点保护区。

重点保护区实行分级保护，划分为一级、二级、三级保护区：

（一）一级保护区为阳宗海水体及最高运行水位向外水平延伸100米以内的区域，以及主要入湖河道和两侧水平外延20米以内的区域；

（二）二级保护区为一级保护区边界东西向外水平延伸500米、南北向外水平延伸1 200米以内的区域，以及主要入湖河道两侧20米各水平外延50米以内的区域；

（三）三级保护区为一级、二级保护区以外的阳宗海径流区。

一级、二级、三级保护区的具体范围由昆明阳宗海管理机构划定，并报昆明市人民政府批准后公布。

昆明阳宗海管理机构应当在一级、二级、三级保护区设立界桩、路标和安全警示等标牌、标识。

第六条　阳宗海保护实行河（湖）长制。河（湖）长制的设置、职责和工作机制按照国家和省的有关规定执行。

第二章　保护管理职责

第十条　昆明市人民政府全面负责阳宗海的保护和管理工作，将阳宗海保护工作纳入国民经济和社会发展规划，将保护经费列入财政预算，并履行下列职责：

（一）指导、协调、督促有关部门履行保护和管理职责；

（二）建立保护投入机制和落实生态补偿机制；

（三）安排下达综合治理工作任务，建立并组织实施保护和管理目标责任制、评议考核制、责任追究制；

（四）组织实施水污染防治规划及重点水污染物排放总量控制制度；

（五）负责国土、森林资源的保护和管理；

（六）法律、法规规定的其他职责。

第十一条 昆明阳宗海管理机构由昆明市人民政府直接领导和管理，对阳宗海保护区实行统一保护、统一规划、统一管理、统一开发，履行下列职责：

（一）宣传和贯彻执行与阳宗海保护有关的法律、法规和政策，制定有关管理制度和措施；

（二）编制并组织实施阳宗海保护区的经济社会发展规划、保护区规划和专项规划；

（三）负责阳宗海保护区的经济、社会事务和城乡建设等各项行政管理工作，具体办理涉及澄江县阳宗镇的国土、森林资源等审批事项，并按照程序依法报批；

（四）负责阳宗海保护区水污染防治及生态环境的保护治理；

（五）组织开展阳宗海保护、治理和合理开发利用的科学技术研究；

（六）负责阳宗海保护区社会管理和为民服务体系的建设；

（七）法律、法规规定的其他职责。

第十二条 昆明阳宗海管理机构按照依法批准的范围和权限在阳宗海保护区内实行综合行政执法，相对集中行使水务、生态环境、自然资源、工业、农业、林业、渔业、旅游、规划建设、交通运输、民政等部分行政处罚权。

相对集中行使部分行政处罚权的工作方案由昆明市人民政府拟定，报省人民政府批准后执行。

第十三条 阳宗海保护区内各镇人民政府、街道办事处按照属地管理原则，在本行政区域内履行下列职责：

（一）宣传与阳宗海保护有关的法律、法规和政策；

（二）实施阳宗海保护治理的规划、方案和措施；

（三）协助开展阳宗海保护行政执法工作，配合查处有关违法行为；

（四）控制面源污染和阳宗海沿岸、入湖河道沿岸污染源；

（五）按照规定处理城镇和农村生活、生产垃圾及其他固体废弃物；

（六）负责入湖河道、沟渠的管护和保洁工作；

（七）法律、法规规定的其他职责。

第三章 综合保护

第十四条 阳宗海保护区规划由昆明阳宗海管理机构报昆明市

人民政府批准后实施。

阳宗海水污染防治、生态环境保护、水资源保护和利用、旅游、环湖景观、综合交通、市政基础设施、绿化等专项规划应当符合保护区规划的要求。

第十五条 阳宗海保护区内的新建、改建、扩建项目应当符合保护区规划、控制性详细规划和产业政策，并经昆明阳宗海管理机构依法批准。

第十六条 阳宗海保护区内的建设项目应当综合开发、配套建设。建筑物、构筑物和旅游设施在规划布局、设计风格等方面，应当与周围景观和环境相协调。

第十七条 阳宗海保护区实施重点水污染物排放总量控制制度和水环境质量管控制度，严格控制排污总量，加强流域生态环境保护和污染防治，改善水环境质量。

昆明阳宗海管理机构应当采取措施，建设和完善生产、生活污水收集处理设施，提高收集处理率，加强水质监测，建立水质评价体系，确保水质符合规定的水环境质量标准。

向阳宗海水体排放含热废水，应当经过降温处理，水温、水质符合水环境质量标准。

第十九条 阳宗海保护区实施重点大气污染物排放总量控制制度。阳宗海保护区内向大气排放污染物，应当采取脱硫、脱硝、除尘、防尘等有效措施，符合国家规定的排放标准。

第二十条 阳宗海保护区内的河道综合整治应当符合河道水系防洪要求，兼顾生态、景观的综合统一，建设生态河堤、生态防护林。

昆明阳宗海管理机构应当组织开展阳宗海保护区内主要出入湖河道截污、治污、疏浚、河道交界断面水质达标等保护工作，开展河道（岸）保洁、绿化、美化等景观改善工作。

鼓励单位和个人开展底泥资源化的研究和利用，推进底泥无害化、资源化处置。

第二十一条 开发利用阳宗海水资源，应当维持阳宗海的合理水位，保持良好生态环境和自然景观，优先保证生活用水，统筹兼顾农业、工业、生态与环境用水以及航运等需要。阳宗海处于最低运行水位以下需要取用湖水的，应当经昆明市人民政府批准，并报省人民政府水行政主管部门备案后，方可组织实施。

昆明阳宗海管理机构应当结合阳宗海保护区的实际情况，制定年度水量控制计划，管理出水口节制闸，并按照国家和省的有关规定审批、核发取水许可证，征收水费、水资源费（税）。

第二十二条 昆明阳宗海管理机构应当制定阳宗海保护区地下水保护利用规划，建立和完善阳宗海保护区地下水监测系统及信息共享平台，对地下水实行动态监测。

阳宗海保护区内开采地下水（含地下热水、矿泉水），应当符合地下水保护利用规划和矿产资源规划，按照有关规定报批，由昆明阳宗海管理机构依法征收相关资源费（税）。

第二十七条 昆明阳宗海管理机构应当科学制定旅游业发展规划，防止超资源环境承载力过度开发。

从事旅游项目开发应当符合旅游业发展规划的要求，依法报经批准。

经批准设置的各类旅游观光、休闲娱乐、体育训练等设施应当按照规定配备污水处理和垃圾收集设施。

第四章 重点保护

第三十条 在三级保护区内禁止下列行为：

（一）利用渗井、渗坑、裂隙、溶洞，私设暗管，篡改、伪造监测数据，或者不正常运行防治污染设施等逃避监管的方式排放水污染物；

（二）未按照规定进行预处理，向污水集中处理设施排放不符合处理工艺要求的工业废水；

（三）向水体排放剧毒废液，或者将含有汞、镉、砷、铬、铅、氰化物、黄磷等的可溶性剧毒废渣向水体排放、倾倒或者直接埋入地下；

（四）未按照规定采取防护性措施，或者利用无防渗漏措施的沟渠、坑塘等输送或者存贮含有毒污染物的废水、含病原体的污水或者其他废弃物；

（五）向水体排放、倾倒工业废渣、城镇垃圾或者其他废弃物；

（六）违法修建储存爆炸性、易燃性、放射性、毒害性、腐蚀性物品的设施；

（七）随意倾倒、堆放、填埋废弃菜叶等农业废弃物；

（八）违法开垦、占用林地；

（九）盗伐、滥伐森林或者其他林木；

（十）违法使用剧毒、高毒农药；

（十一）猎捕、杀害国家重点保护野生动物或者违法猎捕非国家重点保护野生动物；

（十二）损毁、移动界桩或者设置的其他标识。

第三十一条　在二级保护区内，除三级保护区禁止的行为外，还禁止下列行为：

（一）新建、改建、扩建排污口和工业项目；

（二）新建、扩建陵园、墓地；

（三）爆破、采矿、采石、取土、挖砂；

（四）规模化畜禽养殖、放牧。

第三十二条　在一级保护区内，除二级、三级保护区禁止的行为外，还禁止下列行为：

（一）新建、改建、扩建构筑物、建筑物或者设施，经昆明市人民政府批准的环保、湿地工程，以及水利、执法船舶停靠设施除外；

（二）填湖、围湖、造田、造地；

（三）在湖岸滩地搭棚、摆摊、设点经营；

（四）围堰、网箱、围网养殖，暂养水生生物；

（五）使用禁用的渔具、捕捞方法或者不符合规定的网具捕捞；

（六）放生外来入侵物种，未经批准采捞水生植物；

（七）乱扔垃圾，设置、张贴商业广告；

（八）在阳宗海水体、河道中清洗生产生活用具、车辆和其他可能污染水体的物品。

第三十三条　本条例施行前，在一级、二级保护区内已经建成的项目，按照阳宗海保护区有关规划，采取逐步迁出、调整建设项目或者生产经营内容、建设污水处理设施等措施依法处理。处理方案由昆明阳宗海管理机构制定，报经昆明市人民政府按照有关规定批准后实施。

一级保护区内的原有居民确有必要迁出的，应当有计划迁出并妥善安置。

第三十四条　昆明阳宗海管理机构应当加强重点保护区内生态环境保护和湿地生态系统建设，在湖滨带建设、管护环湖风景林带；在一级、二级保护区内有计划地推行退耕还林、还草、还湿地，防治水土流失，提高生态修复和水体的自然净化能力。

第三十五条　阳宗海水域不得使用燃油机动船和水上飞行器，但经昆明市人民政府批准进行科研、执法、救援、清淤除污的除外。

阳宗海入湖船舶实行总量控制，由昆明阳宗海管理机构审批。

入湖船舶应当服从水上交通安全管理，配备救生等安全生产设备，禁止超载。

第三十六条 昆明阳宗海管理机构应当根据本地区渔业资源和渔业生产的实际情况，依法确定并公布禁渔区、禁渔期。

在阳宗海从事渔业捕捞的单位和个人，应当向昆明阳宗海管理机构申请捕捞许可证，并按照规定缴纳渔业资源增殖保护费。从事捕捞的单位和个人应当按照捕捞许可证核准的作业方式、场所、时限和渔具数量进行作业。

第三十七条 在一级保护区开展科研、考古、影视拍摄、大型水上活动和其他涉及资源保护和利用的活动，在确保环境和水体不受污染的前提下，经昆明阳宗海管理机构批准后，方可实施。

第三十八条 阳宗海重点保护区内的住宿、餐饮等经营者应当配套建设污水处理和垃圾收集设施，并保证正常运行，不得将污水和垃圾直接排入阳宗海及入湖河道、沟渠、水库等。

第五章 法律责任（略）

第六章 附则（略）

第四十四条 本条例所称阳宗海主要入湖河道包括：阳宗大河、七星河、鲁西冲河、东排浸沟。

二、《云南省阳宗海保护条例》导读

（一）《云南省阳宗海保护条例》修订背景

阳宗海是云南省九大高原淡水湖泊之一，具有工农业用水、调蓄、防洪、调节气候等多种功能，对维护区域生态系统的平衡起着重要作用，是云南省重点保护水域之一。为加强阳宗海生态环境保护，我省1998年出台了《云南省阳宗海保护条例》（以下简称《阳宗海保护条例》），2012年进行全面修订，地方立法对加强保护和改善阳宗海生态环境，促进生态文明建设和经济社会可持续发展发挥了重要作用。

但随着经济社会快速发展，在阳宗海的保护和管理工作中，也出现了很多难点和问题：一是2014年以来对《环境保护法》《水法》《水污染防治法》先后进行了修订，我省现行条例需要结合上位法变动情况进行补充、修改和完善。二是阳宗海保护区范围的划定主体及程序不明确，导致保护区范围未进行划定并对外公布实施，阳宗海分级保护难以全面实现。三是阳宗海保护治理的有关工作机制不够完善，对阳宗海生态环境保护和环境污染防治的措施不到位，对违法行为惩治不力。2018 年中央第六环保督察组在云南中央环保督察“回头看”及高原湖泊环境问题专项督察反馈中，提出了“洱海、阳宗海、异龙湖等湖泊保护条例，不同程度存在保护区边界模糊、没有严格控制旅游活动和污染物排放行为、未明确界定允许和禁止建设内容、核心区划定标准不统一和基准线不确定等问题，要求及时进行整改”的意见。为适应新形势下阳宗海生态环境保护的需要，充分发挥各级政府及阳宗海管理机构的职能职责，进一步加大对阳宗海的保护、治理和违法行为的惩治力度，按照省委、省政府关于落实中央第六环保督察组环保督察“回头看”及高原湖泊环境问题整改工作的有关要求，对《阳宗海保护条例》进行全面修订十分必要。

（二）起草和审查经过

按照省人民政府安排，昆明市人民政府牵头起草了草案送审稿。省司法厅按照立法程序的规定，向各州、市和省直有关部门书面征求了意见，赴昆明市阳宗海地区开展了实地调研，上网向社会公开征求了意见，召开了部门座谈会和专家论证会。在草案的审查过程中充分吸收采纳了社会各界的意见和建议，省人大有关委员会也提前介入，全程参加草案起草审查。在报省人民政府领导审批同意后，已经 2019 年 8 月 19 日省人民政府第 45 次常务会议讨论通过，形成省人民政府议案，提请省人大常委会审议。2019 年 11 月 28 日云南省第十三届人民代表大会常务委员会第十四次会议通过《阳宗海保护条例》，2020 年 1 月 1 日起施行。

（三）《阳宗海保护条例》主要内容

《阳宗海保护条例》共 6 章 46 条，包括总则、保护管理职责、综合保护、重点保护、法律责任和附则。主要内容和需要说明的问题有：

1. 明确重点保护区范围及划定主体、划定程序。为解决现行条例存在的未明确保护区划定主体、划定程序等问题，新《阳宗海保护条例》规定：一、二、三级保护区的具体范围由昆明阳宗海管理机构划定，并报昆明市人民政府批准后公布。为突出对阳宗海重点保护区的保护和管理，《阳宗海保护条例》将第三章“保护措施”、第四章“管理与监督”，调整为第三章“综合保护”、第四章“重点保护”。在对阳宗海保护区546平方公里区域规定了保护措施和制度的基础上，重点针对阳宗海保护区内192平方公里径流区规定了三级保护制度和措施，实施更为严格的保护。

2. 严格控制保护区内旅游活动和污染物排放行为。按照保护优先、从严管控的要求，为严格控制保护区内旅游活动和污染物排放行为，《阳宗海保护条例》规定：一是明确昆明阳宗海管理机构应当科学制定旅游业发展规划，防止超资源和环境承载力过度发展；从事旅游项目开发应当符合阳宗海保护区规划的要求，并依法报经批准；经批准设置的各类旅游观光、休闲娱乐、体育训练等设施应当按照规定配备污水处理和垃圾收集设施；二是明确阳宗海重点保护区内的住宿、餐饮等经营者应当配套建设污水处理和垃圾收集设施，不得将污水和垃圾直接排入阳宗海及入湖河道、沟渠、水库；三是加大违法惩治力度，对违反本条例规定的，责令限期整改，处2万元以上5万元以下罚款。

3. 明确河（湖）长制。为与国家水治理体系的制度创新相衔接，根据2016年《中共中央办公厅　国务院办公厅印发〈关于全面推行河长制的意见〉的通知》中“全面建立省、市、县、乡四级河长体系”和2017年修订的《中华人民共和国水污染防治法》第五条“省、市、县、乡建立河长制”的要求，《阳宗海保护条例》第六条规定：“阳宗海保护实行河（湖）长制。河（湖）长制的设置、职责和工作机制按照国家和省的有关规定执行。”

4. 关于面源污染防治。目前阳宗海保护治理实际工作中，面源污染已成为阳宗海主要污染来源，切实有效解决好面源污染问题对阳宗海生态环境保护至关重要。为此，《阳宗海保护条例》规定：一是明确昆明阳宗海管理机构应当优化产业结构及布局，鼓励实施清洁生产、发展循环经济、生态农业和使用清洁能源，防治面源污染；二是明确昆明阳宗海管理机构应当采取有效措施，转变农业生产方式，加快种植业、养殖业结构调整，推进有机化绿色化，推广测土配方、生物防治、精细农业等技术，实现化肥和农药减量增效，有效控制农业面源污染；三是明确昆明阳宗海管理机构应当建设生产生活污水、生活垃圾集中处理设施，提高生产生活废弃物、污水收集处理率，削减生产生活污染。

第五节　云南省星云湖保护条例

【说明】2019年9月28日云南省第十三届人民代表大会常务委员会第十三次会议通过。

一、《云南省星云湖保护条例》文本摘要

第一章　总　则

第三条　星云湖保护坚持保护优先、科学规划、统一管理、综合防治、合理利用、绿色发展的原则。

第四条　星云湖最高运行水位为1 723.35米（1985国家高程基准，下同），最低运行水位为1 721.65米。

星云湖水质以《地表水环境质量标准》（GB 3838—2002，下同）Ⅲ类为保护目标，科学治理，改善、提高现有水质。实施星云湖生态补水工程，其水质应当达到国家Ⅲ类水以上标准。

第五条　星云湖保护范围按照功能和保护要求，划分为一级保护区和二级保护区。

一级保护区为星云湖水域及星云湖最高运行水位沿地表向外水平延伸100米以内的范围；二级保护区为一级保护区以外径流区的范围。

一、二级保护区的具体范围由玉溪市人民政府划定并公布。一级保护区应当设置界桩、明显标识。

第六条　星云湖保护实行河（湖）长制。河（湖）长的设置、职责和工作机制，按照国家和省有关规定执行。

第七条　省人民政府、玉溪市人民政府、江川区人民政府应当将星云湖保护工作纳入国民经济和社会发展规划，将保护经费列入本级财政预算，加大财政转移支付力度，建立长期稳定的保护投入和生态保护补偿、生态补水机制。

征收的水资源费、渔业资源增殖保护费按照有关规定用于星云湖保护。

第二章 管理机构和职责

第十条 玉溪市人民政府对星云湖实施统一保护和管理，履行下列职责：

（一）建立星云湖保护治理长效机制，实施河（湖）长制，组织领导水资源保护、水污染防治、水环境治理等工作；

（二）批准星云湖保护和开发利用总体规划；

（三）指导、督促有关行政主管部门和江川区人民政府履行星云湖保护治理职责；

（四）负责星云湖水资源调度；

（五）省人民政府规定的其他职责。

第十一条 玉溪市人民政府湖泊管理机构履行下列职责：

（一）宣传、贯彻有关法律、法规和本条例，负责指导江川区人民政府湖泊管理机构的业务工作；

（二）负责星云湖一级保护区的保护和管理，制定保护和管理措施，报玉溪市人民政府批准后实施；

（三）按照依法批准的范围和权限，在一级保护区相对集中行使生态环境保护、水政、渔政等部分行政处罚权；

（四）审查星云湖保护和开发利用总体规划，并对规划的实施进行监管；

（五）配合江川区人民政府做好星云湖保护工作；

（六）玉溪市人民政府规定的其他职责。

第十二条 江川区人民政府负责星云湖保护和管理工作，履行下列职责：

（一）统筹推进星云湖保护范围内生态保护与经济社会的协调发展；

（二）编制星云湖保护和开发利用总体规划，报玉溪市人民政府批准后组织实施；

（三）督促有关行政主管部门、星云湖保护范围内乡（镇）人民政府、街道办事处履行星云湖保护和管理职责；

（四）协助玉溪市人民政府湖泊管理机构在星云湖一级保护区开展行政执法工作；

（五）玉溪市人民政府规定的其他职责。

第十三条 江川区人民政府湖泊管理机构履行下列职责：

（一）宣传、贯彻有关法律、法规和本条例；

（二）负责星云湖二级保护区的日常监督管理工作；

（三）协助玉溪市人民政府湖泊管理机构在星云湖一级保护区开展行政执法工作；

（四）监督星云湖保护治理项目的实施；

（五）玉溪市人民政府湖泊管理机构和江川区人民政府交办的其他事项。

第十四条　星云湖保护范围内乡（镇）人民政府、街道办事处在本行政区域内履行下列职责：

（一）实施星云湖保护治理的相关规划、方案和措施；

（二）协助开展星云湖保护行政执法工作，配合查处有关违法行为；

（三）控制面源污染和星云湖沿岸污染源；

（四）收集、处理城镇和农村生产、生活垃圾及其他废弃物；

（五）指定人员负责日常保护和管理工作；

（六）江川区人民政府规定的其他职责。

第三章　生态环境与资源保护

第十八条　江川区人民政府应当对星云湖保护范围内的水库、河道、沟渠、湿地、湖泊等组织实施水污染综合治理和生态环境保护工程，对荒山荒坡进行生态修复，逐步实行退耕、还林、还草，改善流域环境资源承载能力。

第十九条　江川区人民政府在星云湖一级保护区有计划地实施退耕、退塘，还湖、还湿地、还林，建设生态缓冲带，实施环湖截污治污工程。对原住居民采取有效措施逐步迁出，对迁出的原住居民，依法给予补偿安置。

第二十一条　星云湖保护范围内应当采取有效措施防治农业面源污染，推广农业综合防控措施，鼓励使用有机肥、生物农药、全生物可降解地膜，科学处置农业废弃物。

星云湖二级保护区范围内畜禽规模养殖应当符合畜牧业发展规划、畜禽养殖污染防治规划，严格按照国家有关规定处理病死畜禽、畜禽粪便、污水等废弃物，防止污染环境。

第二十二条　星云湖保护范围内新建、改建、扩建项目，应当符合星云湖保护和开发利用总体规划。

在星云湖二级保护区内原建成的磷化工等工矿企业和其他项目，应当采取措施防治污染，确保污染物排放达到规定标准。

第二十三条 星云湖保护范围内的住宿、餐饮等经营者应当配套建设污水处理和垃圾收集设施，不得将污水和垃圾直接排入星云湖及入湖河道、沟渠、水库等。

城镇应当实现生活垃圾、污水收集和处理全覆盖，满足处理和排放要求，逐步做到生活垃圾分类收集和处理。

农村应当建立和完善日常保洁及生活垃圾、污水处理机制，建设垃圾、污水收集、处理设施，实行垃圾收集、清运和处置责任制。

第二十四条 星云湖实行禁渔区和禁渔期制度。禁渔区由玉溪市人民政府划定，在禁渔区禁止捕捞活动；禁渔期由玉溪市人民政府湖泊管理机构确定，在禁渔期禁止捕捞、收购和销售星云湖鱼类。

第二十五条 在星云湖从事渔业捕捞的单位和个人，应当申请办理捕捞许可证，缴纳渔业资源增殖保护费，并按照捕捞许可证核准的作业类型、场所、时限和渔具规格进行作业。

第二十六条 星云湖入湖船只实行许可制度。入湖船只的新增、改造、更新应当经玉溪市人民政府湖泊管理机构批准。

入湖船只应当服从水上交通安全管理，配备安全设备，禁止超载。

第二十七条 一级保护区内禁止下列行为：

（一）新建、改建、扩建建筑物、构筑物，但经玉溪市人民政府批准的环保、水利、水文、通信、湿地工程及科研、执法船停靠设施除外；

（二）新建排污口；

（三）填湖，围湖造田、造地、建鱼塘，网箱、围栏（网）养殖；

（四）爆破、打井、采沙、采石、取土；

（五）侵占或者损毁湖堤、护岸，损毁或者擅自移动界桩、标识；

（六）养殖畜禽；

（七）毒鱼、炸鱼、电鱼或者使用禁用的渔具、捕捞方法进行捕捞；

（八）猎捕野生动物，放生或者丢弃外来物种；

（九）在湖泊清洗车辆、宠物、畜禽、农产品和生产生活用具及其他污染水体的物品；

（十）倾倒、堆放、填埋、抛撒生产生活垃圾；

（十一）在湖岸滩地搭棚、摆摊、设点经营，烧烤、野炊；

（十二）燃放烟花爆竹、烧香烧纸、放孔明灯；

（十三）使用泡沫制品、轮胎等简易浮动设施载人入湖；

（十四）二级保护区内禁止的行为。

第二十八条　二级保护区内禁止下列行为：

（一）新建、改建、扩建严重污染环境、破坏生态的项目；

（二）向入湖河道、沟渠、城镇排水管网排放超过国家或者地方水污染物排放标准和重点水污染物排放总量控制指标的水污染物；

（三）向入湖河道、沟渠、水库排放、倾倒油类、酸液、碱液、有毒废液、废渣等；

（四）在入湖河道、沟渠、水库最高水位线以下的滩地和岸坡倾倒、堆放、存贮、填埋固体废弃物，丢弃或者填埋病、死畜禽；

（五）在入湖河道、沟渠倾倒粪便，丢弃农药、农药包装物，清洗施药器械；

（六）随意倾倒、堆放、填埋废弃菜叶等农业废弃物；

（七）在沿湖面山采矿、开山采石、挖砂取土、毁林毁草；

（八）生产、销售、使用含磷洗涤用品和国家禁止的剧毒、高毒、高残留农药；

（九）其他污染水体和破坏生态环境的行为。

第四章　合理利用

第二十九条　星云湖的开发利用应当符合星云湖保护和开发利用总体规划，可以依托湖区资源发展生态渔业、生态农业、生态旅游及其他具有地方特色的生产和服务业。

第三十条　星云湖渔业发展应当按照生态环境保护的要求，重点发展大头鲤、星云白鱼，人工放养鲢鱼、鳙鱼、青鱼、鲫鱼、鲤鱼。

在星云湖引进、推广水生生物新品种，应当通过科学试验论证，并按照规定报有关行政主管部门批准。

第三十一条　星云湖水资源的利用应当优先满足城乡居民生活用水和生态环境保护，兼顾农业、渔业、工业用水等需要。星云湖水量调度，应当保持合理水位，保证湖水水位不低于最低运行水位。因特殊情况确需在最低运行水位以下取用星云湖水的，由玉溪市人民政府批准。

第三十二条　江川区人民政府应当合理利用星云湖自然风光、自然遗产、人文景观、优秀传统文化习俗，按照有关规划配套建设休闲、观光、康体等设施，开展文化、体育、游乐等活动，传承民族民间优秀传统文化。

在星云湖一级保护区内开展科研、影视拍摄、大型水上体育等活动，应当事先报经玉溪市人民政府湖泊管理机构批准。

第五章 法律责任（略）

第六章 附则（略）

二、《云南省星云湖保护条例》导读

（一）《云南省星云湖保护条例》修订的必要性

《云南省星云湖保护条例》（以下简称《星云湖保护条例》）自2008年1月实施以来，为星云湖全面推进依法保护、治理水污染发挥了重要作用。随着党和国家关于生态文明建设的一系列重大决策部署出台，全国人大常委会先后对环境保护法、水污染防治法等法律进行了修订。同时，星云湖流域经济社会快速发展，湖泊保护工作出现了许多新情况、新问题，现行条例已不能完全适应新形势下保护工作的需要。一是部分条款与上位法不衔接。二是星云湖法定水位采用的“国家黄海高程”系统已经废止，与现行的“1985国家高程基准”不统一。三是星云湖水质仍为劣Ⅴ类水，达不到水功能区划要求Ⅲ类水标准。

2018年11月，高原湖泊环境问题专项督察反馈意见中提出“部分高原湖泊保护条例亟需修订完善”，因此，及时对《星云湖保护条例》进行修订是必要的。

（二）《星云湖保护条例》修订过程

根据省人大常委会2019年立法工作计划，环境与资源保护委员会认真贯彻习近平生态文明思想和党中央关于推进生态文明建设的精神，落实中央环保督察“回头看”反馈问题的整改要求，会同玉溪市、江川区和省级有关部门，按照立法程序，采取实地调研，召开座谈会、论证会、咨询会，上网公布等方式，广泛听取和征求意见。6月28日，环境与资源保护委员会召开委员会全体会议，审议通过了修订草案和说明。修订草案于7月9日经省人大常委会第四十次主任会议讨论，同意提交省十三届人大常委会第十二次会议审议。

（三）《星云湖保护条例》修订的主要内容

《星云湖保护条例》于2019年9月28日云南省第十三届人民代表大会常务委员会第十三次会议通过，2020年1月1日起施行，共6章40条，主要修改、增加了以下内容：

1. 调整法定水位。玉溪市江川区聘请了专业机构对星云湖的水位高程进行了测绘和换算，结果为：星云湖新旧水位高程基准差值采用+0.85米，最高运行水位由原黄海高程1 722.5米调整为1 723.35米，最低蓄水位由1 720.8米调整为1 721.65米。

2. 科学严谨划定保护区范围。星云湖保护范围划分为两个保护区。一级保护区为星云湖水域及星云湖最高蓄水位沿地表向外水平延伸100米以内的范围；二级保护区为一级保护区以外径流区的范围。根据一、二级保护区的范围、功能，提出两个区域不同的保护控制要求和保护措施，明确界定禁止行为和建设内容，对一级保护区内允许的建设项目进行了更为严格的管控。

3. 突出保护优先原则。一是在全方位推进保护工作中，强化湖泊保护和开发利用总体规划的引领作用。二是强化入湖水污染防治工作，明确要建设环湖截污治污等工程。三是突出农村农业面源污染防治。《星云湖保护条例》对当地人民政府及有关部门在扶持流域绿色发展、调整产业结构方面的责任作了规定。对城镇和农村生产生活垃圾、污水，沿湖旅游活动和污染物排放行为进行严格管控。四是规定了禁渔制度，对引进外来物种实行严格管控。

4. 进一步完善管理体制。根据《中共云南省委机构编制办公室关于抚仙湖星云湖杞麓湖管理体制机构设置有关事宜的通知》（云编办〔2018〕101号）精神，《星云湖保护条例》在第二章管理机构职责中，规定了省、市、区、乡（镇）人民政府和湖泊管理专门机构的职责。强化了玉溪市人民政府保护星云湖的主体责任，进一步明确玉溪市、江川区湖泊管理专门机构的职责划分。

5. 进一步严格法律责任。《星云湖保护条例》与新修订的《环境保护法》《水污染防治法》相衔接，参照相关环保地方性法规，加大了对违法行为的处罚力度，进一步严格法律责任。

第六节 云南省程海保护条例

【说明】2019年7月25日云南省第十三届人民代表大会常务委员会第十二次会议通过。

一、《云南省程海保护条例》文本摘要

第一章 总 则

第三条 程海的保护、管理应当坚持保护优先、科学规划、综合防治、合理利用和可持续发展的原则。

第四条 程海最高运行水位为1 501.00米（1985国家高程基准，下同），最低控制水位为1 499.20米。

程海水环境质量，在保持天然偏碱性特征的同时，按照《地表水环境质量标准》（GB 3838—2002，下同）规定的Ⅲ类水标准执行，科学治理，改善、提高现有水质。补入程海的水资源，其水质应当达到国家Ⅲ类水以上标准。

第五条 程海保护区实行分级保护，保护范围划分如下：

（一）一级保护区，指程海水体及程海最高运行水位1 501.00米水平外延30米内；

（二）二级保护区，指一级保护区边界沿地表外延100米内；

（三）三级保护区为一级、二级保护区以外的程海径流区。

永胜县人民政府应当向社会公布程海保护区范围，并在一级、二级保护区边界设置界桩。

第六条 程海保护实行河（湖）长制。河（湖）长的设置、职责和工作机制，按照国家和省有关规定执行。

第七条 省人民政府、丽江市人民政府、永胜县人民政府应当将程海保护工作纳入国民经济和社会发展规划，将程海的保护、管理和资源利用经费纳入财政预算，建立长期稳定的保护经费投入运行、生态补偿和生态补水机制。

第八条 任何单位和个人都有保护程海的义务，并有权对污染

水体、破坏生态环境和保护设施的行为进行制止和举报。

省人民政府、丽江市人民政府、永胜县人民政府和有关乡（镇）人民政府应当建立程海保护激励机制，鼓励社会力量参与保护，发挥新闻媒体和社会监督作用。

第二章　保护管理职责

第九条　省人民政府统筹领导程海保护工作。

丽江市人民政府承担程海保护的主体责任，领导、督促程海保护工作。

第十条　永胜县人民政府组织实施程海的保护、管理工作，履行下列职责：

（一）统筹推进程海流域生态保护与经济社会的协调发展；

（二）组织编制程海保护和利用规划以及其他专项规划；

（三）制定程海具体保护措施，落实目标责任；

（四）落实程海保护和管理的重大决策事项；

（五）督促有关部门和乡（镇）人民政府履行程海保护和管理职责；

（六）法律、法规规定的其他职责。

县级以上人民政府有关部门履行程海保护、管理的相应职责。

第十一条　程海管理机构具体负责程海保护、管理工作，履行下列职责：

（一）宣传贯彻执行有关法律、法规、规章；

（二）负责程海保护的日常监督管理工作；

（三）监督管理程海保护治理项目的实施；

（四）按照依法批准的范围和权限，在一级、二级保护区相对集中行使渔政、水政、生态环境保护等方面的部分行政处罚权；

（五）永胜县人民政府交办的其他事项。

第十二条　有关乡（镇）人民政府履行下列职责：

（一）实施程海保护治理的相关规划、方案和措施；

（二）协助开展程海保护行政执法工作，制止并配合查处有关违法行为；

（三）控制面源污染、程海及入湖河道沿岸污染源；

（四）按照规定处理城镇和农村生活、生产垃圾及其他固体废弃物；

（五）负责入湖河道、沟渠的管护和保洁工作。

第三章　综合保护

第十四条　在三级保护区内禁止下列行为：

（一）在河道滩地和岸坡堆放、贮存、弃置废弃物和其他污染物；

（二）将含有汞、镉、砷、铬、铅、氰化物、磷化物等的可溶性剧毒废渣向水体排放、倾倒或者直接埋入地下；

（三）利用渗井、渗坑、裂隙、溶洞，私设暗管，篡改、伪造监测数据，或者不正常运行水污染防治设施等逃避监管的方式排放水污染物；

（四）未按照规定采取防护性措施，或者利用无防渗漏措施的沟渠、坑塘等输送或者存贮含有毒污染物的废水、含病原体的污水和其他废弃物；

（五）擅自爆破、采矿、挖砂、采石、取土、烧砖瓦；

（六）盗伐滥伐林木、毁林开垦、乱挖滥采野生植物，非法猎捕野生动物等破坏森林和野生动植物资源或者违法占用土地资源的行为；

（七）生产、销售、使用国家禁止和限制使用的剧毒、高毒农药和含磷洗涤用品；

（八）新建、改建、扩建严重污染环境、破坏生态环境的项目；

（九）其他污染水体及破坏生态环境的行为。

第十五条　在二级保护区内禁止下列行为：

（一）新建或者擅自改建、扩建除环保、水利、湿地工程以外的建筑物、构筑物；

（二）规模化畜禽养殖；

（三）乱扔、倾倒、填埋垃圾以及丢弃畜禽尸体等废弃物；

（四）损毁、移动界桩；

（五）三级保护区禁止的行为。

第十六条　在一级保护区内禁止下列行为：

（一）向程海水体倾倒污染物；

（二）围湖造地、建鱼塘、围垦，网箱、围栏（网）养殖等；

（三）在湖岸滩地搭棚、摆摊、设点经营、野炊、露营；

（四）炸鱼、毒鱼、电鱼，使用禁用渔具、机动船、电动拖网进行捕捞；

（五）违反规定在禁渔区、禁渔期捕鱼；

（六）放牧；

（七）放生非程海本地水生生物；

（八）使用泡沫制品、轮胎、塑料渔船等浮动设施载人入湖；

（九）在程海水体清洗生产生活用具、车辆和其他可能污染水体的物品；

（十）二级、三级保护区禁止的行为。

第十七条 一级保护区内与程海保护无关的建筑物、构筑物，由永胜县人民政府依法补偿，有计划拆除。

第十九条 沿湖生产、加工企业和服务行业所产生的废水应当进行水污染物处理，处理后水体水质仍低于《地表水环境质量标准》规定的Ⅲ类水标准的，严禁排入程海水体。

程海保护区内的旅馆、餐饮等经营者应当配套建设污水处理和垃圾收集设施，并保证正常运行。

第二十条 城镇应当实现生活垃圾、污水收集和处理全覆盖，满足处理和排放要求，逐步做到生活垃圾分类收集和处理。

乡村应当建立和完善生产、生活垃圾收集处理机制，加强垃圾和污水处理设施建设，实行收集、清运和处置责任制。

第二十二条 利用程海水资源，应当维持程海的最低控制水位。程海水位低于最低控制水位时，应当限制取水，因特殊情况确需在最低控制水位以下取水的，由丽江市人民政府批准。

直接从程海取水的单位和个人，应当依法办理取水许可证，缴纳水资源费（税），并在取水口安置拦鱼设施。

第二十三条 永胜县人民政府应当建立和完善程海保护区内的环境、水文、湿地等监测预警体系，定期组织开展监测活动，监测结果应当向社会公开。

第二十四条 永胜县人民政府应当采取生态补水措施，维持程海最低控制水位并对补入程海的水体水质进行定期监测，不合格水体严禁补入。

第二十五条 永胜县人民政府应当加强程海保护区内生态修复，建设湿地生态系统，实施增殖放流，管护湖滨林带，组织封山育林、植树造林，推行退耕还林、还湖、还草、还湿地，提升程海流域水资源承载能力。

第二十八条 永胜县人民政府应当推动农业生产方式的转变，加快种植业、养殖业结构调整，发展绿色生态农业。推广节水灌溉和测土配方技术，科学处理农业薄膜、农作物秸秆等农业废弃物，减少化肥和农药的使用量，鼓励使用有机肥，有效控制农业面源污染。

第二十九条 永胜县人民政府应当根据程海渔业资源和渔业生产的实际，依法确定并公布禁渔区、禁渔期。在禁渔期禁止收购和销售产自程海鱼类的活动。

在程海从事渔业捕捞的单位和个人，应当向程海管理机构申请捕捞许可证，并按照规定缴纳渔业资源增殖保护费。从事捕捞的单位和个人应当按照捕捞许可证核准的作业方式、场所、时限和渔具数量进行作业，捕捞许可证不得买卖、出租和以其他形式转让。

程海入湖船舶实行集中审批、总量控制。禁止使用燃油机动船从事捕鱼、航运、旅游。

第三十条 在程海保护区开展科研、考古、影视拍摄、大型水上活动等，经永胜县人民政府同意后，方可实施。

第四章 法律责任（略）

第五章 附则（略）

二、《云南省程海保护条例》导读

（一）《云南省程海保护条例》修订的必要性

现行《云南省程海保护条例》（以下简称《程海保护条例》）自2007年1月实施以来，为全面推进依法保护、治理水污染发挥了重要作用。近年来，党和国家关于生态文明建设的一系列重大决策部署出台，全国人大常委会先后对环境保护法、水污染防治法等法律进行了修订。同时，程海流域经济社会快速发展，湖泊保护工作出现了许多新情况、新问题，现行条例已不能适应保护需要。一是部分条款与上位法不相衔接，需要进行修订。二是程海的法定水位采用的“国家黄海高程”系统已经废止，与现行的“1985国家高程基准”不统一。三是程海水位持续下降、水量急剧减少，水质仍为Ⅳ类水，达不到水功能区划要求Ⅲ类水标准。2018年10月，中央环保督察“回头看”及高原湖泊环境问题专项督察反馈意见中提出“部分高原湖泊保护条例亟需修订完善”。根据整改要求，云南省人大常委会将修订《程海保护条例》列入省人大常委会2019年立法工作计划，计划于5月份提请省人大常委会会议审议。根据整改方案和年度立法工作计划，环资委与丽江市及永胜县有关方面多次调研，反复修改。4

月 28 日，环资委审议通过了修订草案和说明。修订草案已经省人大常委会第三十五次主任会议讨论同意。《程海保护条例》（修订草案）于 2019 年 7 月 25 日云南省第十三届人民代表大会常务委员会第十二次会议通过，2019 年 10 月 1 日起施行。

（二）《程海保护条例》主要修订内容

修订后的《程海保护条例》比原《程海保护条例》增加了 9 条，共 5 章 36 条，主要修改、增加了以下内容：

1. 调整法定水位。永胜县聘请了专业机构对程海的水位高程进行了测绘，经省测绘产品检测站最终评定为：程海最高运行水位为 1 501. 00 米（1985 国家高程基准，下同），最低控制水位为 1 499. 20 米。

2. 规范保护区范围的划定。《程海保护条例》对保护区范围的规定由二级保护增加到三级保护，提出“一级保护区，指程海水体及程海最高运行水位 1 501. 00 米水平外延 30 米内；二级保护区，指一级保护区边界沿地表外延 100 米内；三级保护区为一级、二级保护区以外的程海径流区。”针对保护区边界模糊的情况，规定永胜县人民政府应当在一级、二级保护区边界设置界桩。并根据一级、二级和三级保护区的范围、功能，提出三个区域不同的保护控制要求和具体措施，明确界定了禁止行为和建设内容。

3. 突出保护优先。按照保护优先、不欠新账、多还旧账的要求，在全方位推进保护工作中，《程海保护条例》突出了程海总体规划的引领作用；对沿湖生产、加工企业污水入湖提出了更高排放标准；对沿湖旅游活动和污染物排放行为进行严格控制；对城镇和乡村生产生活垃圾、污水加强了管控措施。

4. 完善了管理体制。根据省委、省政府办公厅《调整优化九大高原湖泊管理体制机制的方案》要求，《程海保护条例》明确了云南省、丽江市、永胜县人民政府、有关乡（镇）人民政府和程海管理机构的具体职责。

5. 严格了法律责任。《程海保护条例》与新修订的《环境保护法》《水污染防治法》等法律相衔接，参照相关环保方面地方性法规，加大对违法行为的处罚力度，提高违法成本。

第七节　云南省杞麓湖保护条例

【说明】2018 年 11 月 29 日云南省人民代表大会常务委员会第七次会议通过。

一、《云南省杞麓湖保护条例》文本摘要

第一章　总　则

第三条　杞麓湖的保护和管理坚持保护优先、科学规划、统一管理、综合防治、合理利用和可持续发展的原则。

第四条　杞麓湖最高蓄水位为 1 796. 62 米（1985 国家高程基准，下同）；最低蓄水位为 1 793. 92 米。

杞麓湖水质以《地表水环境质量标准》（GB 3838—2002）Ⅲ类水为标准，科学治理，改善、提高现有水质。

第五条　杞麓湖保护范围按照功能和保护要求，划分为下列两个区域：

（一）一级保护区为水域和最高蓄水位湖岸线沿地表向外水平延伸 100 米以内的范围；

（二）二级保护区为一级保护区以外的径流区。

一、二级保护区的具体范围由玉溪市人民政府划定并公布，其中一级保护区应当设置界桩、明显标识。

第六条　杞麓湖保护实行河（湖）长制。河（湖）长的设置、职责和工作机制，按照国家和省有关规定执行。

第七条　省人民政府统筹领导杞麓湖保护工作；玉溪市人民政府负责杞麓湖保护工作；玉溪市人民政府湖泊管理机构和通海县人民政府承担杞麓湖的保护和管理工作。

玉溪市人民政府、通海县人民政府有关行政主管部门，按照各自职责做好杞麓湖的保护和管理工作。

径流区各乡（镇）人民政府、街道办事处履行属地管理职责，负责本行政区域内杞麓湖保护和管理工作。

第八条　省人民政府、玉溪市人民政府、通海县人民政府应当将杞麓湖保护工作纳入国民经济和社会发展规划，将保护和管理经费列入本级财政预算，加大财政转移支付力度，建立长期稳定的保护投入运行和生态补偿、生态补水机制。

征收的水资源费、渔业资源增殖保护费按照有关规定用于杞麓湖保护和管理。

第二章　管理机构和职责

第十条　玉溪市人民政府湖泊管理机构具体履行下列职责：

（一）制定杞麓湖保护和管理措施，报玉溪市人民政府批准后实施；

（二）审查杞麓湖保护和开发利用总体规划、重大产业布局规划及其他专项规划，报玉溪市人民政府批准，并对规划的实施进行监管；

（三）监督、指导、协调通海县人民政府履行杞麓湖保护和管理职责；

（四）在杞麓湖一级保护区相对集中行使水政、渔政、生态环境保护、海事等部门部分行政处罚权，实施方案由玉溪市人民政府湖泊管理部门拟定，报玉溪市人民政府批准；

（五）玉溪市人民政府规定的其他职责。

第十一条　通海县人民政府履行下列职责：

（一）统筹推进杞麓湖径流区生态保护与经济社会的协调发展；

（二）负责落实杞麓湖保护和管理的重大决策事项；

（三）组织编制杞麓湖保护和开发利用总体规划，并按程序上报批准后组织实施；

（四）负责督促相关职能部门履行杞麓湖保护和管理职责；

（五）协助配合玉溪市人民政府湖泊管理机构在一级保护区开展行政执法工作；

（六）玉溪市人民政府规定的其他职责。

第十二条　通海县人民政府杞麓湖管理机构具体履行下列职责：

（一）负责杞麓湖保护的日常监督管理工作；

（二）监督杞麓湖保护治理项目的实施；

（三）配合杞麓湖一级保护区行政执法；

（四）玉溪市人民政府湖泊管理机构和县人民政府交办的其他事项。

第十三条 径流区各乡（镇）人民政府、街道办事处在本行政区域内具体履行下列职责：

（一）实施杞麓湖保护治理的相关规划、方案和措施；

（二）协助开展杞麓湖保护行政执法工作，制止并配合查处有关违法行为；

（三）控制面源污染和杞麓湖沿岸、入湖河道沿岸污染源；

（四）按规定处理城镇和农村生活、生产垃圾及其他固体废弃物；

（五）负责入湖河道、沟渠的管护和保洁工作。

第三章 生态环境与资源保护

第十四条 杞麓湖保护和开发利用总体规划应当与当地经济社会发展相适应，其他专项规划应当与杞麓湖保护和开发利用总体规划相衔接。

第十五条 通海县人民政府根据流域生态环境综合治理的要求，组织实施河渠、湖泊、湿地等水污染综合治理和生态环境保护工程，改善流域环境资源承载能力；在一级保护区建设生态缓冲带；实施环湖截污工程。

第十六条 杞麓湖流域水量调度，应当保持合理水位，保证湖水水位不低于最低蓄水位。因特殊情况确需在最低蓄水位以下取用杞麓湖水的，由玉溪市人民政府批准。

第十七条 通海县人民政府对杞麓湖保护区内的荒山荒坡进行生态修复，对25度以上坡耕地实行退耕还林还草。

第十八条 一级保护区内禁止下列行为：

（一）新建、改建、扩建建筑物、构筑物，但环保、水利、湿地工程和执法船停靠设施除外；

（二）畜禽养殖和屠宰；

（三）填湖、围湖、围堰、造田造地、建鱼塘，网箱、围栏（网）养殖；

（四）侵占湖堤、护岸，损毁防汛、水文、水利、科研、气象、测量、环境监测等设施，擅自移动界桩、标识；

（五）擅自取水或者违反取水许可规定取水；

（六）使用机动船、电动拖网或者污染水体的设施捕捞；

（七）炸鱼、毒鱼、电鱼及使用禁用的渔具、捕捞方法或者不符合规定的网具等破坏渔业资源的方法进行捕捞；

（八）猎捕野生动物；

（九）擅自采捞水生植物、放生非杞麓湖本地水生生物；

（十）清洗车辆、宠物、畜禽、农产品和其他可能污染水体的物品；

（十一）使用泡沫制品、轮胎等简易浮动设施载人入湖；

（十二）燃放烟花爆竹、放牧；

（十三）爆破、打井、采石、采沙、取土等；

（十四）随意倾倒垃圾、抛撒或者堆放泡沫、塑料餐饮具、塑料袋等；

（十五）擅自设立广告牌、宣传牌等；

（十六）搭棚、摆摊、餐饮、烧烤、野炊、露营等；

（十七）二级保护区禁止的行为。

第十九条　二级保护区内禁止下列行为：

（一）新建、改建、扩建严重污染环境、破坏生态平衡和自然景观的项目；

（二）向入湖河道、沟渠、城镇排水管网排放超过国家和地方水污染排放标准或者超过重点水污染物排放总量控制指标排放水污染物；

（三）向入湖河道、沟渠及河道岸坡排放、倾倒、填埋油类、酸液、碱液、有毒废液、废渣等；

（四）在入湖河道、沟渠、水库最高水位线以下的滩地、岸坡堆放、存贮农业、工业等固体废弃物；倾倒粪便、污水，丢弃农药、农药包装物或者清洗施药器械；

（五）在沿湖面山开山采石、挖沙取土、毁林、毁草、挖树根等；

（六）生产、销售、使用含磷洗涤用品和国家禁止的高毒、高残留农药；

（七）其他污染水体和破坏生态环境的行为。

第二十条　通海县人民政府在一级保护区有计划地实施退耕、退塘、还湿地，对原住居民采取有效措施逐步迁出。对迁出的原住居民，按照公平合理的原则，依法给予补偿，并妥善安置。

第二十一条　通海县人民政府有计划地在杞麓湖一级保护区内种植、放养以本地品种为主，有利于净化水体的植物、底栖动物和鱼类。

引进、推广水生生物新品种，应当通过科学试验论证。

第二十二条　在杞麓湖一级保护区内开展科研、考古、影视拍摄和大型水上体育等活动，由玉溪市人民政府湖泊管理机构批准。

第二十三条　杞麓湖二级保护区内新建、改建、扩建项目，应当符合杞麓湖保护和开发利用总体规划。玉溪市人民政府和通海县人民政府相关职能部门应当按各自职责对建设项目进行审查和监管。

第二十四条　通海县人民政府应当采取有效措施，转变农业生产方式，加快种植业、养殖业结构调整，发展绿色生态农业。推广节水灌溉和测土配方技术，科学处置农用薄膜、农作物秸秆等农业废弃物，减少化肥和农药的使用量，鼓励使用有机肥，有效控制农业面源污染。

第二十五条　杞麓湖保护范围内畜禽规模养殖应当符合畜牧业发展规划、畜禽养殖污染防治规划，严格按照国家有关规定处理养殖过程中的病死畜禽、畜禽粪便及产生的污水，防止污染环境。

第二十六条　杞麓湖二级保护区内原建成的工矿企业和其他项目未做到达标排放的，应当限期治理；在限期内达不到排放标准的，由县级以上人民政府按照权限予以关、停、转、迁。

城镇应当实现生活垃圾、污水收集和处理全覆盖，满足处理和排放要求。

农村应当建立和完善生活垃圾保洁及处理机制，加强生产、生活垃圾和污水处理设施建设，实行收集、清运和处置责任制。

第二十七条　杞麓湖保护范围内的住宿、餐饮等经营者应当配套建设污水处理和垃圾收集设施，不得将污水和垃圾直接排入杞麓湖及入湖河道、沟渠、水库等。

第二十八条　杞麓湖实行禁渔区和禁渔期制度。禁渔区由玉溪市人民政府划定，在禁渔区禁止捕捞活动；禁渔期由玉溪市人民政府湖泊管理机构确定，在禁渔期禁止捕捞、收购和销售杞麓湖鱼类。

第二十九条　在杞麓湖从事渔业捕捞的单位和个人，应当向玉溪市人民政府湖泊管理机构申请办理渔船登记、渔船检验和捕捞许可证，缴纳渔业资源增殖保护费，并按照捕捞许可证核准的作业类型、场所、时限和渔具规格、数量进行作业。

捕捞许可证、渔船牌照不得涂改、买卖、出租、转让或者转借。

第三十条　杞麓湖船只实行入湖许可制度。入湖船只的新增、改造、更新应当经玉溪市人民政府湖泊管理机构批准，并办理相关证照。

入湖船只应当服从水上交通安全管理，配备救生等安全生产设备，禁止超载。

第四章　法律责任（略）

第五章　附则（略）

二、《云南省杞麓湖保护条例》导读

（一）《云南省杞麓湖保护条例》修改的必要性

现行《云南省杞麓湖保护条例》（以下简称《杞麓湖保护条例》）于1995年制定、2007年第一次修订，实施11年来，为全面推进依法保护、治理水污染发挥了重要作用。随着党和国家关于生态文明建设的一系列重大决策部署出台，全国人大常委会先后对环保法等法律进行了修订。同时，杞麓湖流域经济社会快速发展，湖泊保护工作出现了许多新情况、新问题，现行《杞麓湖保护条例》已不能适应新形势的需要。一是部分条款与上位法不相衔接，需要通过修订条例与上位法一致。二是杞麓湖的法定水位采用的“国家黄海高程”系统已废止，与现行的“1985国家高程基准”不统一。三是杞麓湖整个湖泊水质长期处于劣V类，需要用法律、行政、工程等手段加大治理力度，全面落实杞麓湖水污染防治行动计划，改善水质。因此，全面修订《杞麓湖保护条例》已成当务之急。

（二）《杞麓湖保护条例》主要修改内容

《杞麓湖保护条例》于2018年11月29日云南省第十三届人民代表大会常务委员会第七次会议通过，2019年3月1起施行，共5章36条，主要修改、增加了以下内容：

1. 关于调整法定水位。通海县聘请了专业机构对杞麓湖的水位高程进行了测绘，经省测绘产品检测站最终评定为：最高水位由原黄海高程1 797.65米调整为1 796.62米（1985国家高程基准，下同），最低水位由1 794.95米调整为1 793.92米。

2. 关于保护区范围的划定。《杞麓湖保护条例》提出“一级保护区包括水域和最高蓄水位湖岸沿地表向外水平延伸100米的范围。”一、二级保护区具体范围由玉溪市人民政府划定并公布。《条例》根据一、二级保护区的范围、功能，明确了两个区域不同的保护控制要求和保护措施，规定了禁止性行为。

3. 关于管理体制的强化。根据《中共云南省委机构编制办公室关于抚仙湖星云湖杞麓湖管理体制机构设置有关事宜的通知》精神，《杞麓湖保护条例》在第二章管理机构职责中，分别明确了省、市、县、乡（镇）、街道办事处人民政府和湖泊管理专门机构的职责。

4. 严格了法律责任。《杞麓湖保护条例》注重与《环境保护法》《水污染防治法》相衔接，加大对污染违法行为的处罚力度，提高违法成本。

第八节 云南省国家公园管理条例

【说明】2015年11月26日云南省人民代表大会常务委员会第二十二次会议通过。

一、《云南省国家公园管理条例》文本摘要

第一章 总 则

第三条 本条例所称国家公园是指经批准设立的，以保护具有国家或者国际重要意义的自然资源和人文资源为目的，兼有科学研究、科普教育、游憩展示和社区发展等功能的保护区域。

第四条 国家公园管理遵循科学规划、严格保护、适度利用、共享发展的原则，采取政府主导、多方参与、分区分类的管理方式。

第五条 省人民政府应当将国家公园的发展纳入国民经济和社会发展规划，建立管理协调机制，将保护和管理经费列入财政预算。

省人民政府林业行政部门负责本省国家公园的管理和监督。

发展改革、教育、科技、财政、国土资源、环境保护、住房城乡建设、农业、水利、文化、旅游等部门按照各自职责做好有关工作。

第六条 国家公园所在地的州（市）人民政府应当明确国家公园管理机构。

国家公园管理机构接受本级人民政府林业行政部门的业务指导和监督，履行下列职责：

（一）宣传贯彻有关法律、法规和政策；

（二）组织实施国家公园规划，建立健全管理制度；

（三）保护国家公园的自然资源和人文资源，完善保护设施；

（四）开展国家公园的资源调查、巡护监测、科学研究、科普教育、游憩展示等工作，引导社区居民合理利用自然资源；

（五）监督管理国家公园内的经营服务活动；

（六）本条例赋予的行政处罚权。

第二章　设立与规划

第十条　国家公园的设立应当符合云南省国家公园发展规划和云南省国家公园地方标准，由州（市）人民政府提出设立申请，经省人民政府林业行政部门征求有关部门意见后，提出审查意见，报省人民政府批准。

国家公园的名称、范围、界线、功能分区的变更或者国家公园的撤销，由省人民政府林业行政部门提出意见，报省人民政府批准。

第十一条　设立国家公园应当以国有自然资源为主。需要将非国有的自然资源、人文资源或者其他财产划入国家公园范围的，县级以上人民政府应当征得所有权人、使用权人同意，并签订协议，明确双方的权利、义务；确需征收的，应当依法办理。

第十二条　国家公园规划包括云南省国家公园发展规划以及单个国家公园的总体规划、详细规划。国家公园规划应当与其他法定规划相衔接，并按照下列规定编制和批准：

（一）云南省国家公园发展规划由省人民政府林业行政部门会同有关部门组织编制，报省人民政府批准；

（二）国家公园的总体规划由所在地的州（市）人民政府组织编制，经省人民政府林业行政部门审核后，报省人民政府批准；

（三）国家公园的详细规划由国家公园管理机构根据国家公园总体规划组织编制，征求相关县级人民政府意见后，报所在地的州（市）人民政府批准。

国家公园规划不得擅自变更，确需变更的，应当按照原编制和批准程序办理。

第十三条　国家公园按照功能和管理目标一般划分为严格保护区、生态保育区、游憩展示区和传统利用区。

严格保护区是国家公园内自然生态系统保存较为完整或者核心资源分布较为集中、自然环境较为脆弱的区域。

生态保育区是国家公园内维持较大面积的原生生态系统或者已遭到不同程度破坏而需要自然恢复的区域。

游憩展示区是国家公园内展示自然风光和人文景观的区域。

传统利用区是国家公园内原住居民生产、生活集中的区域。

第十五条 国家公园内的建设项目应当符合国家公园规划，禁止建设与国家公园保护目标不相符的项目或者设立各类开发区，已经建设的，应当有计划迁出。

严格保护区内禁止建设建筑物、构筑物；生态保育区内禁止建设除保护、监测设施以外的建筑物、构筑物。

游憩展示区、传统利用区内建设经营服务设施和公共基础设施的，应当减少对生态环境和生物多样性的影响，并与自然资源和人文资源相协调。

第三章 保护与管理

第十八条 国家公园管理机构应当采取下列措施，对国家公园进行保护：

（一）建立巡护体系，对资源、环境和干扰活动进行观察、记录，制止破坏资源、环境的行为；

（二）建立监测体系，定期对国家公园的自然资源、人文资源和人类活动情况进行监测；

（三）开展科普教育，加强科学研究，并将研究成果运用于国家公园的保护和管理；

（四）会同有关部门和单位对国家公园核心资源进行调查、编目，建立档案，设置保护标志；

（五）配合有关部门做好生态修复、护林防火、森林病虫害防治以及泥石流、山体滑坡防治等工作。

第十九条 严格保护区禁止任何单位和个人擅自进入，生态保育区禁止开展除保护和科学研究以外的活动。

在国家公园内开展科学研究的单位和个人，应当与国家公园管理机构签订协议，明确资源使用的权利、义务。

第二十条 游憩展示区可以开展与国家公园保护目标相协调的游憩活动；传统利用区可以开展游憩服务和传统生产经营活动。

游憩展示区、传统利用区内禁止下列活动：

（一）毁林、毁草、开荒、开矿、选矿等；

（二）经营性挖沙、采石、取土、取水等；

（三）规模化养殖；

（四）超标排放废水、废气和倾倒废弃物；

（五）擅自引入、投放、种植不符合生态要求的生物物种；

（六）擅自猎捕、采集列入保护名录的野生动植物；

（七）破坏公共设施；

（八）刻划涂污，随地便溺，乱扔垃圾等。

第四章　利用与服务

第二十二条　游憩展示区、传统利用区内开展下列活动，应当经国家公园管理机构同意：

（一）拍摄影视作品；

（二）举办大型活动；

（三）获取生物标本；

（四）设置、张贴商业广告；

（五）摆摊设点、搭建帐篷。

第二十四条　国家公园的经营服务项目实行特许经营制度。

特许经营可以采取下列方式：

（一）在一定期限内，通过特许将项目授予经营者投资、建设、经营，期限届满后无偿移交给授权主体；

（二）在一定期限内，将政府投资的设施有偿移交特许经营者经营，期限届满后无偿交还授权主体；

（三）在一定期限内，委托特许经营者提供公共服务；

（四）国家规定的其他方式。

第二十五条　国家公园的经营服务项目由所在地的州（市）人民政府依照国家公园总体规划确定，并向社会公布。

国家公园所在地的州（市）人民政府应当组织编制特许经营权出让方案，经专家论证、公开征求意见后，采用招标方式确定经营者，签订特许经营合同。

国家公园的特许经营权不得擅自转让。擅自转让的，由所在地的州（市）人民政府无偿收回经营权。

第二十七条　国家公园所在地的县级以上人民政府应当采取定向援助、产业转移、社区共管等方式，帮助原住居民改善生产、生活条件，扶持国家公园内和毗邻社区的经济社会发展，鼓励当地社区居民参与国家公园的保护。

国家公园的建设、管理和服务等活动，需要招录或者聘用员工的，应当优先招录或者聘用国家公园内和毗邻社区的居民。

第五章　法律责任（略）

第六章　附则（略）

二、《云南省国家公园管理条例》导读

（一）《云南省国家公园管理条例》颁布的意义

云南省自1996年起率先在全国开展国家公园模式的探索，目前已批准建立8个国家公园，在生物多样性保护、改善民生、旅游提质增效等方面取得了明显成效，“云南国家公园模式”在全国得到推广。《云南省国家公园管理条例》(以下简称《国家公园管理条例》)的通过，彰显了地方性法规先行先试的立法特点，体现了立法引领改革的精神，符合国务院对自然保护区、风景名胜区、文化自然遗产、地质公园、森林公园等保护地功能重组，合理界定国家公园范围、实行更严格保护的生态文明建设改革要求，将为云南省生态文明建设、民族团结进步以及社会经济的发展提供法制保障，充分体现了云南省委、省人大、省政府对国家公司法制的重视与领导。

（二）《国家公园管理条例》主要内容

《国家公园管理条例》经省十二届人大常委会第二十二次会议通过，于2016年1月1日施行。《国家公园管理条例》共6章34条，分别为总则、设立与规划、保护与管理、利用与服务、法律责任、附则等。

1. 关于国家公园的定义。国家公园是指经批准设立的，以保护具有国家或者国际重要意义的自然资源和人文资源为目的，兼有科学研究、科普教育、游憩展示和社区发展等功能的保护区域。

2. 国家公园的保护对象。《国家公园管理条例》还明确规定：“设立国家公园应当以国有自然资源为主。需要将非国有的自然资源、人文资源或者其他财产划入国家公园范围的，县级以上人民政府应当征得所有权人、使用权人同意，并签订协议，明确双方的权力、义务；确需征收的，应当依法办理。”

3. 关于国家公园的管理体制。《国家公园管理条例》明确规定：一是省政府林业行政主管部门负责全省国家公园的管理和监督；二

是其他有关部门按照各自职责做好相关工作；三是国家公园所在地的州（市）人民政府应明确管理机构具体负责国家公园的管理，接受本级政府林业行政主管部门的业务指导和监督，并履行有关职责。

4. 关于国家公园的经营服务项目实行特许经营制度。一是特许经营可采取在一定期限内，通过特许将项目授予经营者投资、建设、经营，期限届满后无偿移交给授权主体；二是在一定期限内，将政府投资的设施有偿移交特许经营者经营，期限届满后无偿交还授权主体；三是在一定期限内，委托特许经营者提供公共服务以及国家规定的其他方式。

5. 关于保护区功能划分。《国家公园管理条例》将国家公园划分为严格保护区、生态保育区、游憩展示区和传统利用区。严格保护区内禁止建设建筑物、构筑物，禁止任何单位和个人擅自进入；生态保育区内禁止建设除保护、监测设施以外的建筑物、构筑物，禁止开展除保护和科学研究以外的活动。游憩展示区、传统利用区内建设经营服务和公共基础设施的，要减少对生态环境和生物多样性的影响，并与自然和人文资源相协调。禁止下列活动：毁林、毁草、开荒、开矿、选矿等；经营性挖沙、采石、取土、取水等；规模化养殖；超标排放废水、废气和倾倒废弃物；擅自引入、投放、种植不符合生态要求的生物物种；擅自猎捕、采集列入保护名录的野生动植物；破坏公共设施；刻画涂污，随地便溺，乱扔垃圾等。

6. 严格控制游客人数。国家公园管理机构要建立生态预警机制，根据环境承载能力和资源监测结果，严格控制资源利用强度和游客人数。若违反《国家公园管理条例》中的相关规定，最高可处100万元以下罚款。

第五章 云南贯彻执行“生态文明建设排头兵”战略相关地方政策导读

第一节 关于努力将云南建设成为中国最美丽省份的指导意见

（2019年9月5日）

一、《关于努力将云南建设成为中国最美丽省份的指导意见》文本摘要

为全面贯彻党的十九大精神，深入贯彻落实习近平生态文明思想和习近平总书记对云南工作的重要指示精神，努力将云南建设成为中国最美丽省份，现提出如下指导意见。

（一）总体要求

1. 指导思想。坚持以习近平新时代中国特色社会主义思想为指导，全面深入贯彻习近平生态文明思想，立足于努力成为全国生态文明建设排头兵的战略定位，围绕生态美、环境美、城市美、乡村美、山水美的目标，落实最高标准、最严制度、最硬执法、最实举措、最佳环境的要求，着力实施空间规划大管控、城乡环境大提升、国土山川大绿化、污染防治大攻坚、生产生活方式大转变等五大行动，谱写好美丽中国建设云南篇章。

2. 总体目标。到2020年，空间治理体系初步形成，城乡人居环境明显提升，生态保护修复工程全面实施，污染防治攻坚战取得重大进展，绿色生产生活方式加快形成，建设中国最美丽省份取得实质性进展。到2025年，生态美、环境美、城市美、乡村美、山水美成为

普遍形态，总体建成中国最美丽省份。到2035年，生态保护、环境质量、资源利用等走在全国前列，全面建成中国最美丽省份。

（二）主要任务指标

1. 涵养生态美。坚持人与自然和谐共生，加强重要生态系统以及生物多样性保护优先区域、重点领域的保护，涵养云南生态本真自然之美、生物多样多彩之美、文化包容厚重之美。到2020年，全省生态保护红线面积占比不低于30.9%，森林覆盖率达到61%以上，森林蓄积量达到20.4亿立方米以上，湿地保护率提高到52%以上，90%以上的重要生态系统得到有效保护，国家重点保护野生动植物受保护率达到90%以上。到2025年，全省生态保护红线面积占比、森林覆盖率、森林蓄积量等指标居全国前列，湿地保护率达到全国中上水平，滇池流域、抚仙湖流域、洱海流域全面完成“五采区”生态修复。

2. 创建环境美。坚持绿水青山就是金山银山，坚定不移走生产发展、生活富裕、生态良好的文明发展道路。到2020年，地级城市空气质量优良天数比率保持在98.9%以上，九大高原湖泊和六大水系水质稳定提升，纳入国家考核的地表水优良水体（达到或优于Ⅲ类）比例达到80%以上，绿色清洁能源开发利用走在全国前列，非化石能源占能源消费总量比重不低于42%，城乡“两违”建筑治理率达到100%。到2025年，地级城市空气质量优良天数比率、非化石能源占能源消费总量比重居全国第1位，纳入国家考核的地表水优良水体（达到或优于Ⅲ类）比例居全国前列。

3. 提升城市美。更加注重城市宜居和历史文脉传承，改善城镇生态，塑造城镇形态，优化城镇品质，创建文明城市，着力提升具有时代特征、民族特色、云南特点的绿色城镇之美。切实加强昆明市城市改造和管理，大力提升城市形象，为联合国生物多样性公约第十五次缔约方大会在昆明举办提供优质服务。2019年，全面消除所有城镇建成区和A级以上景区旱厕，实现重点旅游城市A级厕所全覆盖，全面完成全省学校厕所标准化建设工作。到2020年，城镇建成区绿化覆盖率不低于38%，城镇人均公园绿地面积不低于11平方米，国家园林城市达到13个，国家卫生城市达到14个；城镇新建小区车位达到2个/100平方米；城镇生活污水集中处理率达到95%以上、城镇生活垃圾无害化处理率达到90%以上；地级城市建成区黑臭水体消除比例达到95%以上，昆明市全面消除黑臭水体。到2025年，城镇建成区绿化覆盖率、城镇人均公园绿地面积达到全国中上水平，国家园林城市达到20个，国家卫生城市达到20个；城镇生活污水集中处理率、城镇生活垃圾无害化处理率居全国前列。

4. 塑造乡村美。以村庄规划管理、农村垃圾污水治理、厕所革命、村容村貌提升为主攻方向，做优集镇、做美村庄、做特民居，着力塑造规划布局美、环境整洁美、乡风文明美的美丽乡村。到2020年，实现村庄规划全覆盖，国家卫生县城（乡镇）达到39个，村庄生活垃圾收集处理率达到100%、村庄生活污水收集处理率达到30%，集镇区、九大高原湖泊、饮用水水源地等周边村庄生活污水处理设施实现全覆盖，集镇区绿化覆盖率不低于31%，建成集镇区2座以上、建制村村委会所在地1座以上水冲式公厕，农村户用卫生厕所普及率达到85%，环境脏乱差问题普遍解决，村容村貌明显改善。到2022年，建成1万个美丽乡村。到2025年，农村人居环境大幅提升，美丽乡村基本建成。

5. 展现山水美。坚持山水林田湖草是生命共同体，精心装扮山坝河湖路田，做美每一条道路、每一条河流、每一个湖泊，大力推进全域旅游，着力展现云南群山叠翠、四季飞花、清水绿岸的秀美山水。到2020年，以滇池、抚仙湖、洱海、泸沽湖为重点建设一批最美湖泊，以独龙江、瑞丽江、盘龙江、思茅大河为重点建设一批最美河流，以怒江美丽公路，昆明—丽江、昆明—西双版纳高速公路，昆明主城区—昆明长水国际机场道路等为重点建设一批最美公路，建设大滇西旅游环线，打造公路服务区升级版，以沪昆客专、南昆客专、昆楚大铁路为重点建设一批最美铁路。到2025年，山水美的格局基本形成。

（三）重点工作

1. 空间规划大管控

（1）高水平编制国土空间规划。创新规划理念，把以人为本、尊重自然、山坝统筹、规划留白、产城融合等理念融入国土空间规划全过程。按照开发建设不破坏山体、不占坝区良田好地、不临河湖、不沿道路线状分布、不分散的原则，制定重点生态功能区、农产品主产区产业准入负面清单，科学划定并严守生态空间、农业空间、城镇空间和生态保护红线、永久基本农田、城镇开发边界，开展资源环境承载能力和国土空间开发适宜性评价，建立监测预警长效机制，规范开发秩序，控制开发强度。

（2）全面推进“多规合一”。将主体功能区规划、土地利用规划、城乡规划等融合为统一的国土空间规划，强化国土空间规划对各专项规划的指导约束作用，按照建设资源节约型、环境友好型社会的要求，推进“多规合一”，整体谋划新时代国土空间开发保护格局，统筹人口分布、经济发展、国土利用、生态环境保护，统筹预期性和约束性指标，高起点编制区域规划、专项规划、控制性详细规划等各类规划，形成层级清晰、功能互补、相互协调的规划体系。

（3）严格实施规划。突出规划实施的强制性和权威性，城乡建设必须严格按照规划实施，新增建设项目必须纳入规划进行管控，不符合规划的不得进行建设，决不让任何一个新增建设项目脱离规划管控，决不让任何一间新建民房散落在规划以外。实行规划实施动态评估，建立健全违反规划行为追究机制，严肃追究责任。

2. 城乡环境大提升

（1）塑造城市特色风貌。注重城市设计的空间立体性、平面协调性、风貌整体性，体现地域特征、民族特点、风貌特色，合理确定城市功能布局、空间形态、交通组织、景观视廊，促进建筑物、街道立面、天际线、色彩与环境协调。深入挖掘云南特色地域性、历史性、民族性建筑特质，延续城市历史文脉。积极推进城市修补和老旧城区有机更新，加强城乡接合部散乱污集中整治。

（2）提升城镇人居环境。启动新一轮城镇人居环境提升行动，坚决把“四治三改一拆一增”引向深入。立足当地发展水平和城市功能定位，科学实施城市亮化工程。推动园林城市建设，建成一批高品质城市公园。加强自然山水、风景名胜与城市形态布局有机融合，塑造特色滨水空间、特色环山空间。围绕“干净、宜居、特色”三大要素，用3年时间对全省县城进行全面改造提升，建设一批具有云南特点的现代化“美丽县城”。持续大力抓好特色小镇和康养小镇建设，每年评选15个高质量示范特色小镇。开展城镇生活垃圾分类。下大力气解决城镇停车难问题，有序推进停车产业化，鼓励社会资本投资建设以立体停车、智慧停车为代表的公共停车场。

（3）坚决整治“两违”建筑。以坝区、交通干线沿线、风景名胜区、历史文化名城（镇、村、街）、全国重点镇、传统村落，以及旧住宅区、旧厂房和城中村为重点，深入开展城乡违法违规建筑集中治理行动，彻底整治未批先建、批后加建、私搭乱建以及侵占道路、河道、绿地、广场等违法违规建筑，彻底消除建筑乱象。进一步完善防控制度体系，做到城乡违法违规建筑增量得到坚决遏制、存量得到全面整治、长效机制稳固建立。

（4）开展村容村貌整治。深入开展农村人居环境整治三年行动和村庄“七改三清”，尽快解决村庄垃圾乱扔、杂物乱堆乱放、粪污乱排、污水横流等脏乱差突出问题。全面推进农村生活垃圾治理，原则上户有垃圾桶、村（组）有垃圾收储设施、乡（镇）有垃圾收运车辆和转运站。推进农村生活污水治理，因地制宜推动城镇污水管网向周边村庄延伸。加强村庄公共空间、庭院环境和风貌整治，切实改变“有新房无新村，有新村无新貌”的现状。

（5）建设宜居宜业村庄。开展“城乡环境提升年”活动，推动农村住房建设从分散向集中转变，完善公共服务设施布局，大幅提升群众生活品质。实施“美丽乡村建设万村示范行动”，每年组织评选 3 000 个美丽乡村。实施乡村绿化美化行动，启动建设一批“森林乡村”。丰富美丽乡村内涵，大力推进智慧旅游、数字农业、生态农业发展，鼓励将农村人居环境整治与农村一二三产业融合发展、全域旅游发展等有机结合，塑造一批集田园观光、科技展示、农耕体验、民族风情为一体的田园综合体。2020 年年底前，乡（镇）政府所在地要全部规划建设公共停车场，充分利用村内闲置地块和小广场配套建设村庄停车场地。

（6）狠抓“厕所革命”。掀起一场消灭旱厕的专项行动，新建、改建和提升一批城乡公厕、旅游厕所、卫生户厕，城市内行人步行 3—5 分钟即可进入厕所。在全省主要旅游城镇、游客聚集公共区域等新建、改建一批 A 级以上旅游厕所。全面提高农村无害化卫生户厕普及率。探索建立市场化、多元化建设运营模式，提高公厕精细化管理水平。结合“一部手机游云南”建设，完善城乡公厕和旅游厕所定位等信息内容，实现公厕位置便捷查询。

3. 国土山川大绿化

加强苗圃基地建设，大力培育乡土苗木、花卉，优先选配适应当地生长条件的乡土植物品种，适地、适树、适花、适草，大规模开展沿路、沿河湖、沿集镇绿化。

（1）大规模开展沿路绿化。挖掘公路铁路沿线自然景观，创新“路景融合”建设模式，建设一批各具特色的林荫大道、鲜花大道、生态景观大道、绿色骑行环道等绿色生态大道，作美每一条城市道路、乡村道路、公路、铁路。持续开展城镇面山、裸露山体造林绿化，实现可视范围内无明显宜林荒山、荒坡。严格落实新建和改扩建公路铁路绿化工程与主体工程同步设计、同步施工、同步验收的要求，构建生态廊道。

（2）大规模开展沿河湖绿化。聚焦水清、岸绿、景美，以流域上游到下游狭长带状为轴线，统筹水域、边坡、陆域，对河流沿岸进行披绿改造。在环湖及周边区域大力推进植树造绿，加快环湖植被恢复，促进湖岸景观美化、协调。以水生植物群落恢复和重建为重点，选择土著优势水生植物物种进行大面积推广种植，建设“水下草场”。实施湖滨带湿地连片建设工程，实现湿地与入湖河道、湿地与湖体连通，提升湿地环境效能。

（3）大规模开展沿集镇绿化。千方百计增加集镇区绿化，在集镇主次干道、重要节点、空置土地统筹开展规划建绿、拆违增绿、破硬增绿、见缝插绿、留白增绿，对现有绿化进行加高、加密、加彩、加花。全力打造街旁绿地、防护绿地、道路绿地、居住绿地、公共建筑绿地、小游园等，不断提高绿地覆盖率。加强集镇区原生植被、自然景观、古树名木、小微湿地保护，积极推进荒山荒坡造林和露天矿山植被恢复。

4. 污染防治大攻坚

（1）打好污染防治攻坚战。打赢蓝天保卫战，打好九大高原湖泊保护治理攻坚战、以长江为重点的六大水系保护修复攻坚战、水源地保护攻坚战、城市黑臭水体治理攻坚战、农业农村污染治理攻坚战、生态保护修复攻坚战、固体废物污染治理攻坚战、柴油货车污染治理攻坚战。强化土壤污染管控和修复，加快重点行业企业用地土壤污染状况调查，加强受污染农用地、建设用地分类管理和准入管理，有序开展土壤污染治理与修复。

（2）打好监管执法“组合拳”。强化源头防控，2019 年完成生态保护红线、环境质量底线、资源利用上线和环境准入负面清单编制工作，建立健全战略环评、规划环评和项目环评联动机制。强化过程严管，建立省、州（市）、县（市、区）、乡镇（街道）、村（社区）五级网格化环境监管体系。强化后果严惩，推进联合执法、区域执法、交叉执法，严惩重罚生态环境违法犯罪行为。

5. 生产生活方式大转变

（1）加快产业绿色转型升级。贯彻高质量跨越式发展要求，持续推动产业结构向“两型三化”转型发展，突出抓好八大重点产业，全力打造世界一流的绿色能源、绿色食品、健康生活目的地“三张牌”。全面推进“旅游革命”，加快全域旅游发展，全面提升“吃、住、行、游、购、娱”品质，打造世界独一无二的旅游胜地。加大产业结构调整力度，继续化解过剩产能，依法淘汰落后产能。培育节能环保产业、清洁生产产业，在重点行业全面推进清洁生产或清洁化改造。加快构建绿色信贷、绿色金融政策体系。

（2）引导公众绿色生活。倡导简约适度、绿色低碳、生态环保的生活方式，促进绿色消费，反对奢侈浪费和不合理消费。推广绿色居住，营造良好的绿色出行环境，鼓励低碳出行。开展创建美丽城市、美丽县城、美丽小镇、美丽乡村、美丽社区、美丽景区和美丽道路等活动，使广袤城乡成为生态宜居的美丽家园。培育乡风文明，全面提升文明素质。

（四）保障措施

1. 坚决落实责任。（略）
2. 加强工作衔接。（略）
3. 强化宣传引导。（略）

二、《关于努力将云南建设成为中国最美丽省份的指导意见》导读

（一）《关于努力将云南建设成为中国最美丽省份的指导意见》出台背景

2018 年 7 月 21 日，云南省委、省政府印发《关于全面加强生态环境保护　坚决打好污染防治攻坚战的实施意见》（云发〔2018〕16 号），提出"坚持生态美、环境美、城市美、乡村美、山水美，将云南建设成为中国最美丽省份，实现建成全国生态文明建设排头兵的奋斗目标。"2018 年 7 月 23 日，全省生态环境保护大会强调：深入学习贯彻习近平生态文明思想和全国生态环境保护大会精神，切实扛起"把云南建设成为中国最美丽省份"的时代使命担当，全面提升生态文明建设水平，筑牢国家西南生态安全屏障，为建设美丽中国作出新的更大贡献。为贯彻落实省委、省政府的重大决策部署，努力将云南建设成为中国最美丽省份，根据省政府工作安排，省发展改革委牵头起草了《关于努力将云南建设成为中国最美丽省份的指导意见》以下简称《指导意见》，从总体要求、主要任务指标、重点工作、保障措施等方面提出了具体意见。《指导意见》征求了各地各相关部门以及省人大、省政协的意见，2018 年 11 月 26 日，省人民政府第 26 次常务会议进行了研究，2019 年 4 月 12 日，十届省委常委会第 125 次（扩大）会议进行了审议。

（二）《指导意见》的主要内容

《指导意见》包括总体要求、主要任务指标、重点工作、保障措施4部分、34项主要任务指标、16条具体措施。

1. 总体要求。分为指导思想和总体目标。强调以习近平新时代中国特色社会主义思想为指导，全面深入贯彻习近平生态文明思想，围绕生态美、环境美、城市美、乡村美、山水美的目标，落实最高标准、最严制度、最硬执法、最实举措、最佳环境的要求，谱写好美丽中国建设云南篇章。到2020年中国最美丽省份建设取得实质性进展，到2025年总体建成中国最美丽省份，到2035年全面建成中国最美丽省份。

2. 主要任务指标。从生态美、环境美、城市美、农村美、山水美提出了34项主要任务指标。（1）涵养生态美。坚持人与自然和谐共生，涵养云南生态本真自然之美、生物多样多彩之美、文化包容厚重之美。包括生态保护红线面积占比、森林覆盖率、森林蓄积量、湿地保护率、重要生态系统有效保护率、国家重点保护野生动植物受保护率等6项指标。（2）创建环境美。坚持绿水青山就是金山银山，坚定不移走生产发展、生活富裕、生态良好的文明发展道路。包括地级城市空气质量优良天数比率、纳入国家考核的地表水优良水体（达到或优于Ⅲ类）比例、非化石能源占能源消费总量比重、城乡“两违”建筑治理率等4项指标。（3）提升城市美。更加注重城市宜居和历史文脉传承，着力提升具有时代特征、民族特色、云南特点的绿色城镇之美。包括城镇建成区和A级以上景区旱厕消除率、重点旅游城市A级厕所覆盖率、学校厕所标准化建设完成率、城镇建成区绿化覆盖率、城镇人均公园绿地面积、国家园林城市、国家卫生城市、城镇新建小区车位、城镇生活污水集中处理率、城镇生活垃圾无害化处理率、地级城市建成区黑臭水体消除比例等11项指标。（4）塑造乡村美。做优集镇、做美村庄、做特民居，着力塑造规划布局美、环境整洁美、乡风文明美的美丽乡村。包括村庄规划覆盖率、国家卫生县城（乡镇）、村庄生活垃圾收集处理率、村庄生活污水收集处理率、集镇区和九大高原湖泊以及饮用水水源地等周边村庄生活污水处理设施覆盖率、集镇区绿化覆盖率、集镇区和建制村水冲式公厕个数、农村户用卫生厕所普及率、美丽乡村个数等9项指标。（5）展现山水美。精心装扮山坝河湖路田，作美每一条道路、每一条河流、每一个湖泊，大力推进全域旅游，着力展现云南群山叠翠、四季飞花、清水绿岸的秀美山水。包括建设一批最美湖泊、一批最美河流、一批最美公路、一批最美铁路等4项任务。

3. 重点工作。（1）空间规划大管控。包括高水平编制国土空间规划、全面推进“多规合一”、严格实施规划等3项工作。提出创新规划理念，科学划定并严守生态空间、农业空间、城镇空间和生态保护红线、永久基本农田、城镇开发边界等“三区三线”，强化国土空间规模对各专项规划的约束作用，突出规划实施的强制性和严肃性。（2）城乡环境大提升。包括塑造城市特色风貌、提升城镇人居环境、坚决整治“两违”建筑、开展村容村貌整治、建设宜居宜业村庄、狠抓“厕所革命”等6项工作。提出注重城市设计，启动新一轮城镇人居环境提升行动；对全省县城进行全面改造提升，建设一批具有云南特点的现代化“美丽县城”；下大力气解决城镇停车难问题；深入开展城乡违法违规建筑集中治理行动；深入推进农村人居环境整治三年行动和村庄“七改三清”；实施“美丽乡村建设万村示范行动”；掀起一场消灭旱厕的专项行动。（3）国土山川大绿化。包括大规模开展沿路绿化、沿河湖绿化、沿集镇绿化等3项工作。提出建设一批各具特色的林荫大道、鲜花大道、生态景观大道、绿色骑行环道，实现居民活动可视范围内无明显宜林荒山、荒坡；聚焦水清、岸绿、景美，统筹水域、边坡、陆域，对河流、环湖及周边区域大力推进植树造绿；千方百计增加集镇绿化，全面打造街旁绿地、防护绿地、道路绿地、居住绿地、公共建筑绿地、小游园。（4）污染防治大攻坚。包括打好污染防治攻坚战、打好监管执法“组合拳”等两项工作。提出打好九大高原湖泊保护治理、以长江为重点的六大水系保护修复、生态保护修复、水源地保护、城市黑臭水体治理、农业农村污染治理、固体废物污染治理、柴油货车污染治理等8个标志性战役；建立健全战略环评、规划环评和项目环评联动机制，强化源头防控、过程严管、后果严惩，严惩重罚生态环境违法犯罪行为。（5）生产生活方式大转变。包括加快产业绿色转型升级、引导公众绿色生活等两项工作。提出贯彻高质量跨越式发展要求，持续推动产业结构向“两型三化”发展，突出抓好八大重点产业，全力打造世界一流的绿色能源、绿色食品、健康生活目的地“三张牌”；倡导简约适度、绿色低碳、生态环保的生活方式，开展创建美丽城市、美丽县城、美丽小镇、美丽乡村、美丽社区、美丽景区和美丽道路等活动。

第二节　云南省人民政府关于“美丽县城”建设的指导意见

（云政发〔2019〕8号）

一、《云南省人民政府关于“美丽县城”建设的指导意见》文本摘要

（一）重大意义（略）

（二）总体要求

1. 基本思路

以习近平新时代中国特色社会主义思想为指导，全面贯彻落实党的十九大和十九届二中、三中全会精神以及省委十届六次全会精神，紧紧围绕统筹推进“五位一体”总体布局和协调推进“四个全面”战略布局，坚持新发展理念，按照高质量发展要求，以人民为中心，聚焦“干净、宜居、特色”三大要素，建设具有云南特色的现代化“美丽县城”。

2. 建设原则

——坚持以人为本，属地居民与流动人口需求相结合。坚持以人民为中心的发展思想，统筹考虑属地居民与流动人口的所需所急所盼，优先解决好建档立卡贫困人口进县城安置工作，加强城镇基础设施和公共服务设施等民生工程建设，让人民群众有更多、更直接、更实在的获得感、幸福感、安全感。

——坚持因地制宜，现代化与特色化相结合。加强县城规划、建设与管理，建设一批功能设施齐全、公共服务完善、管理井然有序、人居环境良好的县城。充分尊重各地资源禀赋、生态环境、民族风情、历史文化、区位条件等方面的差异性，注重同当地文化和风土人情相协调，彰显县城的个性特点，打造形成一批独具魅力的特色县城。

——坚持品质提升，规划、建设与管理相结合。严格划定县城开发边界，发挥好规划的“龙头”作用，落实最严格的节约集约用地

政策，避免走“铺摊子”“摊大饼”发展道路。重点改造提升现有建成区，着力完善城市功能，改善人居环境，注重提升县城发展品质，推动县城高质量发展。综合运用市场、法律、行政和社会自治等手段，加强县城精细化管理。

——坚持产城融合，城镇建设与产业培育相结合。坚持产业和城镇良性互动，统筹规划建设城镇基础设施、公共服务设施，充分发挥本地资源、区位等优势，打造“一县一业”发展新格局，促进形成以产兴城、以城带产、产城联动、融合发展的良好局面。

——坚持问题导向，近期建设与长远发展相结合。近期着力破解县城建设中最突出的问题，重点改造提升老城区、老街区、老社区、老厂区等已有建成区，重点解决县城基本功能完善、人居环境提升等问题。远期着力解决县城的持续发展问题，重点加强产业培育、推进新型城镇化建设、繁荣发展新城区、提高城市管理水平等。

3. 总体目标

按照“干净、宜居、特色”的目标要求，通过3年的努力，在全省打造形成一批特色鲜明、功能完善、生态优美、宜居宜业的“美丽县城”。

4. 规划引领

坚持规划先行，稳步推进“多规合一”，精准确定县、市、区发展定位和建设规模，科学合理布局城镇空间、生态空间、产业空间，加强县城总体规划、详细规划和建筑风貌管控，坚持“一张蓝图干到底”，确保规划严格有效落实。

5. 工作方式（略）

（三）建设内容

1. 共建干净家园

（1）推进“厕所革命”。建设数量充足、分布合理、干净卫生的城市公共厕所，彻底消除县城和旅游景区内旱厕。城市公厕应达到5座/平方公里，繁华地段500—800米内有1座城市公厕。建设一定数量的智慧厕所、一类公厕和A级以上旅游厕所。

（2）加强生活污水、垃圾处理设施建设。加快推进污水配套管网建设，推动污水处理厂提标改造，县城污水集中收集及处理率均达到100%，污泥处理达到无害化要求。加快县城生活垃圾中转站、垃圾处理厂、垃圾分类等环卫设施建设，县城垃圾收集及无害化处理率均达到100%，彻底清除县城垃圾遍地现象。推进县城保洁工作，道路清洁变扫为吸、变扫为洗，机械化清扫保洁率达到70%以上。规范施工现场管理，实现建筑工地、拆迁工地、道路施工现场100%围挡，工地物料堆放100%覆盖，施工现场路面100%硬化，驶出工地车辆100%冲洗，做到文明施工。

（3）改造老旧小区。充分利用国家棚改政策，采取更新改造、集中拆除、置换盘活等多种方式，集中整治和改造县城内老社区、老街区、老厂区、城中村、棚户区等。逐步推进老旧小区实施物业服务，提高小区物业化管理水平。积极开展和推进老旧小区电梯改造工作。

（4）整治违法违规建筑。加强城市综合管制，依法整治未批先建、批后加建、私搭乱建以及侵占道路、河道、绿地、广场等违法违规建筑，该拆除的坚决拆除，彻底消除占道经营、乱排乱倒、乱搭乱建等乱象。

（5）加强农贸市场建设。按照安全、整洁、卫生、方便原则，加强县城农贸市场整治和建设，整治农贸市场脏、乱、差现象，建设若干规模不等的标准化农贸市场，方便群众生活，彻底清除县城内“以路为市”现象。

（6）净化空间环境。做好城区一级干道管线入地工作，因地制宜规范城区一级干道空中电力线路改造，提升干道整洁度。清理整治违规设置的门牌、路牌、广告牌、霓虹灯、读报栏、公告栏等设施。兼顾功能照明和景观照明，实施县城亮化工程，县城主干道、主街区及标志性楼宇亮化照明设施达到100%。

（7）加大环境污染治理力度。以治理城市扬尘污染、淘汰县城建成区每小时10蒸吨及以下燃煤锅炉、控制机动车污染等为重点，加强大气污染治理，空气质量优良天数比率达到97.2%以上。加大露天餐饮、烧烤油烟治理力度，推行无烟烧烤。彻底消除黑臭水体，全面改善水环境质量。以整治建筑施工噪声、交通噪声、商业及社会活动噪声为重点，加强城市噪声污染治理，城市环境噪声达标区覆盖率达到70%以上。

2. 营造宜居环境

（1）加强县城路网建设。加强高速路口、机场、车站、港口码头等交通节点到县城连接线的改造完善工作，实现通畅快捷。修复县城街区的破损、坑洼路面，全面消除县城内“断头路”，解决好城区过境交通问题。优先发展县城公共交通，提高公共交通分担率。县城路网密度达到8公里/平方公里以上，县城道路面积率达到15%以上。有铁路、机场等多种交通运输方式通达的县城，若有条件，可考虑建设小型综合交通运输枢纽，实现不同运输方式“无缝接驳”和“零换乘”，使客运货运进出城区通畅快捷。

（2）加快推进停车场建设。按照小型化、分散化原则，科学合理布局建设县城停车设施，基本杜绝占道、街边、路边乱停车现象。规划人口规模≥50 万人的县城，机动车停车位供给总量应达到机动车保有量的 1. 1 ~ 1. 3 倍。规划人口规模<50 万人的县城，机动车停车位供给总量应达到机动车保有量的 1. 1 ~ 1. 5 倍。县城新建居住小区停车位配建标准不低于 1 个/户。适度超前考虑充电桩布局问题。

（3）加强供排水设施建设。加强县城饮用水水源地保护，推进县城供水管网改造与建设，提高供水可靠性和安全性，每个县城的公共供水普及率达到 90% 以上，建立从“源头到龙头”的饮用水安全保障体系，保障水质稳定达标。鼓励建立健全再生水回用体系并建成试点或示范项目。加强县城排水设施建设，推进排水系统雨污分流改造，建立健全排水许可行政监管机制。

（4）加强信息基础设施建设。实现县城 4G 网络全覆盖，积极开展县城 5G 网络试点。加快推进县城光纤入户改造工作，实现接入能力达到 200 兆/秒。火车站、长途汽车站、机场、图书馆、博物馆等公共场所实现免费 Wi-Fi 全覆盖。按照智慧城市的理念，加快推进城市管理数字化平台建设，提高县城管理和公共服务的效率、质量。

（5）加强教育设施建设。优先发展教育，合理配置中小学和幼儿园资源，适龄儿童入学率达到 99% 以上，10 万人口以上 30 万人口以下的县城至少建成 1 所一级高中，30 万人口以上的县城力争建成两所一级高中，切实解决好农业转移人口及其他常住人口子女入学问题。

（6）加强医疗卫生设施建设。聚焦解决群众“看病难、看病贵”的问题，建设等级完善、分布合理的医疗卫生服务体系。每个县具有 1 所县办综合性医院，有条件的建设 1 所县办中医类医院（含中医、中西医结合和民族医等），暂不具备设置中医类医院条件的，县级综合性医院中医科或民族医科室要达到《综合医院中医临床科室基本标准》和《医院中药房基本标准》。县城公立医院每千常住人口医疗卫生机构床位数不低于 1. 94 张。规范社区卫生服务机构设置，加强标准化建设，县城每万人口拥有 2 ~ 3 名全科医生。每个县城原则上有 1 个城市公办养老机构。

（7）加强居民住房保障。坚持房子是用来住的、不是用来炒的定位，因县施策、分类指导，夯实当地政府的主体责任，推动房地产市场平稳健康发展。坚持租购并举，完善住房市场体系和住房保障体系，解决县城中低收入居民和新市民住房问题。将农业转移人口纳入公共租赁住房保障范围，每年将1/3的可分配公共租赁住房用于解决农业转移进城人口住房问题。

（8）加强公共文化和旅游服务设施建设。丰富群众文化生活，更好满足人民群众公共文化需求。县级公共图书馆和文化馆达到文化和旅游部等级评估三级以上标准。县级公共体育场馆全覆盖，人均体育场地面积不低于全国平均水平。在社区、公园等公共活动场所布局一定量的全民健身器材，方便群众就近健身。鼓励利用老旧公共建筑设置城市规划展示厅及公益性展览馆、图书馆、文化馆。鼓励有条件的民族自治县建设民族博物馆。按照高质量和高品质发展要求，加强吃、住、行、游、购、娱等旅游服务设施建设，鼓励有条件的旅游县城积极招商引资建设五星级酒店，以“一部手机游云南”为平台，加快景区国际化、高端化、特色化、智慧化提升改造，助推全域旅游发展。

（9）开展县城绿化美化行动。加强县城周边山水林田湖草等生态环境的保护治理，加强县城面山、县城入口、县城内重点区域、主街区和河湖岸线的绿化美化工作，加强县城古树名木的保护，注重县城小景小品的设计打造。鼓励创建园林县城、国家森林城市。大力提升县城园林绿化水平，县城建成区绿化覆盖率≥38%，道路绿化普及率≥95%，林荫路推广率≥60%，河道绿化普及率≥85%。发动群众参与县城人居环境提升治理，鼓励开展县城“美丽家居庭院”“园林式单位”“园林式小区”创建活动，推动形成大家动手搞清洁、搞绿化、搞建设、搞管护，形成持续推进机制，共建美丽家园。

（10）加快建设城市公园。充分利用自然地形水系、乡土特色树种花木、节能环保建筑材料，积极推进城市公园建设，每个县城至少建成1个符合《公园设计规范》要求的综合公园，人均公园绿地面积达到9平方米以上，公园绿地服务半径覆盖率≥80%。

（11）加强公共安全设施建设。加强县城抗震、消防、防洪、人防等公共安全和应急救援设施建设，加强和创新社会治理，提高应急管理水平，不断增强县城防灾减灾救灾能力，确保人民群众生命财产安全和社会稳定。

3. 打造特色风貌

（1）加大建筑外立面改造力度。充分考虑当地历史文化、民族文化等因素，结合当地建筑风格、元素和特点，加强城市风貌设计，对县城主街道、标志性建筑外立面进行风貌提升改造。民族自治县和边境县、市风貌提升改造要凸显民族特色、地域特色和国门口岸形象。

（2）打造主题街区。坚持尊重历史、尊重人文、生态优先，体现地域特征、民族特色的理念，通过3年的努力，每个县城打造若干条特色鲜明的主题街区或者历史文化街区、民族风情街区。

（3）修缮历史文化遗存。做好县城内重要历史建筑、历史街区的保护和修缮工作，弘扬传统文化和地域文化，提升县城文化内涵。鼓励有条件的县城积极申报国家级、省级历史文化名城或历史文化街区。

（四）要素支撑

1. 加大财政支持。（略）
2. 保障土地供给。（略）
3. 多渠道筹措资金。（略）
4. 提高市民文明素质。（略）
5. 提升县城管理水平。（略）

（五）保障措施（略）

二、《云南省人民政府关于“美丽县城”建设的指导意见》导读

（一）《云南省人民政府关于“美丽县城”建设的指导意见》出台背景

根据中央经济工作会上李克强总理“推动县城改造提升”的重要讲话精神和云南省委十届六次全会作出的“推进美丽县城建设”工作部署，为加快推进县域经济发展和新型城镇化建设，促进全省县城高质量发展，助力云南生态文明排头兵和中国最美丽省份建设，云南省政府组织有关部门起草了《云南省人民政府关于“美丽县城”建设的指导意见》（以下简称《指导意见》），围绕美丽县城建设的重大意义、总体要求、建设内容、要素支撑、保障措施方面提出指导意见。2018年12月24日，云南省政府第29次常务会议进行了研究，2019年1月16日，十届云南省委常委会第116次（扩大）会议进行了审议并颁布，2019年2月1日实施。

（二）《指导意见》的主要内容

1.《指导意见》出台的重大意义。县城是县域经济发展的第一引擎，是新型城镇化的重要载体，也是联系大中城市、小城镇和广大农村的重要桥梁纽带。建设“美丽县城”对于加快我省新型城镇化建设、促进县域经济发展、推动全域旅游、实施乡村振兴战略、打赢脱贫攻坚战、争当全国生态文明建设排头兵、建设中国最美丽省份具有重大战略意义。

2. 总体要求。从基本思路、建设原则、总体目标、规划引领、工作方式5个方面提出了建设“美丽县城”的工作要求。提出按照“创建+推进”的方式，2019年在全省范围内，全面启动“美丽县城”建设工作，重点在现有建成区基础上进行改造提升，按照“干净、宜居、特色”的目标要求，通过3年的努力，力争在全省打造形成一批特色鲜明、功能完善、生态优美、宜居宜业的“美丽县城”。

3. 建设内容。提出了“共建干净家园、营造宜居环境、打造特色风貌”三个方面的21项重点建设内容。

（1）共建干净家园。一是推进县城“厕所革命”；二是加强生活污水、垃圾处理设施建设；三是改造老旧小区；四是整治违法违规建筑；五是加强农贸市场建设；六是净化空间环境；七是加大环境污染治理力度。

（2）营造宜居环境。一是加强县城路网建设；二是加快推进停车场建设；三是加强供排水设施建设；四是加强信息基础设施建设；五是加强教育设施建设；六是加强医疗卫生设施建设；七是加强居民住房保障；八是加强公共文化和旅游服务设施建设；九是开展县城绿化美化行动；十是加快建设城市公园；十一是加强公共安全设施建设。

（3）打造特色风貌。一是加大建筑外立面改造力度；二是打造主题街区；三是修缮历史文化遗存。

4. 加大财政等支持力度。2019—2021年，共计筹措300亿元资金用于“美丽县城”建设，其中：省级财政每年安排40亿元，3年共计120亿元，以奖代补专项用于支持“美丽县城”建设工作；省发展改革委等省级有关部门，通过争取中央预算内资金和安排省级既有专项资金等方式，每年筹集60亿元，3年共计180亿元，用于支持“美丽县城”建设工作。对国家级贫困县、深度贫困县、民族自治县加大倾斜支持力度。在全省范围内，2019年评选出20个左右，2020、

2021年每年评选出40个左右建设成效显著的“美丽县城”，省政府将统筹考虑建设成效和大、中、小县的实际，给予以奖代补资金支持。

第三节 云南省生态保护红线导读

（云政发〔2018〕32号）

一、《云南省生态保护红线》文本摘要

（一）总面积

全省生态保护红线面积11.84万平方千米，占国土面积的30.90%。

（二）基本格局

基本格局呈“三屏两带”。

“三屏”：青藏高原南缘滇西北高山峡谷生态屏障、哀牢山—无量山山地生态屏障、南部边境热带森林生态屏障。

“两带”：金沙江、澜沧江、红河干热河谷地带，东南部喀斯特地带。

（三）主要类型和分布范围

包含生物多样性维护、水源涵养、水土保持三大红线类型，11个分区。

1. 滇西北高山峡谷生物多样性维护与水源涵养生态保护红线。该区域位于我省西北部，涉及保山、大理、丽江、怒江、迪庆等5个州、市，面积3.54万平方千米，占全省生态保护红线面积的29.90%，是全省海拔最高的地区，为典型的高山峡谷地貌分布区。受季风和地形影响，立体气候极为显著。植被以中山湿性常绿阔叶林、暖温性针叶林、温凉性针叶林、寒温性针叶林、高山亚高山草甸等为代表。重点保护物种有滇金丝猴、白眉长臂猿、云豹、雪豹、金雕、云南红豆杉、珙桐、澜沧黄杉、大果红杉、莜麦吊云杉等珍稀动

植物。已建有云南白马雪山国家级自然保护区、云南高黎贡山国家级自然保护区、香格里拉哈巴雪山省级自然保护区、三江并流世界自然遗产地等保护地。

2. 哀牢山—无量山山地生物多样性维护与水土保持生态保护红线。该区域位于我省中部，地处云贵高原、横断山脉和青藏高原南缘三大地理区域的接合部，涉及玉溪、楚雄、普洱、大理等 4 个州、市，面积 0.86 万平方千米，占全省生态保护红线面积的 7.26%。受东南季风和西南季风影响，干湿季分明。植被以季风常绿阔叶林、中山湿性常绿阔叶林等为代表。重点保护物种有西黑冠长臂猿、绿孔雀、云南红豆杉、篦齿苏铁、银杏、长蕊木兰等珍稀动植物。已建有云南哀牢山国家级自然保护区、云南无量山国家级自然保护区等保护地。

3. 南部边境热带森林生物多样性维护生态保护红线。该区域位于我省南部边境，涉及红河、文山、普洱、西双版纳、临沧等 5 个州、市，面积 1.68 万平方千米，占全省生态保护红线面积的 14.19%。地貌以中、低山山地为主，宽谷众多，常年高温高湿。植被以热带雨林、季雨林、季风常绿阔叶林、暖热性针叶林等为代表。重点保护物种有亚洲象、印度野牛、白颊长臂猿、印支虎、苏铁、桫椤、望天树、华盖木等珍稀动植物。已建有云南西双版纳国家级自然保护区、云南纳板河流域国家级自然保护区、云南金平分水岭国家级自然保护区、云南黄连山国家级自然保护区、富宁驮娘江省级自然保护区等保护地。

4. 大盈江—瑞丽江水源涵养生态保护红线。该区域位于我省西部，涉及德宏州，面积 0.33 万平方千米，占全省生态保护红线面积的 2.79%。该区域山脉纵横，地势高差明显，沿河平坝与峡谷相间。受西南季风影响，雨量充沛，全年冷热变化不显著。植被以热带雨林、季雨林、季风常绿阔叶林、中山湿性常绿阔叶林等为代表。重点保护物种有白眉长臂猿、印度野牛、熊猴、云豹、东京龙脑香、篦齿苏铁、云南蓝果树、萼翅藤、鹿角蕨等珍稀动植物。已建有瑞丽江—大盈江国家级风景名胜区、云南铜壁关省级自然保护区等保护地。

5. 高原湖泊及牛栏江上游水源涵养生态保护红线。该区域位于我省中西部，地势起伏和缓，涉及昆明、玉溪、红河、大理、丽江等 5 个州、市，面积 0.57 万平方千米，占全省生态保护红线面积的 4.81%，是我省构造湖泊和岩溶湖泊分布最集中的区域。植被以半湿润常绿阔叶林、暖温性针叶林、暖温性灌丛等为代表。重点保护物种有白腹锦鸡、云南闭壳龟、鱇浪白鱼、滇池金线鲃、大理弓鱼、宽叶水韭、西康玉兰等珍稀动植物。已建有云南苍山洱海国家级自然保护区、金殿国家森林公园、抚仙—星云湖泊省级风景名胜区、石屏异龙湖省级风景名胜区等保护地。

6. 珠江上游及滇东南喀斯特地带水土保持生态保护红线。该区域位于我省东部和东南部，涉及昆明、曲靖、玉溪、红河、文山等5个州、市，面积1.45万平方千米，占全省生态保护红线面积的12.25%。岩溶地貌发育，是红河、珠江等重要河流的源头和上游区域，以中亚热带季风气候为主。植被以季风常绿阔叶林、半湿润常绿阔叶林、暖温性针叶林、石灰岩灌丛等为代表。重点保护物种有灰叶猴、蜂猴、金钱豹、黑鸢、华盖木、云南拟单性木兰、云南穗花杉、毛枝五针松、钟萼木等珍稀动植物。已建有云南文山国家级自然保护区、石林世界自然遗产地、丘北普者黑国家级风景名胜区等保护地。

7. 怒江下游水土保持生态保护红线。该区域位于我省西南部，怒江下游地区，涉及保山、临沧等2个市，面积0.32万平方千米，占全省生态保护红线面积的2.70%。地貌以中山山地与宽谷盆地为主，兼具北热带和南亚热带气候特征。植被以季雨林、季风常绿阔叶林、中山湿性常绿阔叶林等为代表。重点保护物种有白掌长臂猿、灰叶猴、孟加拉虎、绿孔雀、黑桫椤、藤枣、董棕、三棱栎、四数木等珍稀动植物。已建有云南永德大雪山国家级自然保护区、镇康南捧河省级自然保护区等保护地。

8. 澜沧江中山峡谷水土保持生态保护红线。该区域位于我省西南部，澜沧江中下游，涉及保山、普洱、大理、临沧等4个州、市，面积1.07万平方千米，占全省生态保护红线面积的9.04%。以中山河谷地貌为主，降水丰富，干湿季分明。植被以季雨林、季风常绿阔叶林、落叶阔叶林、暖热性针叶林、暖温性针叶林为代表。重点保护物种有蜂猴、穿山甲、绿孔雀、巨蜥、蟒蛇、苏铁、千果榄仁、大叶木兰、红椿等珍稀动植物。已建有临沧澜沧江省级自然保护区、景谷威远江省级自然保护区、耿马南汀河省级风景名胜区等保护地。

9. 金沙江干热河谷及山原水土保持生态保护红线。该区域位于滇川交界的金沙江河谷地带，涉及昆明、楚雄、大理、丽江等4个州、市，面积0.87万平方千米，占全省生态保护红线面积的7.35%。以中山峡谷地貌为主，气候高温少雨。植被以干热河谷稀树灌木草丛、干热河谷灌丛、暖温性针叶林等为代表。重点保护物种有林麝、中华鬣羚、穿山甲、黑翅鸢、红瘰疣螈、攀枝花苏铁、云南红豆杉、丁茜、平当树等珍稀动植物。已建有云南轿子雪山国家级自然保护区、楚雄紫溪山省级自然保护区、元谋省级风景名胜区等保护地。

10. 金沙江下游—小江流域水土流失控制生态保护红线。该区域位于我省东北部，涉及昆明、曲靖、昭通等3个市，面积0.73万平方千米，占全省生态保护红线面积的6.17%，是高原边缘的中山峡谷区，四季分明，夏季高温多雨、冬季温和湿润。植被以半湿润常绿阔叶林、落叶阔叶林、暖温性针叶林、亚高山草甸等为代表。重点保护物种有金钱豹、云豹、小熊猫、大灵猫、大鲵、南方红豆杉、珙桐、连香树、异颖草等珍稀动植物。已建有云南大山包黑颈鹤国家级自然保护区、云南药山国家级自然保护区、云南乌蒙山国家级自然保护区、云南会泽黑颈鹤国家级自然保护区等保护地。

11. 红河（元江）干热河谷及山原水土保持生态保护红线。该区域位于我省中南部，红河（元江）中下游地区，涉及玉溪、楚雄、红河等3个州、市，面积0.42万平方千米，占全省生态保护红线面积的3.55%。以中山河谷地貌为主，降水量少，气温高。植被以季风常绿阔叶林、干热河谷稀树灌木草丛等为代表。重点保护物种有蜂猴、短尾猴、绿孔雀、巨蜥、蟒蛇、桫椤、元江苏铁、水青树、鹅掌楸、董棕等珍稀动植物。已建有云南元江国家级自然保护区、建水国家级风景名胜区、个旧蔓耗省级风景名胜区等保护地。

二、《云南省生态保护红线》导读

（一）《云南省生态保护红线》出台背景

为加快推进生态文明建设，加强生态环境保护，党中央、国务院作出了一系列重大决策部署，明确要划定并严守生态保护红线。2013年5月24日，习近平总书记在中央政治局第六次集体学习时强调，要牢固树立生态红线的观念，在生态环境保护问题上，就是要不能越雷池一步，否则就应该受到惩罚；《环境保护法》明确“国家在重点生态功能区、生态环境敏感区和脆弱区等区域划定生态保护红线，实行严格保护”；《国家安全法》明确“国家完善生态环境保护制度体系，加大生态建设和环境保护力度，划定生态保护红线”；《中共中央　国务院关于加快推进生态文明建设的意见》和《生态文明体制改革总体方案》要求要健全生态文明制度体系，健全国土空间用途管制制度，划定并严守生态保护红线，构筑国家生态安全格局；国务院及国家发展改革委、生态环境部等各相关部委相继出台了一系列关于划定并严守生态保护红线的文件；党的十九大报告明确提出"完成生态保护红线、永久基本农田、城镇开发边界三条控制线划定工作"。

2017年2月，中共中央办公厅、国务院办公厅印发了《关于划定并严守生态保护红线的若干意见》（以下简称《若干意见》），明确提出2017年年底前，京津冀区域、长江经济带沿线各省（直辖市）划定生态保护红线；2018年年底前，其他省（自治区、直辖市）划定生态保护红线；2020年年底前，全面完成生态保护红线划定，勘界定标，基本建立生态保护红线制度，国土生态空间得到优化和有效保护，生态功能保持稳定，国家生态安全格局更加完善。到2030年，生态保护红线布局进一步优化，生态保护红线制度有效实施，生态功能显著提升，国家生态安全得到全面保障。

（二）云南省生态保护红线划定及审查过程

为贯彻落实党中央和国务院的决策部署，云南省委、省政府高度重视生态保护红线划定工作，将划定生态保护红线、严格生态红线管控列为全面深化改革的重大任务。建立了以省委生态文明体制改革专项小组为总协调，以省环境保护厅、发展改革委、林业厅为主，各级各有关部门配合的省、州、市联动协调工作机制，设立了云南省生态保护红线划定专家委员会，推进生态保护红线划定工作顺利开展。

根据生态环境部、国家发展改革委联合印发的《生态保护红线划定指南》（以下简称《划定指南》）要求，按照定量与定性相结合的方法，科学评估、认真识别我省生态保护的重点类型和重要区域，明确了我省生物多样性、水源涵养与水土保持生态敏感重要区域和生态脆弱重要区域，全面梳理了各类保护地情况，经多次论证确定了生态保护红线划定对象和范围，初步划定了我省生态保护红线，编制了《云南省生态保护红线划定方案（征求意见稿）》。采取自上而下与自下而上相结合的方式广泛征求意见，与各地各部门充分沟通。先后2次征求省直有关部门意见，3次征求各州、市人民政府意见，并公开征求了社会公众意见。妥善处理保护与发展的关系，与《云南省国民经济和社会发展第十三个五年规划纲要》《云南省主体功能区规划》《云南省土地利用总体规划（2006—2020年）》《云南省五大基础设施网络建设规划（2016—2020年）》等进行充分衔接，切实做好生态保护红线与经济社会发展、土地利用、城乡发展、重大基础设施建设、地方及藏区发展等相衔接，确保生态保护红线的合理性；

按照生态保护红线、永久基本农田、城镇开发边界不重叠的原则，将永久基本农田、人工林、商品林、人文类风景名胜区尽量扣除；对涉及生态保护红线内禁止开发区的各类经济开发区、工业园区、矿产资源等保留在红线内的，逐步依法依规退出。

按照《划定指南》和省委、省政府相关要求，《云南省生态保护红线》在进行了风险评估、合法性审查等相关工作后，先后通过了省内生态保护红线专家委员会审查，国家生态保护红线划定专家委员会专家论证，省委生态文明体制改革专项小组会议、省人民政府常务会议、省委全面深化改革领导小组会议审议以及国家生态保护红线部际协调领导小组审核。2018 年 2 月，国务院同意了包括我省的生态保护红线方案，2018 年 6 月 29 日公布实施。

（三）《云南省生态保护红线》主要内容

1. 划定目标。2017 年年底前，划定生态保护红线；2020 年年底前，完成生态保护红线勘界定标工作，基本建立生态保护红线制度，国土生态空间得到优化和有效保障，生态功能保持稳定，生态安全格局更加完善。到 2030 年，生态保护红线制度有效实施，生态功能显著提升，生态安全得到全面保障。

2. 划定对象。按照《若干意见》和《划定指南》，结合云南生态环境保护实际，将自然保护区、国家公园、森林公园的生态保育区和核心景观区、风景名胜区的一级保护区（核心景区）、地质公园的地质遗迹保护区、世界自然遗产地的核心区和缓冲区、湿地公园的湿地保育区和恢复重建区、重点城市集中式饮用水水源保护区的一二级保护区、水产种质资源保护区的核心区、九大高原湖泊的一级保护区、牛栏江流域水源保护核心区和相关区域、重要湿地、极小种群物种分布栖息地、原始林、国家一级公益林、部分国家二级公益林及省级公益林、部分天然林、相对集中连片的草地、河湖自然岸线和海拔 3 800 米树线以上区域，以及科学评估结果为生态功能极重要区和生态环境敏感极重要区划入生态保护红线。

3. 划定结果。全省共划定生态保护红线总面积 11.84 万平方千米，占辖区面积的 30.90%。按照生态系统服务功能，生态保护红线分为三大类型，11 个分区。分别是生物多样性维护、水源涵养、水土保持三大红线类型及滇西北高山峡谷生物多样性维护与水源涵养、哀牢山—无量山山地生物多样性维护与水土保持、南部边境热带森林生物多样性维护、大盈江—瑞丽江水源涵养、高原湖泊及牛栏江上游水源涵养、珠江上游及滇东南喀斯特地带水土保持、怒江下游水土保持、澜沧江中山峡谷水土保持、金沙江干热河谷及山原水土保持、金沙江下游—小江流域水土流失控制、红河（元江）干热河谷及山原水土保持等11个生态保护红线区。

（四）生态保护红线落地

2018年，云南省委全面深化改革领导小组已将制定生态保护红线勘界定标试点工作方案列为我省生态文明体制改革任务，由省环境保护厅、省发展改革委和省林业厅牵头制定《云南省生态保护红线勘界定标试点工作方案》。根据国家技术规范，并结合云南省生态保护红线实际，选取具有代表性的县、市、区开展生态保护红线勘界定标的试点工作，探索建立勘界定标技术方法，及时总结试点经验，形成符合我省实际的技术规范和工作流程。按照国家部署和要求，在试点的基础上，以县级为单位，由各县、市、区人民政府组织，在全省范围内开展生态保护红线勘界定标工作，准确确定生态保护红线边界，明确拐点坐标，将生态保护红线落实到具体地块。在重点地段（部位）、拐点和控制点设立界桩，在主要路口、村庄周边及其他人员密集或易到达的生态保护红线边界树立标识牌。到2020年年底前，完成全省生态保护红线勘界定标工作，基本建立生态保护红线制度。

（五）生态保护红线管控要求

根据《若干意见》，生态保护红线原则上按禁止开发区域的要求进行管理。严禁不符合主体功能定位的各类开发活动，严禁任意改变用途。生态保护红线划定后，面积只能增加、不能减少，因国家重大基础设施、重大民生保障项目建设等需要调整的，由省级政府组织论证，提出调整方案，经生态环境部、国家发展改革委会同有关部门提出审核意见后，报国务院批准。因国家重大战略资源勘查需要，在不影响主体功能定位的前提下，经依法批准后予以安排勘查项目。

后　记

2020年是我国“脱贫攻坚”的决战决胜年，是《云南创建生态文明建设排头兵促进条例》的颁布实施年，更是《生物多样性公约》第十五次缔约方大会筹备的关键时期，考虑到笔者主持的云南省社会科学界联合会社会科学普及规划课题《云南贯彻落实“生态文明建设排头兵”战略相关政策法规导读》恰逢结项，省社会科学界联合会社会科学普及规划办公室一贯鼓励支持课题研究成果以著作形式出版，基于此，笔者将课题结项成果出版，实在是诚惶诚恐。

任何一项工作的完成都与无数人的辛勤付出密不可分。首先，要向省社会科学界联合会社会科学普及规划办公室和云南财经大学法学院表示感谢，谢谢领导们一直以来给我的鼓励、指导和帮助。其次，要向重庆大学出版社唐启秀编辑表示诚挚谢意，其超强的执行力、对学术一丝不苟的责任心、对本人粗心疏漏的宽容和谅解，让我温暖舒心、时时感恩。再次，向一直以来支持关心我的家人、同事和同学表示谢意，你们的关心、支持是书稿完成的基本保证。

2020年10月